U0131579

DISEASE AND INSECT PESTS OF OAKS IN CHINA

中国栎类病虫害（Ⅰ）

王小艺　曹亮明　李　永　王鸿斌　淮稳霞 ⊙ 主编

中国林业出版社
China Forestry Publishing House

图书在版编目（CIP）数据

中国栎类病虫害. Ⅰ / 王小艺等主编. -- 北京：中国林业出版社，2022.12
ISBN 978-7-5219-1562-4

Ⅰ. ①中… Ⅱ. ①王… Ⅲ. ①栎属－病虫害防治－图集 Ⅳ. ① S763-64

中国版本图书馆 CIP 数据核字（2022）第 010280 号

中国林业出版社

责任编辑：李　顺　薛瑞琦

出版咨询：（010）83143569

出　　版：中国林业出版社（北京市西城区刘海胡同 7 号 100009）
网　　站：http://www.forestry.gov.cn/lycb.html
印　　刷：北京博海升彩色印刷有限公司
发　　行：中国林业出版社
电　　话：（010）83143569
版　　次：2022 年 12 月第 1 版
印　　次：2022 年 12 月第 1 次
开　　本：710mm × 1000mm　1/16
印　　张：19.5
字　　数：339 千字
定　　价：128.00 元

终一生献身科研树木树人，

十五载参政议政利国利民。

——谨以此书纪念江泽平研究员

《楸类资源培育与利用》

丛书编辑委员会

主　编：王小艺　曹亮明　李　永　王鸿斌　淮稳霞

编委（按姓氏笔画排序）：

王　梅　中国林业科学研究院森林生态环境与自然保护研究所
王小艺　中国林业科学研究院森林生态环境与自然保护研究所
王传珍　山东省烟台市森林资源监测保护服务中心
王鸿斌　中国林业科学研究院森林生态环境与自然保护研究所
李　永　中国林业科学研究院森林生态环境与自然保护研究所
李国宏　中国林业科学研究院森林生态环境与自然保护研究所
任雪毓　中国林业科学研究院森林生态环境与自然保护研究所
张彦龙　中国林业科学研究院森林生态环境与自然保护研究所
林若竹　中国林业科学研究院森林生态环境与自然保护研究所
党英侨　中国林业科学研究院森林生态环境与自然保护研究所
唐冠忠　承德市森林病虫害防治检疫站
唐艳龙　遵义师范学院
曹亮明　中国林业科学研究院森林生态环境与自然保护研究所
崔建新　河南科技学院
淮稳霞　中国林业科学研究院森林生态环境与自然保护研究所
薛　爽　安阳工学院
魏　可　中国林业科学研究院森林生态环境与自然保护研究所

丛书序言

栎树材质优良，用途广，是制作家具、地板的上等材料。其果实可以食用、酿酒，树皮可作为制造软木的原料，加工剩余物和朽木可用来培养菌类，等等。除此之外，栎树还具有很高的观赏性和重要的生态价值。

关于栎类的研究，早期国外主要是一些著名的植物分类学者开展的栎类系统分类和区系分布研究，如著名的瑞典生物学家 Carl von Linné、英国植物学家 John Claudius Loudon、丹麦植物学家 Anders Sandøe Ørsted、德国植物学家 Otto Karl Anton Schwarz、法国植物学家 Aimée Antoinette Camus、美国植物学家 William Trelease 和 Kevin Nixon、苏联植物学家 Yuri Leonárdovich Menitsky 等，他们对欧洲、北美以及古代的栎类植物进行了详细地分类描述和区系研究。在美国 Steve Roesch 教授的倡导下，国际栎类协会（The International Oak Society，IOS）于 1992 年成立并发行了首个栎类研究刊物 *International Oaks*，标志着栎类植物研究进入了新阶段。

近年来，随着分子生物学技术的快速发展和应用，栎类植物的系统发育研究迈上了新台阶，如美国莫顿树木园的 Andrew L. Hipp 团队，重点研究了全世界栎类植物系统发育关系，其里程碑的贡献为带领一个由 24 名科学家组成的国际团队，首次使用 260 种栎树的基因组图谱和化石数据，揭开全球栎树多样性的发展历史；美国杜克大学的 Paul S. Manos 研究栎类植物的系统发生学和生物地理学；美国明尼苏达大学 Jeannine Cavender-Bares 教授探讨了栎类植物生物多样性的起源、生理功能和组织形式；英国剑桥大学的 Kremer Antoine 则对欧洲的栎类系统发育、遗传分化等方面进行了深入研究。

在栎类培育和经营管理方面，近年出版的 *Oak: Fine Timber in 100 Years*（Jean Lemaire，2014）、*Oaks Physiological Ecology*（Eustaquio Gil-Pelegrín 等，

2017）、*Managing Oak Forests in the Eastern United States*（Patrick D. Keyser 等，2015）、*The Ecology and Silviculture of Oaks*（Paul S. Johnson 等，2019）等著作影响较大。

我国是栎树的起源地和现代分布中心之一，资源极其丰富，分布范围广，是我国重要的林木树种，也是我国亚热带和温带森林植物多样性的重要组成部分。据第九次全国森林资源清查结果显示，栎类分布面积和立木蓄积量均占全国首位。

据了解，我国栎类纯林较少，与其他树种组成的混交林占绝大部分，对其资源的保护，关系到我国森林生态系统的稳定与可持续发展，关系到我国生态环境建设的长治久安。而关于我国栎类植物、与栎类植物相关的动物各有多少种等诸多问题亟待我们研究解决。

对于栎类资源的研究，中国林业科学研究院一直有着良好的基础和传承。新中国成立以来，陈嵘、吴中伦、蒋有绪、洪菊生、侯元兆、王豁然、陈益泰等专家学者，在栎类植物资源调查、分类研究、遗传育种、森林经营、生态功能价值等方面开展了系统的研究，取得了丰硕的成果，为我国栎类植物资源的开发利用做出了开拓性的贡献。

今年 8 月，欣闻江泽平研究员领衔开展的“栎类资源培育与利用关键技术研究”，通过 4 年多的辛勤工作，在项目组的共同努力下，圆满完成了项目的各项研究任务，对我国栎类资源进行了一次全面梳理，从栎类资源物种多样性调查、优良种质资源收集与培育、病虫害种类调查及防控、栎类树种木材材性与干燥技术、栎类树种无性繁殖技术、栎林功能提升经营技术、优良栎类种质资

源保存技术7个方面进行了整体布局，开创了我国栎类资源系统研究的新局面。分项科研成果也在陆续产出，“栎类资源培育与利用丛书”就是其中的重要组成部分。本丛书规划涵盖栎类病虫害调查、栎类资源分布区系、栎类植物分类及地理分布研究、栎类栽培技术等内容。令人万分痛心并无法相信的是，不到两月，鲜活的泽平毫无征兆地遽然离去，所有这些成为了他的“遗作”。

本丛书的特色是从栎类森林生物多样性为出发点，通过基础资源调查，摸清我国栎类资源的家底，掌握我国栎类资源的全貌。例如丛书第一卷《中国栎类病虫害（Ⅰ）》，以图文并茂的形式，准确对我国栎类病虫害种类调查结果进行了系统的概括和总结，尤其是首次报道了多种栎类病害种类。第二卷《栎类资源分布区系》系统地对我国栎类资源的物种组成、区系分布进行了详细论述，并绘制了我国栎类资源基础状况的整体蓝图。

希望本丛书的出版能对我国栎类植物和与栎类植物相关的动物构成等诸多问题的研究带来一定启迪，也相信丛书的出版将对我国及世界栎类研究产生深远的影响。并衷心希望栎类资源研究的专家学者们并肩携手、齐心协力把我国的栎类研究推向新的高度，为我国的栎类资源保护做出贡献，为我国生物多样性保护以及资源、生物安全等战略目标的实现提供强有力的智力支持和科技支撑，让泽平安息、含笑九泉。

中国工程院院士 张守攻 研究员

2022年11月

前言

PREFACE

栎亦名柞、栩。《诗经·小雅》中就有记载“维柞之枝，其叶蓬蓬”“黄鸟黄鸟，无集于栩”，可见我国古代劳动人民就对栎树有了很深的认识。在南宋严粲编著的《诗辑》中，则详细解释了栎类树木的特性：“柞，坚韧之木。新叶将生，故叶乃落，附著甚固”。坚韧，对环境的高适应性是栎类植物重要的特征，因此栎类植物也成为我国最主要的树种。根据《第九次全国森林资源清查》，我国共有栎类资源1656万hm^2，栎林面积占全国天然林总面积的11.95%，蓄积量占全国天然林总蓄积量的9.98%，均排名第一，栎类植物在我国森林林分构成中占有重要地位。同时栎树用途广泛，木段可以用来生产高价值食用菌类，其叶、种子具有重要的食用、工业及药用价值，部分种类如栓皮栎韧皮部可用来制作红酒瓶软木塞。栎树材质坚硬、花纹美观、耐腐蚀，被广泛应用于窖藏木桶、建筑建造、家俱用材。栎树也可用于园林设计、自然景观营造等人文价值创造领域。

我国地大物博，广袤的栎类森林与生活于其中的各种生命体形成了栎林生态系统，而依靠栎类植物生存的各类昆虫则是这个系统的重要组成部分，据不完全统计，我国已记载的栎类害虫约为620种，包括食叶害虫、蛀干害虫、刺吸害虫、蛀果害虫等。幸运的是，我国目前还没有出现像欧洲部分地区栎类植物大面积枯死的现象。但近年来食叶害虫如栎纷舟蛾 *Fentonia ocypete* 的局部暴发也对当地的生态造成极大的破坏，产生了巨大的经济损失。对我国栎类植物生产造成巨大危害的是蛀干蛀果害虫，如东北地区的栗山天牛 *Massicus raddei*、栎窄吉丁 *Agrilus cyaneoniger* 危害蒙古栎、辽东栎，造成用材林损失严重，树龄40年以上的大树受害尤为严重，仅吉林省栗山天牛的成灾面积就达81339.1hm^2，受害的栎树树干心材千疮百孔，天牛坑道纵横交错，受害林分枝

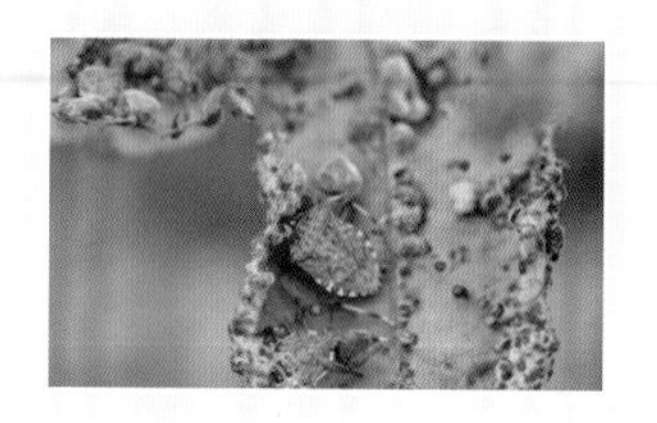
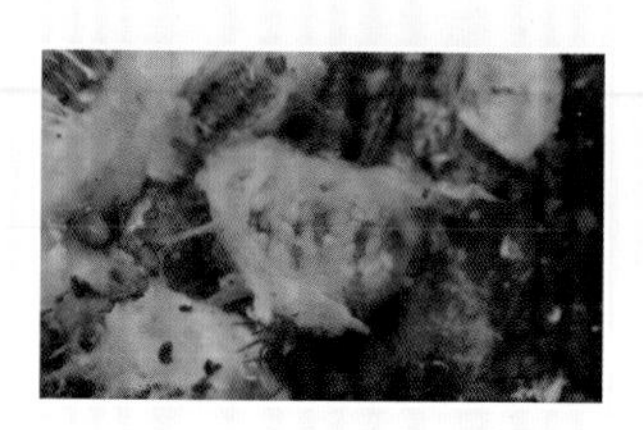

枯叶凋，倒木遍地，不但使木材失去了利用价值，造成了重大的经济损失，还给我国东北地区的生态环境建设造成了严重影响；河南省和湖北省常见栎实象 *Curculio* spp. 危害栓皮栎、麻栎果实，造成果用林产量下降；安徽省黄山、万佛山及江西省三清山等地的栎旋木柄天牛 *Aphrodisium sauteri* 严重危害小叶青冈，造成自然景观林损毁严重。

栎类病害一直是国内研究较为薄弱的领域，此前我国云南、陕西、西藏等地高山栎、槲栎、锐齿栎及栓皮栎的死亡原因一直不明，初步怀疑与病害有关；有关部门对近年来发生在欧美地区的毁灭性林木病害——栎猝死病菌一直保持高度关注。

基于以上现状，本书以栎类病虫害为出发点，通过调查、采集、饲养、鉴定，历时 3 年时间明确了可危害栎类植物的害虫 157 种，病害 52 种，均辅以彩图来展示其形态或危害状。同时，为了更好了解国外栎类植物重要的危险性有害生物，通过对国内外文献整理、筛选，共总结出栎类外来危险性病虫害 45 种，并针对栎树疫霉猝死病菌 *Phytophthora ramorum* 等 7 种重要检疫性有害生物，在广泛收集和分析生物学、生态学及其他相关资料的基础上，用定性以及定量方法进行了风险评估。

本书在编撰的过程中，中国林业科学研究院森林生态环境与自然保护研究所江泽平所长给予了大力支持，从项目的立项意义、调查范围、项目推进等方面均提出了宝贵的意见。杨忠岐教授不但亲自参与了栎类害虫的林间调查，还在昆虫的室内饲养方法、种类鉴定等方面给予了帮助。此外中国科学院动物研究所张润志研究员，中国林业科学研究院储富祥研究员，中国林业科学研究院

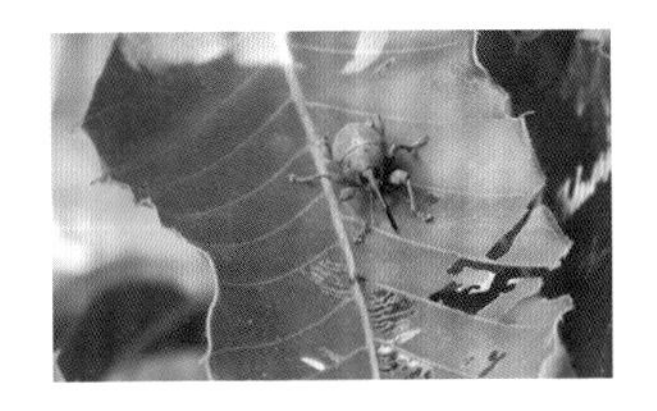
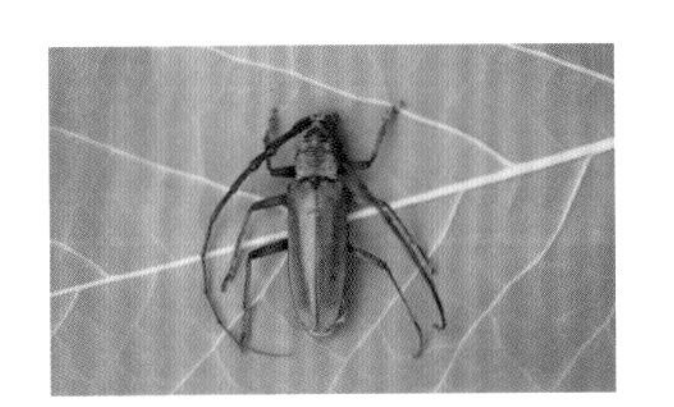

林业研究所张建国研究员、王豁然研究员、王军辉研究员，河北农业大学黄选瑞教授，北京林业大学夏新莉教授，南开大学李后魂教授都对本书提出了宝贵意见。

在栎类害虫调查的过程中安阳工学院王景顺教授、张元臣副教授等也给予了诸多帮助。张培毅、姜宁、唐桦、边丹然、张宇凡、陈文昱、邹萍、朱雅荃、王成彬等同志也参与了本书的编撰和修改工作。

值此本书即将付印出版之际，谨向上述有关领导、专家教授、同仁同事表示深切谢意！

本书的付梓得到了中央级公益性科研院所基本科研业务费专项资金项目“栎类资源培育与利用关键技术研究（CAFYBB2018ZB001）”的资助，特此感谢。

编者

中国林业科学研究院森林生态环境与自然保护研究所

2022 年 3 月 30 日

目录

CONTENTS

1 蛀干蛀果害虫 Wood and nut borers

2 食叶害虫 Defoliators

3 刺吸害虫 Piercing-sucking insect pests

5 造瘿害虫 Gall-forming insect pests

6 叶部病害 Leaf diseases

7 根部及果实病害 Root and nut diseases

8 树干病害 Trunk diseases

9 寄生害 Parasitic plants

10 外来入侵高风险性病虫害 Potentially high-risk invasive pests

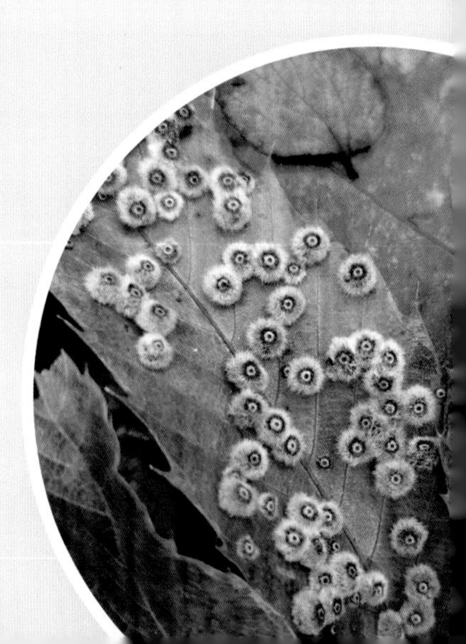

1

蛀干蛀果害虫

Wood and nut borers

栗山天牛 *Massicus raddei* (Blessig & Solsky)

别　　名： *Neocerambyx*（*Mallambyx*）*raddei*、*Pachydissus*（*Mallambyx*）*japonicus*
英 文 名： Chestnut trunk borer；Oak longhorn beetle；Mountain oak longhorn beetle
分类地位： 鞘翅目 Coleoptera 天牛科 Cerambycidae 山天牛属 *Massicus*
分　　布： 黑龙江、吉林、辽宁、河北、北京、山西、陕西、河南、山东、重庆、湖北、湖南、四川、江苏、江西、福建、浙江、广西、台湾等；俄罗斯（远东地区）、日本、越南、朝鲜半岛。
寄主植物： 栎属（蒙古栎、辽东栎、槲栎、麻栎、栓皮栎、枹栎、乌冈栎）、栗属（板栗）、锥栗属（锥栗）、青冈属（青冈栎）、柑橘属（柚树）植物以及桑树、千金榆、光叶榉、无花果、肉桂、卫矛、水曲柳和泡桐等。

【危害状】以幼虫危害为主，初孵幼虫蛀食寄主植物韧皮部、形成层，随着龄期不断增加，幼虫不断向内蛀食，直至木质部和心材，在寄主植物内部形成大量蛀道，木屑和粪便从排粪口排出，堆积在寄主植物基部，呈深褐色。严重危害林区内，单株虫口最多近 500 个，蛀道最多近 500 个，造成寄主植物内部千疮百孔，呈中空状态，最终导致寄主植物树势衰弱至整株死亡，失去生态和经济价值。

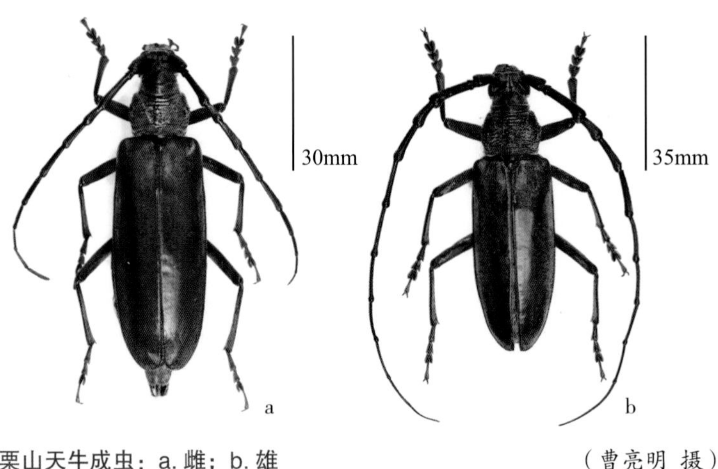

栗山天牛成虫：a. 雌；b. 雄　　（曹亮明 摄）

【主要特征】成虫：体长 40 ～ 60mm，宽 10 ～ 15mm，体色灰褐色，被有棕黄色短绒毛，体大型。头部向前倾斜，下颚顶端节末端钝圆，复眼小，眼面较粗大。触角 11 节，近黑色，第 3、4 节端部膨大成瘤状。雄性触角长度约为体长的 1.5 倍，雌虫触角约为体长的 2/3。头顶中央有 1 条深纵沟。复眼黑色。前胸两侧较圆，有皱纹，无侧刺突，背面有许多不规则的横皱纹，鞘翅周缘有细黑边，后缘呈圆弧形，足细长，密生灰白色毛。

卵：长椭圆形，长 4 ～ 5mm，宽 2.0 ～ 2.5mm。初产时为乳白色，逐渐变为橘黄色，孵化时为黄褐色。卵端部具疣状凸起。

幼虫：共 6 龄。老熟幼虫体长 65 ～ 70mm，宽 12 ～ 15mm，体粗壮呈长圆筒形，乳白色。腹部 10 节，第 1 ～ 7 节背板各具步泡突，步泡突中央具 1 条纵沟。腹部前 8 节各具 1 对气门，黄褐色。腹足退化只留缝痕。

蛹：蛹为裸蛹，附肢游离在蛹体外，体长 60 ～ 65mm，宽 12 ～ 15mm，乳白色，头部略倾于前胸，触角发条状垂于蛹体腹部两侧，并于腹末端向两侧卷起。翅超过腹部第 2 节，腹部可见 7 节，羽化前变为黄褐色。

【生活史及习性】栗山天牛不同地理种群生活史、成虫羽化行为和危害寄主植物种类上差异性显著。在我国东北辽东栎及蒙古栎林区内 3 年（跨越 4 个年份）发生 1 代，且成虫表现为以 3 年为周期的同步性羽化行为，严重暴发成灾；而在我国南部省份和越南等地，由卵生长发育到成虫的周期可能小于 3 年，且该虫在这些地区主要危害板栗等经济林木；在我国黑龙江省和俄罗斯远东地区，生命周期则可能长于 3 年，且除了东北林区的其他栗山天牛分布地，成虫每年均羽化，种群密度较低，不成灾。栗山天牛幼虫共 6 龄，雌雄性幼虫龄数相同，1 ～ 6 龄幼虫的平均龄期分别为 9.25d，266.85d，48.09d，51.29d，260.33d 和 385.71d，幼虫期共 1021.52d。幼虫经历 3 次越冬，第 1 年主要以 2 ～ 3 龄幼虫越冬，第 2 年主要以 4 ～ 5 龄幼虫越冬，第 3 年全部以末龄幼虫越冬。初孵幼虫先在木栓层取食，随着虫龄增加逐渐进入木质部蛀道内取食，并通过侵入孔排出白色锯末状粪便，老熟幼虫用木屑将蛀道一端堵紧，构筑蛹室，并于其中化蛹，蛹期平

栗山天牛危害状（一）（唐艳龙 摄）

栗山天牛危害状（二）（唐艳龙 摄）

均 26.5（23 ～ 34）d。栗山天牛成虫于 7 月上旬开始羽化，7 月下旬为羽化盛期，至 8 月中旬还有成虫活动，具有群集习性以及较强的趋光性，通过吸食从栎树树皮受伤处溢出的汁液补充营养。成虫羽化和繁殖活动与林间温湿度显著相关，林间温度 22 ～ 26℃和林间湿度 50% ～ 80% 有利于其上树活动，过高湿度将导致成虫羽化数量减少。成虫具有多次交尾习性，每次交尾 1.5 ～ 3.0min，最长达 17min。成虫交尾 2 ～ 3d 后开始产卵，一般产于寄主植物树皮缝隙较深处，一次只产卵 1 粒，卵一般经历 10d 多后孵化为初孵幼虫，开始钻蛀树皮进入韧皮部内取食。

【防治】①物理防治。专用黑光灯诱杀和人工捕捉羽化成虫。②化学防治。在成虫羽化前期将树干涂白，在羽化高峰期，采取林间施用触破式 8% 氯氰菊酯微粒胶囊剂和林丹烟剂等灭杀成虫；在幼虫危害期，在树干基部打孔施药、药棉球堵虫孔等；在卵期在卵槽涂药。在栗山天牛严重成灾林区，对疫区进行磷化铝、溴甲烷或硫酰氟帐幕熏杀幼虫 24h 或将虫害木浸泡水中 1 个月以上。③生物防治。在栗山天牛 1 ～ 3 龄幼虫危害期间，林间释放白蜡吉丁肿腿蜂 *Sclerodermus pupariae* 进行防治，在该虫老熟幼虫和蛹期，林间释放花绒寄甲 *Dastarcus helophoroides* 成虫和卵卡进行防治。（张宇凡、曹亮明）

栎旋木柄天牛 *Aphrodisium sauteri* (Matsushita)

分类地位：鞘翅目 Coleoptera 天牛科 Cerambycidae 柄天牛属 *Aphrodisium*

分　　布：台湾、河南、山东、江西、安徽、广西、浙江、山西、陕西。

寄主植物：板栗、栓皮栎、麻栎、青冈栎、橿子栎、细叶青冈、巴东栎等壳斗科树木以及木荷等山茶科植物。

【危害状】主要以幼虫危害。初孵幼虫主要取食韧皮部，一周后便侵入木质部。木质部蛀道平均长 190cm。在此期间会开凿排粪孔排出虫粪及碎屑。取食韧皮部粪便为浅红色粉末，取食木质部粪便为黄白色的椭圆形或薄片状颗粒。老熟幼虫常蛀食环形虫道导致树枝易风折。

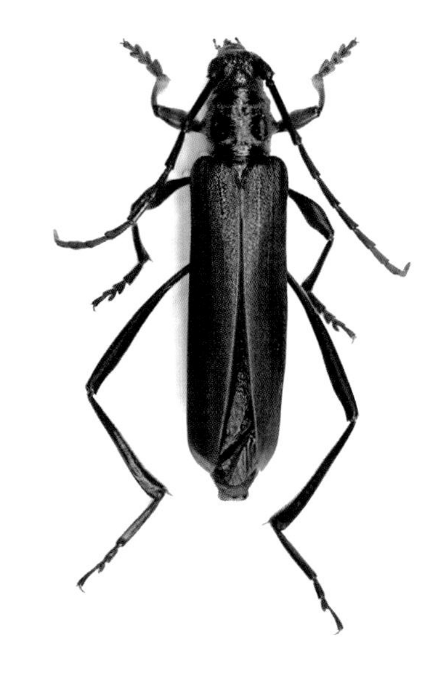

栎旋木柄天牛成虫 （曹亮明 摄）

【主要特征】成虫：雌雄虫大体相同，但雌虫稍大。雌虫长 2.6 ～ 3.4cm，宽 0.6 ～ 0.8cm；雄虫长 2.1 ～ 3.4cm，宽 0.5 ～ 0.8cm。体圆筒形，通体具金属光泽但不同部位绿色深浅不一。鞘翅狭长，墨绿色，前 2/3 近乎平行，后 1/3 逐渐收窄，末端稍钝，呈蓝黑色。腹部绿色，有银灰色短绒毛，具丝绸光泽。头宽小于前胸宽度，下口式口器，头整体深绿色略带紫色光泽，有细密刻点。复眼肾形，下半部较大。额中央有 1 纵沟一直延伸至头顶。触角基部着生于复眼间，为 11 节蓝紫色鞭状触角，柄节短粗，梗节极短，鞭节依次变短。雄虫触角与体长相差无几，雌虫触角则短于体长。胸部略带紫色，前胸接近正方形，前胸中部两侧各具短的侧刺突，前 2 后 3 排成 2 行。中、后胸具银灰色绒毛，中胸腹面隆起，具绿色倒三角形小盾片；后胸较长。跗节 4-4-4，前足与中足蓝黑色，基节球形，腿节基部膨大至端部逐渐变细，胫节、跗节褐色，着生有大量黄褐色绒毛。后足腿节蓝色至蓝紫色，有金属光泽，长度可达第 4 节腹部末端，中部膨大两边稍窄，胫跗节蓝色，胫节与第 1 跗节长扁。腹部腹面有黄褐色或银灰色绒毛，有锦缎光泽，雄虫腹部可见 6 节，第 5 节后缘凹陷，雌虫腹部 5 节，第 5 节后缘半圆形。

蛹：裸蛹，长 2.1 ～ 3.8cm，宽 0.6 ～ 1.1cm，胸部、腹部乳白色至橙黄色，其余部位颜色稍浅。触角卷曲于腹部，背面有褐色环形步泡突，步泡突上方有刚毛 1 根。前胸背板两侧各有 1 褐色侧刺突，腹部第 7 ～ 8 节交界处两侧各有 1 小黑点。

幼虫：共有 6 个龄期，末龄体长可达 26 ～ 68mm。淡黄色至橘黄色，为稍扁的圆筒形。头壳退化，头部大部缩进前胸，额前缘黑褐色、口器淡褐色，唇基与上唇为黄色，端部具粗毛。触角 3 节极其微小，为褐色的圆柱形。下颚须

栎旋木柄天牛老熟幼虫 （曹亮明 摄）

栎旋木柄天牛蛀道 （曹亮明 摄）

3节，下唇须2节。前胸为黄白色，背板矩形，前端有1“凹”字形褐色皱纹，其上生有密的短绒毛。前胸第1～7节左右两侧各有1对褐色气门；中胸比较短，胸足极其退化，仅余3节；中胸和腹部1～8节各具黄褐色椭圆形气门1对。腹部共10节，第1～7节背、腹各有1哑铃形气泡突起，气泡突具1横沟。每个臀叶上有1对突起，有数根毛，臀叶上有1对突起，其上着生有6根毛，肛门上方1对，下方2对。

卵：卵色多变，自淡黄色至黄绿色；长椭球形，长3.0～3.6mm，宽1.2～2.0mm，一端略圆，一端稍尖，卵粒附近有弧形刻痕。

【生活史及习性】该天牛的生活史一般为3年，卵期13～28d，平均16d。第1年6月上旬至7月下旬卵开始孵化。孵化后钻蛀进枝条内，先向上蛀食12cm左右，期间做1个排粪孔；随后向下蚌食，每隔一段距离会再制作排粪孔，排粪孔排出物多为红褐色细末。第1年秋天以低龄幼虫在蛀道内越冬；第2年越冬前已做好羽化道，再用分泌物黏合碎屑堵塞羽化道制作蛹室，以老熟幼虫或预蛹在蛹室内越冬，越冬结束后部分老熟幼虫继续取食；第3年4月上旬至6月下旬开始化蛹，第3年5月中旬至7月下旬开始羽化。羽化后不补充营养，直接交配，雌雄交配次数均无限制，雌虫首次交配后1～2d后开始产卵，产卵多在8时至日落前，集中于10时至

栎旋木柄天牛危害状 （曹亮明 摄）

15 时，散产于树皮裂缝、疤痕、表面或枝条分叉处。

【防治】①物理防治。将衰弱树环割，设置为诱木，并在羽化期前集中清理，或用铁丝从排粪孔钩杀幼虫。②化学防治。产卵期可用乐果乳油、敌敌畏、磷化铝、马拉松、磷胺、久效磷和溴灭菊酯乳油等药液涂抹产卵痕，在幼虫期向排粪孔内注射药剂。羽化前可向树干打孔注药，羽化盛期可用飞机喷洒药剂。③生物防治。在每年冬天可以释放花绒寄甲防治，或者设置人工鸟巢招引啄木鸟。（曹亮明、陈文昱）

帽斑紫天牛 *Purpuricenus petasifer* Fairmaire

分类地位：鞘翅目 Coleoptera 天牛科 Cerambycidae 斑紫天牛属 *Purpuricenus*

分　　布：吉林、辽宁、黑龙江、河北、山西、北京、江苏、甘肃、山东、陕西、云南、贵州；俄罗斯、日本、朝鲜半岛。

寄主植物：栎、苹果、山楂、酸枣。

【主要特征】成虫，体长 16 ～ 21mm，宽 5 ～ 7mm，扁长形；体、足、头、触角为深黑色，前胸背板及鞘翅朱红色。前胸背板有 5 个黑斑点（前 2 后 3），鞘翅上有 2 对黑色斑，前 1 对近圆形，靠后 1 对大型且在中缝处连接呈毡帽形。头短、密布粗糙刻点，额宽短，近于垂直。触角 11 节、丝状，雌虫触角较短，接近鞘翅末端，第 3 节最长；雄虫触角为体长的 2 倍，第 11 节最长。前胸短宽被灰白色细长竖毛和粗糙刻点，刻点间呈皱褶状，侧刺突生于两侧中部，前胸腹板前部有红色横带。小盾片锐三角形，密被黑绒毛。鞘翅扁长，两侧

帽斑紫天牛成虫　（唐冠忠 摄）

缘平行，后端圆形，翅面密布粗糙刻点，基部刻点间呈皱褶状，黑斑上密被黑绒毛。腹面有细小刻点和疏被灰白绒毛。

【生活史及习性】1年发生1代，以幼虫在枝干内越冬。5—7月出现成虫。

【防治】①严格检疫控制传播。帽斑紫天牛为蛀干害虫，防治十分困难，可随被害植物调运传播，应加强检疫防控，严防传播蔓延。②清理虫源。伐除受害严重的植物，并进行灭疫处理，消灭虫源。③人工防治。可人工捕捉成虫。④化学防治。成虫活动初期，用8%绿色威雷、3%高效氯氰菊酯微囊悬浮剂30倍液喷洒寄主植物树木枝干1次。（唐冠忠）

多带天牛 *Polyzonus fasciatus* (Fabricius)

分类地位：鞘翅目 Coleoptera 天牛科 Cerambycidae 多带天牛属 *Polyzonus*

分　　布：黑龙江、内蒙古、吉林、辽宁、北京、河北、河南、山东、山西、湖北、浙江、福建、广东、广西、江苏、江西、云南、香港、贵州、宁夏、甘肃、青海；朝鲜、蒙古、俄罗斯。

寄主植物：麻栎、板栗、柳、杨、桑、黄荆、侧柏、玫瑰、荆条、菊科和伞形科植物的枝干。

【主要特征】成虫：体长15～18mm，宽2～4mm。头胸部深绿色、蓝绿色、深蓝色、蓝黑色，有光泽。鞘翅蓝黑色、蓝紫色、蓝绿色或绿色，基部具有光泽，中央有2条淡黄色横带。触角蓝黑色，足蓝黑色有光泽。头部具有粗糙刻点和皱纹。前胸背面密布粗糙刻点，有皱纹，但不明显。侧刺突端锐。鞘翅上被有白色短毛，表面有刻点。身体腹面被有银灰色短毛。雄虫腹部腹面可见6节，第5节后缘凹陷；雌虫腹部腹面只见5节，第5节后缘拱凸呈圆形。

卵：扁椭圆形，长2～3mm，宽1～2mm，灰白色。

幼虫：老熟幼虫17～30mm，头部暗褐色，前胸背板骨化，呈方形、黄白色，上有不明显的凹形花纹。

蛹：黄色或淡黄色，长13～20mm。腹部第2～7节的背线两侧各有5对红色短刚毛。

【生活史及习性】2年发生1代。第1年以未出壳的幼虫在卵内越冬，第2

年以幼虫在枝干内越冬。翌年3月在卵内越冬幼虫出壳蛀食危害枝干，9月在枝干内做室开始越冬。第3年3月中旬开始在虫道内蛀食危害，5月进入预蛹期，6月进入蛹期，6月下旬羽化为成虫。初羽化的成虫需在虫道内停留7～12d，7月成虫出孔活动，7月中下旬为高峰期，经取食补充营养后产卵，卵期13d，孵化后在卵壳内越冬。成虫有访花习性，7—9月可见访花。幼虫危害时由排粪孔排出虫粪，危害玫瑰时可往下蛀入根部。

多带天牛成虫　（唐冠忠 摄）

【防治】①严格检疫控制传播。多带天牛是危害枝干的蛀干害虫，防治十分困难，可随被害植物调运传播，应加强检疫防控，严防传播蔓延。②清理虫源。伐除受害严重的植物，并进行灭疫处理，消灭虫源。（唐冠忠）

双簇污天牛 *Moechotype diphysis* (Pascoe)

分类地位： 鞘翅目 Coleoptera 天牛科 Cerambycidae 污天牛属 *Moechotype*

分　　布： 吉林、辽宁、黑龙江、内蒙古、河北、陕西、山东、安徽、河南、浙江、广西。

寄主植物： 栎、栗。

【主要特征】成虫，雄成虫体长16～20mm，宽6～8mm，雌成虫体长18～22mm，宽8～9mm。虫体黑色，被黑色、灰色、红褐色绒毛。前胸背板及鞘翅有许多瘤状突起，翅瘤突上常被黑色绒毛，淡色绒毛在瘤突间围成不规则形的格子；鞘翅基部1/5处各有1丛黑色长毛，极为明显。腹面有火黄色毛斑，在腹部第1～4节各有1对，后胸腹板两侧及各足基节也有火黄色毛斑，有时腹面毛斑扩大，整个腹面被火黄色毛所掩盖。头部中央有纵纹1条，额长方形。雄虫触角较体略长，雌虫触角较体稍短，自第3节起各节基有1个淡色毛环，前胸背板中央有1个“人”字形突起，两侧各有1个大瘤，侧突末端钝圆，其前方另有1个较小的瘤突。中足胫节无沟纹毛。

【生活史及习性】在河南浅山丘陵区2年完成1代。5—6月成虫出现，停息在枝干上，受到惊吓后立即飞走落于树下，交尾后雌虫在枝干的缝隙处或枝杈处产卵，成虫寿命仅12d左右。卵经过10d左右孵化成幼虫，幼虫先在皮层下蛀食，待体长达30mm后钻入木质部向下蛀成虫道危害，深达树干中心，每往下蛀食一段后，向外咬出1个排粪孔，从孔中排出红色虫粪，有时还伴随有树液流出。老熟幼虫在蛀道内化蛹。

成虫喜栖息在阳坡林间的枝干上，阴坡少见，一般10时至15时左右活动频繁，雨后的上午出现最多。成虫啮食嫩梢树皮，被害伤疤呈不规则条块状，伤疤边缘残留绒毛状纤维物。产卵前昼夜取食，有假死性，如用木棍突然敲打枝干，即惊落地面，极易捕捉。成虫大多在高度不超过3m的树木主干及侧枝、选择树皮裂缝、枝节、死节、特别是半枯萎状态枝干的树皮上产卵。产卵前先用上颚咬树皮成刻槽，然后产卵于刻槽内，

双簇污天牛成虫（一）（唐冠忠 摄）

双簇污天牛成虫（二）（唐冠忠 摄）

双簇污天牛幼虫（唐冠忠 摄）

并分泌黄褐色胶质物覆盖。每虫能产卵 40 余粒。产卵多在夜间进行，一般 21 时左右开始至次日 4 时左右结束。新孵幼虫在树皮下韧皮部和边材之间钻蛀坑道危害。坑道不规则形，充塞虫粪和木屑。

【防治】①清理虫害木。在冬或春对受害严重已失去利用和防治价值的衰弱木进行彻底砍伐清理，砍伐木用熏蒸、加工或焚烧等方法进行集中灭虫处理，所有虫害木要在成虫羽化前完成处理工作，减少虫源。②人工防治。每年 5、6 月为成虫发生期，利用成虫有趋光性、不喜飞翔、行动慢、受惊后发出声音的特点，进行灯光诱杀，或早晨人工捕捉。成虫产卵后，可用锤子敲击卵槽，杀死卵或初孵幼虫。对已蛀入木质部的幼虫，可采用铁丝插入每条蛀道，刺死里面的幼虫。③生物防治。在林中释放管氏肿腿蜂可形成野外种群，对双簇污天牛幼虫和蛹有很好的持续控制作用。在林中人工构筑鸟巢招引啄木鸟，能有效控制双簇污天牛的危害。④药剂防治。成虫活动期内，用 8% 绿色威雷、3% 高效氯氰菊酯微囊悬浮剂 30 倍液喷洒寄主植物树木枝干 1 次。用此方法在成虫羽化前喷洒被害树木可消灭羽化的成虫；喷洒疫区的健康树木可预防树木被害。（王梅、唐冠忠）

巨胸脊虎天牛 *Xylotrechus magnicollis* (Fairmaire)

分类地位： 鞘翅目 Coleoptera 天牛科 Cerambycidae 脊虎天牛属 *Xylotrechus*

分　　布： 黑龙江、吉林、河北、河南、山东、陕西、湖北、浙江、福建、台湾、广东、海南、广西、四川、云南；缅甸、老挝、印度、俄罗斯。

寄主植物： 槐、栎、榕、柿、五角枫、白桦。

【主要特征】成虫：体长 7～13mm，宽 2～4mm。体黑色。头近圆形，额有 4 条纵脊。前胸背板前缘黑色，其余红色，长宽近相等，约与鞘翅等宽，前端稍窄，后端稍宽，两侧

巨胸脊虎天牛成虫　　（唐冠忠 摄）

缘弧形，表面粗糙，具短横脊。小盾片半圆形，有细刻点，端缘有白色绒毛。鞘翅有淡黄色绒毛斑纹，每翅基缘及基部 1/3 处各有 1 条横带，横带靠中缝一端沿中缝彼此相连接，鞘翅端部 1/3 亦有 1 条横带，靠中缝处宽，有时沿侧缘向下延伸，端缘有淡黄色绒毛，端部微斜切，外端角尖。后胸腹板两侧前端、前侧片前端及腹部前 3 节各节后缘具浓密黄色绒毛。雄虫后足腿节超过鞘翅端部较长，雌虫的略超过鞘翅。

幼虫：老熟幼虫 12 ～ 23mm，圆柱形，略扁。乳白色。触角 3 节，细长，长于连接膜；第 2 节长约为宽的 2 倍，端部具刚毛 2 ～ 3 根；第 3 节长约为第 2 节的 1/2，端部有细长刚毛 1 根。前胸背板前缘后方具 2 个褐色横斑，后区侧沟间“山”字形骨化板较粗糙，有明显细皱纹，后缘具褐色微粒。足极小，褐色刺突状。腹部背面步泡突隆起，表面光滑，被细线痕划分为网状小块，中沟宽陷明显。第 7、8 腹节较粗大。肛门 3 裂。气门椭圆形，围气门片褐色，唇瓣深陷。

蛹：裸蛹，初期乳白至黄白色，近羽化时黑色，长 11 ～ 13mm。

【生活史及习性】巨胸脊虎天牛在河北承德 1 年发生 1 代，危害五角枫时老熟幼虫在树皮下虫道末端越冬，不蛀入木质部；危害白桦时老熟幼虫蛀入木质部 3 ～ 5mm 做蛹室越

巨胸脊虎天牛蛹（唐冠忠 摄）

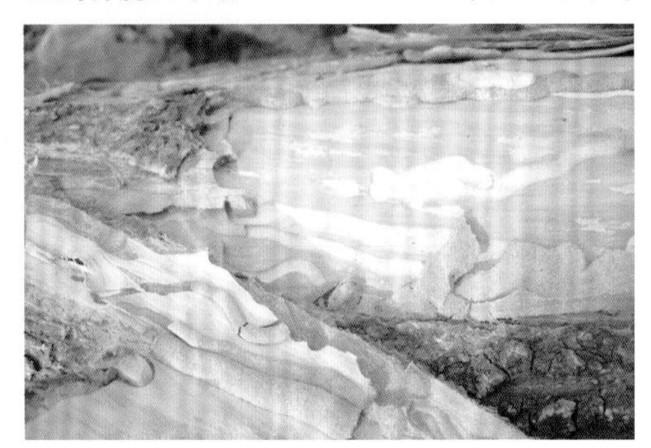

巨胸脊虎天牛蛀道（唐冠忠 摄）

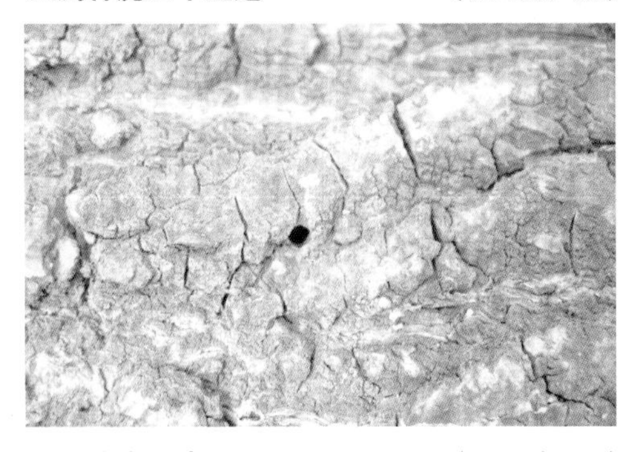

巨胸脊虎天牛羽化孔（唐冠忠 摄）

冬。翌年4月中旬越冬幼虫开始化蛹，5月中旬至6月上旬成虫羽化，并交尾产卵，卵产于树皮缝中。成虫活动期至7月中旬。幼虫孵化后直接蛀入皮下串食韧皮部，虫道蜿蜒曲回，内填满细颗粒状的虫粪。虫口密度高时把韧皮部蛀食一空，导致树木死亡。

【防治】①严格检疫控制传播。巨胸脊虎天牛是危害树木韧皮部和木质部的蛀干害虫，防治十分困难，对衰弱枝干危害较重，树木致死率高，应加强检疫防控，严防传播蔓延。②清理虫源。伐除受害严重的衰弱木或濒临死亡的寄主植物树木，并进行剥皮或熏蒸处理，消灭虫源。③化学防治。5月中旬成虫活动期内，用8%绿色威雷、3%高效氯氰菊酯微囊悬浮剂30倍液喷洒寄主植物树木枝干1次。用此方法在成虫羽化前喷洒被害树木可消灭羽化的成虫；喷洒疫区的健康树木可预防树木被害。（唐冠忠）

圆尾弧胫天牛 *Callimus shensiensis* (Gressitt)

分类地位： 鞘翅目 Coleoptera 天牛科 Cerambycidae 弧胫天牛属 *Callimus*
分　　布： 陕西（太白山）、河北（承德）。
寄主植物： 蒙古栎、辽东栎、杏树。

【主要特征】成虫：雌雄异型。雌虫体长约8mm，宽约2mm。头浅棕褐色，从前向后颜色逐渐变浅；上颚、复眼、触角黑色；前胸、腹部橙黄色；足近暗橙黄色或暗褐色，胫节和跗节暗棕褐色，鞘翅深棕色，中后胸腹板浅棕褐色；体具较浓密直立金黄色短毛。头前端近楔形，后端近桶形较前胸狭窄，具不规

圆尾弧胫天牛幼虫（唐冠忠 摄）

圆尾弧胫天牛幼虫及蛀道（唐冠忠 摄）

则刻点；额中央具倒“T”形深沟，横向较宽，深而长，纵向较细，浅而短，上端达两复眼前缘连线处；触角为体长7/8，柄节同第3节相等，均短于第4节，第5节稍长于第4节。前胸宽大于长，两侧强烈突出，中区具3个光滑瘤突，表面具细致刻点；小盾片近方形，后端略窄并具半圆形浅缺刻，使两后角略显锥突状；鞘翅短缩达腹部中部，刻点不规则，末端呈不均匀圆形；体腹面刻点不规则，第1腹节长为其后2腹节之和，第2腹节腹面中区着生向后的细白色绒毛；其后缘向腹部下方延伸，形成向前倾斜、两端直达腹部侧缘的横向窄带，窄带前侧面着生向前弯曲的较粗金色绒毛，形成毛刷状横毛带。后足腿节极少超过第3腹节，并均匀膨大，后足胫节显著弓形，后足第1跗节为其后2节之和。

雄虫与雌虫比体略瘦小。除足腿节近橙黄色，足胫节和跗节棕褐色外，全体呈黑棕色，头部色最深，近黑色，向后体色略渐淡，腹部节间棕褐色。触角长于体长的1/4，腹部第2节腹面无刷状毛带构造，其余体征与雌虫接近。

卵：很小，长不足1mm，粗约0.5mm，长椭圆形，灰乳白色。

幼虫：老熟幼虫10～11mm，浅橙黄色。

蛹：橙黄色，8～9mm。

【生活史及习性】在河北承德1年1代，以老熟幼虫在寄主植物木质部蛀道末端越冬，翌年4月上旬开始陆续化蛹，成虫5月上旬开始羽化，盛期在5月中下旬，羽化孔椭圆形。成虫在阳光充足的温暖时段非常活跃，善飞翔，取食寄主植物叶柄腺体分泌物或蜜水（饲养情况下）补充营养，雄虫可多次交尾。成虫产卵时，在寄主植物枝干上来回爬行，腹部毛刷状绒毛紧贴在枝干表面，像是在清理枝干表面，实际是在搜集枝干表面上的杂物碎屑。卵多产在皮孔等表皮粗糙的地方，单产。产完卵后用腹部的毛刷状绒毛部位在产卵部位反复拍打，使毛刷上产卵前搜集的杂物碎屑将卵覆盖。幼虫孵化后蛀入皮下，串食韧皮组织和木质部表层，不向外排粪，虫道内充满粉末状致

圆尾弧胫天牛成虫　（唐冠忠 摄）

圆尾弧胫天牛成虫交尾　（唐冠忠 摄）

圆尾弧胫天牛卵　（唐冠忠 摄）

密虫粪，后期幼虫在木质部内部蛀道危害，直至老熟越冬。

【防治】①严格检疫控制传播。圆尾弧胫天牛是危害树木韧皮部和木质部的蛀干害虫，防治十分困难，对衰弱枝干危害较重，树木致死率高。目前国内仅在陕西太白山、河北承德市滦平县和平泉市发现此虫危害，应加强检疫防控，严防传播蔓延。②清理虫源。伐除受害严重的衰弱木或濒临死亡的寄主植物树木，并进行剥皮或熏蒸处理，消灭虫源。（唐冠忠）

四点象天牛 *Mesosa myops* (Dalman)

分类地位： 鞘翅目 Coleoptera 天牛科 Cerambycidae 象天牛属 *Mesosa*

分　　布： 内蒙古、北京、安徽、四川、台湾、广东以及东北地区；俄罗斯（西伯利亚、库页岛）、朝鲜、日本、北欧。

寄主植物： 蒙古栎、辽东栎、锥栗、麻栎、枹栎、苹果、漆树、赤杨、柳树、喜树。

【主要特征】成虫：体长 8 ～ 15mm，宽 3 ～ 6mm，全身被灰色短绒毛，并杂有许多火黄色或金黄色毛斑。前胸背板中央具丝绒般的斑纹 4 个，每边 2 个，前后各1个，排成直行，前斑长形，后斑较短，近乎卵圆形，两者之间的距离超过后斑的长度；每个黑斑的左右两边都镶有相当宽的金黄色毛斑。鞘翅饰有许多黄色和黑色的斑点，每翅中端的灰色毛较淡，在此淡色区的上缘和下缘中央，各有1个较大的不规则形的黑斑，其他较小的黑斑大致圆形，分布于基部之上，基部中央则极少或缺无；黄斑形状各异，分布全翅。小盾片中央火黄色或金黄色，两翅较深。鞘翅沿小盾片周围的毛大致淡色。触角部分赤褐色，第1节背面杂有金黄色毛，第3节起每节基部近1/2为灰白色，各节下缘密生灰白色及棕色缨毛。体腹面及足亦有灰白色长毛。体卵形。头部静止时与前足基部接触；额极宽；复眼很小，分成上下2叶，其间仅有1线相连，下叶较大，但长度只及颊长之半；头面布有刻点及颗粒。雄虫触角超出体长1/3，雌虫的与体等长。前胸背板具刻点及小颗粒，表面不平坦，中央后方及两侧有瘤状突起，侧面近前缘处有1瘤突。鞘翅基部1/4具颗粒。

卵：长约2mm，椭圆形，乳白色渐变淡黄白色。

幼虫：体长25mm，淡黄白色，头黄褐色，口器黑褐色，胴部13节，前胸显著粗大，前胸盾矩形、黄褐色。

蛹：裸蛹，长10～15mm，短粗淡黄褐，羽化前黑褐色。

四点象天牛成虫　（曹亮明 摄）

【**生活史及习性**】四点象天牛在我国发生不整齐。在黑龙江2年1代，在华北1年1代，在安徽等1年可完成1～2代。在辽宁1年发生1代，世代重叠（表1）。以2～5龄幼虫在寄主植物树皮内越冬，第2年5月上中旬开始活动，取食寄主植物树皮韧皮部和形成层。5月下旬有少数老龄越冬幼虫开始化蛹，蛹室椭圆形，比蛹体略大，蛹能够在蛹室摆动。蛹期10～15d，成虫出孔前，鞘翅较柔软，颜色较浅，待鞘翅变硬颜色变深，则咬1圆形孔出孔活动。6月中旬林间始见成虫，取食寄主植物幼嫩树皮补充营养，7月为成虫羽化高峰期，直至9月上旬在林间伐倒栎树上还能见到成虫活动。6月下旬成虫开始产卵，产卵于衰弱或者死亡时间不长的寄主韧皮部，不产卵于已经完全干枯的树木。林间刚伐倒的寄主植物树木，第2天就能观察到成虫在上面刻槽产卵，几天之后，伐倒木上就布满刻槽，刻槽眼状，中间有1椭圆形产卵孔。7月上旬第2代幼虫开始出现。部分幼虫8月下旬即进入越冬状态，部分幼虫一直活动至9月，之后逐渐进行越冬。

表1　四点象天牛年生活史（辽宁宽甸2009年）

时间 time	1—4月 Jan.-Apr.			5月 May			6月 Jun.			7月 Jul.			8月 Aug.			9月 Sep.			10月 Oct.			11—12月 Nov.-Dec.		
	F	M	L	F	M	L	F	M	L	F	M	L	F	M	L	F	M	L	F	M	L	F	M	L
	～	～	～	～	～	～	～	～	～	～	～	～												
						⊙	⊙	⊙	⊙	⊙	⊙	⊙	⊙	⊙	⊙									
								+	+	+	+	+	+	+	+	+								
									·	·	·	·	·	·	·	·	·							
										～	～	～	～	～	～	～	～	～	～	～	～	～	～	～

注：· 卵，Egg；～幼虫，larva；⊙ 蛹，Pupa；+ 成虫，Adult。

F：上旬 The first ten days of a month；M：中旬 The middle ten days of a month；L：下旬 The last ten days of a month。

【**防治**】主要的措施包括选育抗性树种，加强林地水肥管理，保证林木生长健旺，营造各种混交林，保护和招引啄木鸟及其他天敌，及时清除虫害木，避免天牛的大量发生等。局部发生时，须及时采取措施加以控制，如立即清除严重被害木，就地剥皮，置阳光下曝晒数周后利用。可以在蛹期释放花绒寄甲，幼虫期释放肿腿蜂进行防治。（唐艳龙、曹亮明）

云斑天牛 *Batocera horsfieldi* (Hope)

分类地位： 鞘翅目 Coleoptera 天牛科 Cerambycidae 白条天牛属 *Batocera*

分　　布： 上海、江苏、广东、浙江、河北、陕西、安徽、江西、湖南、湖北、福建、广西、台湾、四川、贵州、云南；越南、印度、日本。

寄主植物： 麻栎、栓皮栎、青冈、栲、大官杨、响叶杨、小叶杨、悬铃木、枫杨、油桐、桉树、板栗、梨、梓、油橄榄、滇杨、核桃、法桐、青杨、欧美杨、苹果、柑橘、桑、柳、栗、榕、榆、枇杷、山麻黄、乌桕、女贞、泡桐、桤木、山毛榉、胡桃。

【主要特征】成虫：体长 34 ～ 61mm，宽 9 ～ 15mm。体黑褐色或灰褐色，密被灰褐色和灰白色绒毛。雄虫触角超过体长 1/3，雌虫触角略比体长，各节下方生有稀疏细刺，第 1 ～ 3 节黑色具光泽，有刻点和瘤突，前胸背板有 1 对白色臀形斑，侧刺突大而尖锐，小盾片近半圆形。每个鞘翅上有白色或浅黄色绒毛组成的云状白色斑纹。鞘翅基部有大小不等颗粒。

卵：长 6 ～ 10mm，宽 3 ～ 4mm，长椭圆形，稍弯，初产乳白色，以后逐渐变黄白色。

幼虫：老龄幼虫体长 70 ～ 80mm，淡黄白色，体肥胖多皱襞，前胸腹板主腹片近梯形，前中部生褐色短刚毛，其余密生黄褐色小刺突。头部除上颚、中缝及额中一部分黑色外，其余皆浅棕色，上唇和下唇着生许多棕色毛。

蛹：裸蛹，体长 40 ～ 70mm，淡黄白色。头部及胸部背面生有稀疏的棕色刚毛，腹部第 1 ～ 6 节背面中央两侧密生棕色刚毛。末端锥状。

【生活史及习性】云斑天牛在我国发生不整齐。多数省份 3 年 1 代，成虫白天栖息在树干和大枝上，有趋光性，晚间活动取食，啃食嫩枝皮层和叶片，有咔嚓咔嚓响声，最大取食量 1d 可达 100cm^2。成虫在林内生活约 40d，受惊时即坠地。云斑天牛幼虫和成虫在蛀道内和蛹室内越冬。越冬成虫翌年 4 月中旬咬 1 圆形羽化孔外出，5 月为盛期，连续晴天、气温较高时羽化更多。云斑天牛初孵幼虫蛀食韧皮部，使受害处变黑、树皮胀裂、流出树液，并向外排木屑和虫粪；20 ～ 30d 后渐蛀入木质部并向上蛀食，虫道内无木屑和虫粪，长约 25cm。第 1 年以幼虫越冬，翌年春天继续危害。

翌年 5 月成虫出孔活动，6 月为产卵盛期，当腹内卵粒逐渐成熟后，即在树干上选择适当部位，头向下咬1圆形或椭圆形中央有小孔的刻槽，刻槽约15mm，然后调头将产卵管从小孔中插入寄主植物皮层，把卵产于刻槽上方，每槽有卵1粒或无卵，产卵后以分泌黏液和木屑黏合刻槽口；每雌产卵约40粒，每批产10～12粒，胸径10～20cm的树干落卵较多，每株树上常有卵10～12粒，多者达60余粒。卵期10～15d，幼虫期达12～14个月，成虫寿命约9个月。卵期10～15d。初孵幼虫在韧皮部蛀食，使受害处变黑，树皮胀裂，流出树液，排出木屑、虫粪。20～30d后幼虫逐渐蛀入木质部，并不断向上食害。蛀道长达25cm左右，道内无木屑、虫粪。第1年以幼虫越冬，次春继续危害，幼虫期12～14个月。第2年8月中旬幼虫老熟，在蛀道顶端做1个宽大的椭圆形蛹室，化蛹其中。蛹期约1个月。9月中下旬成虫羽化，在蛹室内越冬。

【防治】①成虫期。人工捕杀成虫。成虫发生盛期，要经常检查，利用成虫有趋光性、不喜飞翔、行动慢、受惊后发出声音的特点，傍晚持灯诱杀，或早晨人工捕捉。在有条件的地方，可以利用成虫喜食野蔷薇树皮的特点进行诱杀。或者喷洒白僵菌、噻虫啉或绿色威雷微胶囊剂等杀灭成虫。②卵期。检查成虫产卵刻槽或流黑水的地方，寻找卵粒，用刀挖或用锤子等物将卵砸死。③幼虫期。低龄幼虫期释放肿腿蜂进行防治，或者用铁丝插入虫道内刺死幼虫，或用铁丝先将虫道内虫粪勾出，再用磷化铝毒签塞入侵入孔，用泥封死，对成虫、幼虫熏杀效果显著。老熟幼虫期可以用注射器往虫道注药（溴氰菊酯等）后，用泥封死。④蛹期。释放花绒寄甲进行防治。在不同地方蛹期有所不同，所以释放天敌昆虫防治前，需要调查明确其蛹期。（唐艳龙）

云斑天牛成虫　（李国宏 摄）

小灰长角天牛 *Acanthocinus griseus* (Fabricius)

分类地位： 鞘翅目 Coleoptera 天牛科 Cerambycidae 沟胫天牛亚科 Lamiinae 长角天牛属 *Acanthocinus*

分　　布： 黑龙江、内蒙古、陕西、河南、河北、江西、福建、甘肃、广东、贵州、广西、吉林、辽宁、山东、湖北、新疆、浙江、安徽；朝鲜、日本、俄罗斯、欧洲。

寄主植物： 栎属、红松、油松、鱼鳞松、华山松、云杉、杨、胡桃、鱼鳞云杉。

【**主要特征**】成虫：体略扁平，长 8 ～ 12mm，宽 2.2 ～ 3.5mm。底色棕红，或深或淡，被不十分密厚的灰色绒毛，与底色相衬，有时呈深灰色，有时于灰色中带棕红色或粉红色。额近乎方形，具有相当密的小颗粒。体长与触角之比，雄虫 1∶2.5 ～ 3，雌虫为 1∶2；触角被淡灰色绒毛，每节端部近 1/2 左右为棕红色或深棕红色，雄虫的第 2 ～ 5 节下沿密被短柔毛；触角柄节表面刻点粗糙，略呈粒状，第 3 节柄节稍长；雌虫从第 3 节起，各节近乎等长或依次递短，末节最短；雄虫自第 3 节以下各节均较前节略长，末节最大。前胸背板有许多不规则横脊线，并杂有粗糙刻点；前端有 4 个污黄色圆形毛斑，排成 1 横行；侧刺突基部阔大，刺端很短，微向后弯。鞘翅被黑褐色、褐色或灰色绒毛。一般灰色绒毛多分布在鞘翅的中部及末端，各成 1 条宽横带，其余翅面多为黑褐色或褐色绒毛，因此，在每翅上显现出 2 条黑褐色横斑；在 2 个明显灰斑之间，尚有分散的灰色绒毛，在整部的灰斑内有黑褐色小点，有时在翅基部散生少许

小灰长角天牛幼虫危害状　（李国宏 摄）

小灰长角天牛成虫（一）　（张培毅 摄）

灰色绒毛，翅端钝圆。足相当粗壮，后足跗节第 1 节长度约与其他 3 节的总和相等。雌虫产卵管外露，极显著；腹部第 5 节较第 3、4 节的总和略长，末端不凹陷。

幼虫：老熟幼虫长而细扁，额上有 8 个具刚毛的孔排成 1 横列。唇基上有 2 ～ 4 条宽而分离的纵痕。触角 2 节，第 2 节为长方形，并着生 1 个小圆锥形的透明突起。前胸前缘有 1 横列刚毛，前胸背板的后面，有 2 个非常粗糙的红褐色区域，具有多数散开的平滑斑点。

【生活史及习性】小灰长角天牛羽化时段为 4 月下旬至 7 月中旬，羽化高峰时段集中在 5 月中上旬，7 月上旬出现一次小的羽化高峰，雌雄小灰长角天牛羽化规律无明显差异。

此虫 1 年发生 1 代，通常以成虫在蛹室越冬。翌年 5 月，成虫咬 1 个扁圆形羽化孔而出；6 月初产卵在新近死亡的或伐倒的针叶树干。产卵前先在树皮上咬 1 个漏斗状的刻槽，然后以产卵管穿孔使其加深。幼虫在韧皮部蛀食，到夏末，才蛀入木质部表层内化蛹，也有少数在树皮下构成蛹室化蛹的，化蛹期在 8 月末至 9 月初。成虫羽化后常在蛹室越冬。（任雪毓、王鸿斌）

小灰长角天牛成虫（二）　　　　（曹亮明 摄）

赤杨缘花天牛 *Anoplodera rubra dichroa* (Blanchard)

分类地位： 鞘翅目 Coleoptera 天牛科 Cerambycidae 沟胫天牛亚科 Lamiinae 缘花天牛属 *Anoplodera*

分　　布： 吉林、黑龙江、辽宁、陕西、贵州、河北、浙江、四川、湖南；俄罗斯、朝鲜、日本。

寄主植物： 栎、赤杨、松、油松、华山松、红松、柿、柳、山杨。

【主要特征】成虫，体长 13.0～17.5mm，宽 4～6mm。体黑色，前胸、鞘翅及胫节赤褐色。头顶及额正中具细窄纵沟，后头呈圆筒状。雌虫触角第 3 节最长，雄虫触角末节与第 3 节约等长；第 3、4 节略呈圆筒形，第 5～10 节末端肥大。外端角突出呈锯齿状，前胸后端角钝，略为突出。胸面密布刻点及黄色竖毛，中央有 1 细窄光滑纵纹。小盾片呈正三角形，密被黄色细毛。鞘翅肩部最宽，向后逐渐狭窄斜切，端角尖锐。腹面刻点细，被黄色细毛，具光泽。足有灰黄色细毛，后足第 1 跗节长约为第 2、3 节总长的 1.5 倍以上。（任雪毓、王鸿斌）

赤杨缘花天牛成虫　（张培毅 摄）

星天牛 *Anoplophora chinensis* (Forster)

分类地位： 鞘翅目 Coleoptera 天牛科 Cerambycidae 沟胫天牛亚科 Lamiinae 星天牛属 *Anoplophora*

分　　布： 广东、河北、山东、江苏、浙江、江西、山西、陕西、甘肃、湖北、湖南、云南、四川、贵州、福建、广西、辽宁、黑龙江、吉林、河南、安徽、台湾、香港、海南；日本、朝鲜、缅甸、北美洲。

寄主植物： 栎、柑橘、柠檬、橙、苹果、梨、无花果、樱桃、枇杷、花红、油桐、柳、白杨、桑、苦楝、刺槐、红椿、楸、木麻黄、梧桐、相思树、木荷、桤木、油茶、柚木、麻栗、榆、悬铃木、核桃、冬青、杏、乌桕、木芙蓉。

【**主要特征**】成虫：雌虫体长 36 ～ 41mm，宽 11 ～ 13mm；雄虫体长 27 ～ 36mm，宽 8 ～ 12mm。黑色，具金属光泽。头部和身体腹面被银灰色和部分蓝灰色细毛，但不形成斑纹。触角第 1、2 节黑色，其他各节基部 1/3 有淡蓝色毛环，其余部分黑色。雌虫触角超过身体 1、2 节，雄虫触角超出身体 4、5 节。中瘤明显，两侧具尖锐粗大的侧刺突。小盾片一般具不明显的灰色毛，有时较白或杂有蓝色。鞘翅基部有黑色小颗粒，每翅具大小白斑约 20 个，排成 5 横行，第 1、2 行各 4 个，第 3 行 5 个，斜形排列，第 4 行 2 个，第 5 行 3 个。斑点变异较大，有时很不整齐，不易辨别行列，有时靠近中缝的消失，第 5 行侧斑点与翅端斑点合并，以致每翅仅约剩 15 个斑点。

卵：长椭圆形，长 5 ～ 6mm，宽 2.2 ～ 2.4mm。初产时白色，以后渐变为浅黄白色。

幼虫：老熟幼虫体长 38 ～ 60mm，乳白色至浅黄色。头部褐色，长方形，中部前方较宽，后方缢入；额缝不明显，上颚较狭长，单眼 1 对，棕褐色；触角小，3 节，第 2 节横宽，第 3 节近方形。前胸略扁，背板骨化区呈“凸”字形，凸字形纹上方有 2 个飞鸟形纹。气孔 9 对，深褐色。主腹片两侧各有 1 块黄褐色卵圆形刺突区。

蛹：纺锤形，长 30 ～ 38mm，初化蛹时淡黄色，羽化前各部分逐渐变为黄褐色至黑色。翅芽超过腹部第 3 节后缘。

【**生活史及习性**】在浙江南部 1 年发生 1 代，个别地区 3 年 2 代或 2 年 1 代，以幼虫在被害寄主植物木质部内越冬。越冬幼虫于翌年 3 月以后开始活动，在浙江于清明节前后。多数幼虫凿成长 3.5 ～ 4.0cm，宽 1.8 ～ 2.3cm 的蛹室和直通表皮的圆形羽化孔，虫体逐渐缩小，不取食，伏于蛹室内，4 月上旬气温稳定到 15℃以上时开始化蛹，5 月下旬化蛹基本结束。各地蛹期长短不一，台湾 10 ～ 15d，福建 20d 左右，浙江 19 ～ 33d。5 月上旬成虫开始羽化，5 月底至 6 月上旬为成虫出孔高峰，成虫羽化后在蛹室停留 4 ～ 8d，待身体变硬后才从圆形羽化孔外出，啮食寄主植物幼嫩枝梢树皮补充营养，10 ～ 15d 后才交尾，在浙江全天都可进行交尾，但以晴而无风的 8 时至 17 时为多；在福建成虫多在黄昏前活动、交尾、产卵，破晓时较活跃，中午多停息枝端，21 时后及阴雨天多静止。雌雄虫可多次交尾，交尾后 3 ～ 4d，于 6 月上旬，雌成虫在树干下部或主侧枝下部产卵，7 月上旬为产卵高峰，以树干基部向上 10cm 以内为多，而 7 ～ 9cm 占 50%。产卵前先在树皮上咬深约 2mm，长约 8mm 的“T”或“人”形刻槽，再将产卵管插入刻槽一边的树皮夹缝中产卵，一般每个刻槽产 1 粒，产卵后分泌一种胶状物质封口，每雌虫一生可产卵23～32粒，最多可达71粒。成虫寿命一般40～50d，从5月下旬开始至7月下旬均有成虫活动。飞行距离可达40～50m。

卵期9～15d，于6月中旬孵化。7月中下旬为孵化高峰，幼虫孵出后，即从产卵处蛀入，向下蛀食于表皮和木质部之间，形成不规则的扁平虫道，虫道中充满虫粪。一个月后开始向木质部蛀食，蛀至木质部2～3cm深度就转向上蛀，上蛀高度不一，蛀道加宽，并开有通气孔，从中排出粪便。9月下旬后，绝大部分幼虫转头向下，顺着原虫道向下移动，至蛀入孔后，再开辟新虫道向下部蛀进，并在其中危害和越冬，整个幼虫期长达10个月，虫道长35～57cm。据1978、1979年室内饲养和室外对照观察，幼虫共6龄：第1龄7～12d，第2龄12～15d，第3龄20～25d，第4龄30d，第5龄40～45d。以后进入越冬。

【**防治**】国内多利用星天牛的行为习性，采取相应的人工措施，针对星天牛刻槽产卵的特性，识别产卵位置杀灭虫卵；针对星天牛羽化时间相对集中的规律，在成虫羽化期人工捕捉成虫；利用星天牛产卵部位集中于树干下部的行为特点，进行树干涂白以防止星天牛产卵，或根部培土以提高星天牛产卵位置并使虫卵分布相对集中，方便除虫。

药剂防治。包括针对幼虫和成虫2种方式。防治幼虫，主要采用内吸性药剂，早期多用无机磷制剂（多已被禁用），现在常用药剂有阿维菌素和烟碱类制剂等，通过药签塞孔、药剂灌孔、浸泡苗根等方式能使制剂很快进入木质部甚至接触幼虫虫体，且药效持久，防治效果较好。防治成虫，应用较多的是相对低毒、环保的吡虫啉、噻虫胺等烟碱类制剂，有试验表明20%丁诺特呋喃涂干对星天牛出孔有一定的抑制作用，林间喷施噻虫啉微胶囊悬浮剂防治星天牛，成虫量、产卵刻槽数及卵的孵化率都显著降低。

星天牛成虫　（张培毅 摄）

昆虫病原线虫是转化性较强的星天牛寄生性天敌，国内外应用较多的是斯氏属品系（*Steinernema* spp.）和异小杆属品系（*Heterorhabditis* spp.），其中斯氏线虫属的芜菁夜蛾线虫（*Steinernema feltiae*）和蠹蛾线虫（*S. carpocapsae*）在防治星天牛时有较好表现。病原线虫的优点是侵染能力强、作用时间快且规模化生产简单。目前防治方式为注射到侵入孔内，效率比较低，并不适宜于大面积应用。

在星天牛的天敌昆虫方面，国内记录的有蚂蚁、蠼螋、花绒寄甲（*Dastarcus helophoroides*），以及卵寄生蜂天牛长尾啮小蜂（*Aprostocetus prolixus*）；开展防治试验种类有川硬皮肿腿蜂（*Sclerodermus sichuanensis*）、管氏肿腿蜂（*Scleroderma guani*）和花绒寄甲，其中川硬皮肿腿蜂对柳树上星天牛寄生率可达 43.63%，效果较好，而有田间试验显示管氏肿腿蜂和花绒寄甲对星天牛防治效果一般。（任雪毓、王鸿斌）

桃红颈天牛 *Aromia bungii* (Faldermann)

分类地位： 鞘翅目 Coleoptera 天牛科 Cerambycidae 天牛亚科 Cerambybinae 颈天牛属 *Aromia*

分　　布： 黑龙江、吉林、辽宁、河北、江西、山东、内蒙古、云南、贵州、浙江、福建、河南、陕西、湖北、湖南、安徽、江苏、甘肃、山西、四川、广西、广东、香港、海南；朝鲜。

寄主植物： 栎、柳、桃、杏、樱桃、郁李、梅、柿、核桃、杨、梨、苹果。

【**主要特征**】成虫：有 2 种色型：一种是身体黑色发亮和前胸棕红色的“红颈”型，另一种是全体黑色发亮的“黑颈”型。据初步了解，福建、湖北等地有“红颈”和“黑颈”2 种色型的个体，而长江以北如山西、河北等地只见有“红颈”个体。成虫体长 28 ～ 37mm，体黑色发亮，前胸背面大部分为光亮的棕红色或完全黑色。头黑色，腹面有许多横皱，头顶部两眼间有深凹。触角蓝紫色，基部两侧各有 1 叶状突起。前胸背面棕红色，前后缘呈黑色并收缩下陷密布横皱；两侧各有刺突 1 个，背面有 4 个瘤突。鞘翅表面光滑，基部较前胸为宽，后端较狭。雄虫身体比雌虫小，前胸腹面密布刻点，触角超过虫体 5 节；雌虫前胸腹面有许多横皱，触角超过虫体 2 节。

卵：卵圆形，乳白色，长 6～7mm。

幼虫：老熟幼虫体长 42 ～ 52mm，乳白色，前胸较宽广。身体前半部分各节略呈扁长方形，后半部稍呈圆筒形，体两侧密生黄棕色细毛。前胸背板前半部横列 4 个黄褐色斑块，背面的 2 个各呈横长方形，前缘中央有凹缺，后半部背面淡色，有纵皱纹，位于两侧的黄褐色斑块略呈三角形。胸部各节的背面和腹面部稍微隆起，并有横皱纹。

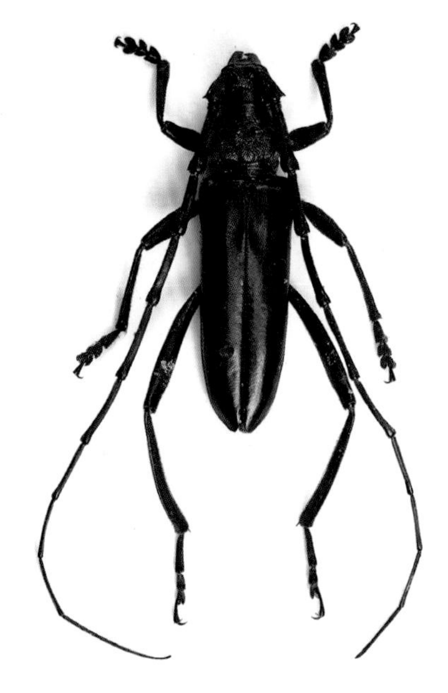

桃红颈天牛成虫（一） （曹亮明 摄）

蛹：体长 35mm 左右，初为乳白色，后渐变为黄褐色。前胸两侧各有 1 刺突。

【生活史及习性】此虫一般 2 年（少数3年）发生1代，以幼龄幼虫（第1年）和老熟幼虫（第 2 年）越冬。成虫于 5—8 月间出现；各地成虫出现期自南至北依次推迟。福建和南方各地于 5 月下旬成虫盛见；湖北于 6 月上旬成虫出现最多，成虫终见期在 7 月上旬；河北成虫于 7 月上中旬盛见；山东成虫于 7 月上旬至 8 月中旬出现；北京 7 月中旬至 8 月中旬为成虫出现盛期。

成虫羽化后在树干蛀道中停留 3 ～ 5d 后外出活动。雌成虫遇惊扰即行飞逃，雄成虫则多走避或自树坠下，落入草中。成虫外出活动 2 ～ 3d 后开始交尾产卵，常见成虫于午间在枝条上栖息或交尾。交尾多次，卵产在枝干树皮缝隙中。幼壮树仅主干上有裂缝，老树主干和主枝基部都有裂缝可以产卵。一般近土面 35cm 以内的树干产卵最多，产卵期 5 ～ 7d。产卵后不久成虫便死去。

卵经过 7 ～ 8d 孵化为幼虫，幼虫孵出后向下蛀食韧皮部，当年生长至 6 ～ 10mm，就在此皮层中越冬。翌年春天幼虫恢复活动，继续向下由皮层逐渐蛀食至木质部表层，先形成短浅的椭圆形蛀道，中部凹陷；至夏天体长 30mm 左右时，由蛀道中部蛀入木质部深处，蛀道不规则，入冬成长的幼虫即在此蛀道中越冬。第 3 年春继续蛀害，4—6 月幼虫老熟时用分泌物黏结木屑在蛀道内作室化蛹。幼虫期历时约 23 个月。蛹室在蛀道的末端，幼虫越冬前就做好了通向外界的羽化孔，未羽化外出前，孔外树皮仍保持完好。

【防治】①植物检疫。严格执行产地检疫和调运检疫，做好带疫寄主植物的无害处理，可有效控制其扩散传播。②营林防治。适当稀植，通风透光，增施有机肥，科学施用氮、磷、钾肥，合理疏花、疏果。刮除高龄树的粗糙树皮及翘皮，阻止桃红颈天牛产卵。及时清除枯死枝及严重受害木并烧毁，以减少虫源。③物理机械防治。可采用人工捕杀、树干包扎、树干涂白等措施。④诱杀。将糖、酒、醋按 1.0∶0.5∶1.5 的比例配制成诱液，悬挂在果树上距地面约 1m 高处，诱杀成虫。⑤化学防治。产卵期及幼虫孵化初期，喷布适宜浓度的菊酯类或新烟碱类杀虫剂，或涂干，可杀死卵和刚孵化而未蛀入枝干的幼虫。采用虫孔施药进行防治，用棉球或海绵块蘸取溴氰菊酯 EC、吡虫啉 EC 等药剂的原液或加水稀释数倍的药液，塞入蛀道内；或用注射器将药液注入虫孔内；或将磷化铝片剂、磷化锌毒签、樟脑球等塞入蛀道，然后用湿泥将蛀孔封严。一些药剂型如克牛灵胶丸、SGY 药膏等，施用后可不必堵孔。羽化盛期，对树干和大枝均匀喷施触破式微胶囊杀虫剂，如 4.5%高效氯氰菊酯触破式微胶囊水悬剂 200 ～ 300 倍液。药剂在成虫踩触时破囊，释放出有效成分，将其杀死。（任雪毓、王鸿斌）

桃红颈天牛成虫（二）　　（张培毅 摄）

红缘天牛 *Asias halodendri* (Pallas)

分类地位： 鞘翅目 Coleoptera 天牛科 Cerambycidae 天牛亚科 Cerambybinae 亚天牛属 *Asias*

分　　布： 辽宁、黑龙江、吉林、内蒙古、河北、河南、湖北、甘肃、宁夏、山东、山西、陕西、江西、江苏、浙江、贵州、新疆、台湾、湖南；俄罗斯、蒙古、朝鲜。

寄主植物： 白栎、枣、李、柳、小叶榆、忍冬、油茶、梨、苹果、糖槭、锦鸡儿、刺槐、榆、枸杞、沙枣、葡萄、旱柳、加杨。

【主要特征】 成虫：体长 11.0 ～ 19.5mm，宽 3.5 ～ 6.0mm。体狭长，黑色。头部短，刻点稠密，被灰白色细毛竖毛，前部的毛色深且密。触角细长，雌虫触角与体长约相等，雄虫触角约为体长的 2 倍，雌虫触角以第 3 节最长，雄虫则以第 11 节最长。前胸宽稍大于长，两侧缘刺突短钝，有时不太明显，前胸背面刻点稠密，排列均匀，呈网纹状；背灰白色细长竖毛。小盾片呈等边三角形。鞘翅窄长而扁，两侧平行，末端圆钝；鞘翅基部有一堆朱红色斑，外缘自前至后有 1 朱红色窄条，翅面刻点较胸部的小，自前至后渐次细密，基部刻点间呈皱褶状，中部的呈细网状；翅面被黑褐色短毛，基部斑点上的毛灰白而长。腹面布有刻点及灰白色细长毛。前胸腹板的刻点粗糙而稠密。足细长，后足第 1 跗节长于第 2、3 跗节之和。

卵：扁豆形，灰褐色，表面土黄色，形似一个溅在树上的泥点。

幼虫：体长约 22mm，乳白色，前胸背板前方骨化部分深褐色，分为 4 段，上生较粗的褐色刚毛，后方非骨化部分呈“山”字形。

蛹：乳白色，触角自末端迂回于腹面。

【生活史及习性】 在沧州枣区 1 年发生 1 代，跨 2 个年度，幼虫共 5 龄，世代发育整齐，每年出现 1 次成虫，以幼虫在受害枝干的木质部坑道端部或接近髓心处越冬。翌年春季 3—4 月树体萌动后，幼虫恢复活动开始蛀食危害，随即进入幼虫的暴食期，虫口密度大时，虫道间互相咬通，使枝干内虫道交错，严重时常把木质部蛀空，残留树皮，极易引起树木枯死或风折。4 月上旬至 5 月上旬为化蛹期，5 月上旬成虫开始陆续羽化，但并不马上钻出坑道，在虫道内停留数天后，待鞘翅变硬变黑后，多选择高温、晴天、在 10 时至 16 时出孔，羽化孔为 3mm 左右的圆形孔，6 月上旬成虫大量出现，成虫飞翔能力较弱，白天活动，取食枣花、枣叶、枣吊等补充营养，并在枣树的小枝上群集交尾。成虫喜产卵于枣园周边衰弱树木枝干的树皮缝隙、枣股、分枝处等和当年修剪下来的枝条之上，卵散产于皮外、裸露。雌虫在产卵前有取食土壤的习性，产卵后分泌出一层土色胶状物覆盖在卵表面形成一层保护壳，保护卵正常发育和孵化。卵期 15 ～ 30d，6 月下旬幼虫开始孵化，7 月上旬为卵孵化盛期。幼虫孵化后，不钻出卵壳，直接从卵贴近树皮处钻入韧皮部，在韧皮部与木质部之间进行危害，2 龄幼虫逐渐向木质部蛀食，多在髓部危害，形成扁宽的虫道，虫道呈“S”形，幼虫多危害至 10 月下旬，以 3 龄幼虫在被害枝干坑道内休眠越冬。

【防治】①人工物理防控。结合冬季修剪及时剪除衰弱枝、枯死枝，特别是要注意上一年修剪下来的各种树木枝条集中烧毁，减少虫口基数。成虫发生期人工捕捉杀灭成虫。幼虫期采用铁丝、细螺丝刀等刺入幼虫危害隧道刺杀幼虫进行防治。利用成虫产卵于枝条后，卵粒裸露的习性，用刷子刷布卵枝条，效果良好。也可以于红缘天牛成虫羽化产卵期间，在周围放一些春季修剪下来的枣树、酸枣、刺槐、苹果、梨、枸杞、沙枣等植物枝条诱集红缘天牛产卵后，集中销毁，达到防控目的。②化学防控。成虫期，根据成虫有补充营养习性，而且成虫一般在白天活动，飞翔能力较弱，可在 6 月上旬成虫羽化产卵盛发期结合防治枣树其他害虫，对枝干重喷 10% 吡虫啉 1500 ～ 2500 倍液、5% 来福灵 1500 ～ 3000 倍液或绿色威雷 300 ～ 400 倍液，或生物农药等

红缘天牛成虫　（张培毅 摄）

进行防控，效果良好。幼虫期，红缘天牛幼虫期最长，危害隐蔽，受天敌和环境影响最小。选择具有内吸传导性、扩散渗透能力和触杀能力较强与胃毒作用的药剂，如40%氧化乐果乳油、50%甲胺磷乳油或50%对硫磷乳油，配制成5倍液，进行干基打孔注射防治效果较好。具体办法是在7月上旬幼虫发生初期，在离地面10～30cm高的主干上，围绕树干中心，根据树龄大小选择2～4个点，用5mm以下的钻头向下倾斜45°角钻孔，用注射器将配好的药液注入钻孔，每孔注射2～4mL。③生物防控。通过释放天敌控制红缘天牛的危害。红缘天牛的天敌主要有：管氏肿腿蜂（*Sclerodermus guani*）、廖氏皂莫跳小蜂（*Zaommoencyrtus liaoi*）、赤腹茧蜂（*Iphiaulax impostor*）和杨蛀姬蜂（*Schreineria populnea*）。（任雪毓、王鸿斌）

六斑绿虎天牛 *Chlorophorus simillimus* (Kraatz)

分类地位： 鞘翅目 Coleoptera 天牛科 Cerambycidae 天牛亚科 Cerambybinae 绿虎天牛属 *Chlorophorus*

分　　布： 黑龙江、吉林、辽宁、内蒙古、甘肃、河北、山东、陕西、江西、湖南、湖北、福建、四川、云南、广西、新疆；朝鲜、俄罗斯。

寄主植物： 栎、栗、桑、柳、杨、楠、檫木、核桃、油松。

【主要特征】 成虫，体长11～16mm，宽2.5～3.8mm。底色黑，被覆灰色绒毛，无绒毛覆盖处形成黑色斑纹。触角基瘤彼此很接近，内侧呈角状突出；头顶有几粒粗大刻点。前胸背板长大于宽；中区有1个叉形黑斑，两侧各有1个黑斑点，胸面有较粗糙刻点，两侧缘有粗大刻点。鞘翅较短，端缘略切平；每翅有6个黑斑，其分布如下：基部黑环斑纹在前端及后侧开放，形成2个黑斑，一个位于肩部，另一个位于基部中央，为纵

六斑绿虎天牛成虫　　（张培毅 摄）

形斑纹；中部及端部分别有 2 个平行相近黑斑，近侧缘 2 个黑斑较小，翅面有细密刻点。腿节中央无细纵线。（王鸿斌、李国宏）

蓝墨天牛 *Monochamus guevryi* Pic

俗　　名： 牵牛郎郎、老母虫

分类地位： 鞘翅目 Coleoptera 天牛科 Cerambycidae 沟胫天牛亚科 Lamiinae 墨天牛属 *Monochamus*

分　　布： 云南、湖南、湖北、广东、广西、贵州。

寄主植物： 栎属、栗属、栲属等壳斗科植物。

【主要特征】 成虫：体中等大小，全身着生淡蓝色或略带淡绿色绒毛。鞘翅基部具黑色粒状刻点，其余部分均显黑色弯曲微隆起脊纹，同淡蓝色绒毛相间组成细致弯曲状花纹，翅面着生疏散半卧黑色长毛。前胸背板中央有 1 条黑色短纵斑，两侧各有 1 个黑色小斑点。触角第 3 节以后各节端部黑色。触角基瘤十分突出，两者之间深凹，头顶中央有 1 条无毛纵线。前胸背板显著宽大于长，侧刺突较细，中区两侧刻点较密而粗。鞘翅两侧近于平行，后端稍窄，端缘圆形。雄虫腹部末节较短阔，后缘平直，雌虫腹部末节较窄长，后缘中部凹缺，两侧呈突片，其上着生浓密较硬、直立黑褐毛。足较粗短。

幼虫：老熟幼虫，黄白色，头褐色，前缘黑褐色，前胸背板棕褐色，后缘有“凸”字形骨化棕色纹。

【生活史及习性】 成虫取食花序及嫩尖，并在主干或枝干树皮上多次刻槽产卵，钻孔羽化，伤害树体。幼虫危害主干或枝干，钻蛀成不规则隧道，在内取食危害直至心皮部。严重地阻碍养分和水分的输送，影响树木的正常生长，造成枝条干枯，重则全株死亡。

蓝墨天牛成虫　（张培毅 摄）

【防治】蓝墨天牛的防治措施主要有加强植物检疫、人工敲除卵带、喷洒化学药品等。（王梅）

刺角天牛 *Trirachys orientalis* Hope

分类地位： 鞘翅目 Coleoptera 天牛科 Cerambycidae 沟胫天牛亚科 Lamiinae 刺角天牛属 *Trirachys*
分　　布： 河北、山东、江苏、浙江、上海、福建、四川、海南、台湾。
寄主植物： 柳树、杨树、槐树、梨树、柑橘、枣树、麻栎、银杏、栎。

【主要特征】成虫：体长 38 ～ 42mm，宽 11 ～ 12mm。体型较大，灰黑色，被棕黄色及银灰色丝光绒毛，具闪光。触角较长，雄虫触角约为体长的 2 倍，雌虫较体略长；柄节筒形，具环形波状脊纹，雄虫第 3 ～ 7 节、雌虫第 3 ～ 10 节有明显的内端角刺。前胸具较短的侧刺突，前胸背板粗皱，中央稍后有 1 块近三角形的平面，基两侧低洼无毛，具波状横脊。鞘翅表面高低不平，末端平切，具明显的内、外角端刺。腹部被疏绒毛，臀板常露于鞘翅之外。

卵：长椭圆形，长 3.0 ～ 3.5mm，宽 1.0 ～ 1.5mm。初为乳白色，后渐变为乳黄色。

幼虫：老熟幼虫淡黄色，体长 36 ～ 58mm。前胸背板近长方形，前半部有 2 个“凹”字形斑纹，其间被中缝线分开，两侧各有 1 个近三角形的褐色斑；胸、腹背部生有褐色毛。

蛹：长 30 ～ 52mm，乳黄色。雌蛹触角垂于胸前，雄蛹触角卷曲成发条状。

刺角天牛幼虫　（王鸿斌 摄）

【生活史及习性】山东、北京 2

年发生1代，少数3年1代，以幼虫或成虫越冬。2年1代的以成虫越冬，5月份开始活动，补充营养进行交配。5月中旬至7月上旬为产卵期；5月中旬至10月下旬为幼虫期，幼虫于11月初停止取食准备开始越冬，第2年4月中旬开始活动，7月中旬开始化蛹，8月中旬开始羽化，成虫开始出孔活动，成虫于11月上旬开始准备越冬；3年1代的以成虫和幼虫越冬，成虫越冬时间为上一年11月中旬至来年6月初，6月中旬开始交配进行产卵，6月下旬至10月下旬为幼虫期，以幼虫越冬至第2年4月下旬开始活动，至11月上旬停止取食开始以幼虫越冬，第3年4月中旬开始活动，7月上旬至9月中旬为蛹期，9月中旬至11月上旬为羽化高峰期，11月下旬成虫开始越冬。

【**防治**】及时清理虫源木，使用引诱剂、黑光灯诱集。（王鸿斌）

金纹吉丁 *Coraebus aequalipennis* Fairmaire

分类地位： 鞘翅目 Coleoptera 吉丁科 Buprestidae 纹吉丁属 *Coraebus*

分　　布： 甘肃、北京、河北、陕西、河南、上海、江苏、浙江、江西、福建、四川、云南；俄罗斯、朝鲜。

寄主植物： 栎类。

【**主要特征**】成虫，长形，体长12.8～16.0mm，宽4.0～5.3mm。全体绿色，具金属光泽，近翅端具2条非常模糊的白色绒毛斑。头顶于复眼间突出，中纵线不明显，唇基前缘具不规则的凹陷，触角长，伸达前胸背板后缘，第4节起呈锯齿状。前胸背板横阔，宽约为长的1.5倍，近基部最宽，前缘中部弓突，侧缘较直，后角钝，后缘双曲状，中叶宽阔，向小盾片突出，肩前脊短，从后角沿侧缘向前延伸，不超过前胸背板中部。小盾片宽约为长的1.1倍，近心形，光滑。鞘翅长约为宽的2.5倍，前缘与前胸背板后缘近等宽，侧缘在肩胛后略收狭至中部，向翅端1/3膨阔后收窄，翅端圆，彼此不相接，具规则细齿。前胸腹板突楔状，端部尖。

【**生活史及习性**】河北承德7—8月见成虫活动。

【**防治**】①清理虫害木。在冬或春对受害严重已失去利用和防治价值的衰弱木进行彻底砍伐清理，砍伐木用熏蒸、加工或焚烧等方法进行集中灭虫处理，所有虫害木要在成虫羽化前完成处理工作，减少虫源。②药剂防治。成虫活动期内，用8%绿色威雷、3%高效氯氰菊酯微囊悬浮剂30倍液喷洒寄主植物树木枝干1次。此方法在成虫羽化前喷洒被害树木可消灭羽化的成虫；喷洒疫区的健康树木可预防树木被害。（唐冠忠）

金纹吉丁蛹 （唐冠忠 摄）

金纹吉丁羽化孔 （唐冠忠 摄）

金纹吉丁成虫 （唐冠忠 摄）

金纹吉丁危害状 （唐冠忠 摄）

双瘤窄吉丁 *Agrilus bituberculatus* Jendek

分类地位： 鞘翅目 Coleoptera 吉丁虫科 Buprestidae 窄吉丁亚科 Agrilinae 窄吉丁属 *Agrilus*
分　　布： 河北、北京、内蒙古、河南、陕西、福建。
寄主植物： 蒙古栎、辽东栎、槲栎等壳斗科栎属树木。

【**主要特征**】成虫，体小型，细长，楔形，体长 3.5 ～ 6.0mm，宽 1.0 ～ 1.5mm。头部和前胸背板暗黑色；鞘翅深橄榄色，无短绒毛。头顶凸出，具短绒毛和刻点，具浅而宽的中纵沟。复眼大，椭圆形，平行排列；复眼下缘在触角窝之上。触角从第 5 节起锯齿状。前胸背板盘均匀凸起，具非常精细的横纹和微弱狭窄的侧凹。前胸背板叶明显，弧弓形，不超过前角；前胸背板前宽后窄，侧缘中部略外凸，后缘三曲状，后角钝角。前肩细丝状，扁平，与后角不相连接，近端和远端连结在前胸背板盘内。缘脊和亚缘脊间距宽，明显收敛，汇合于前胸背板后部 1/3 处。小盾片较大，表面有横皱纹，后端延伸为尖楔形，小盾片脊明显。肩角钝，鞘翅基部有浅凹窝，鞘翅表面具粗刻点，无毛斑；鞘翅末端平截状，边缘具小齿，侧角弧弓形，缝合线末端延伸为短刺突。前胸腹板叶窄；浅弧弓形，顶端微凹；前胸腹板突狭窄，略延伸至两基节间，具钝侧角。前胸腹板中部、前胸腹板突、中胸腹板中前部覆盖致密的直立白色短绒毛。第 1 腹板中部具 2 个明显分离的瘤状突，瘤突之间的距离与它们到腹板下缘的距离大致相等。腹部末节后缘宽弓形，呈宽而浅双曲状。

双瘤窄吉丁成虫　　　　（曹亮明 摄）

【生活史及习性】成虫5—7月出现。主要以幼虫在树干韧皮部和形成层蛀食危害，形成弯蛀道，当蛀道环绕树干一周时，全株枯死。成虫取食寄主植物叶片补充营养，不造成危害。（王小艺）

栎窄吉丁 *Agrilus cyaneoniger* Saunders

分类地位：鞘翅目 Coleoptera 吉丁虫科 Buprestidae 窄吉丁亚科 Agrilinae 窄吉丁属 *Agrilus*
分　　布：黑龙江、吉林、甘肃、陕西、贵州、四川、云南、浙江、江西；俄罗斯、韩国、日本、越南、印度。
寄主植物：蒙古栎、枹栎等壳斗科栎属树木。

【危害状】主要以幼虫危害，初孵幼虫蛀食树木韧皮部、形成层及部分边材，蛀道在皮下呈不规则盘回，整个幼虫期在皮下钻蛀的蛀道总长155～202cm；幼虫在取食危害时不咬蛀排粪孔、粪便全部紧密堆积在蛀道中，之后蛀道逐渐环绕树干一周，造成叶片枯黄脱落、树梢枯死、甚至整株枯死。

【主要特征】成虫：体狭长、楔形，长9.8～16.0mm，宽（胸部最宽）2.8～3.2mm，体表无明显毛斑，黑色或墨绿色，纵向两色，头部和前胸背板呈金色、金橘色、金绿色或青铜色。头粗壮，密布细密刻纹，额正中呈“十”字形凹陷，四角隆起，额基部呈古铜色；两复眼大、椭圆形，平行排列、外缘几乎与前胸接靠。前胸背板具波状横皱纹及不规则刻点，可见4处浅凹窝，其中正中前后排列的2处较大、靠外侧左右排列的2个则较小，前胸前缘双曲状、后缘三曲状；小盾片近三角形，基部横隆脊较弱；腹面黑褐色、具淡蓝色光泽，腹部具细刻点及少量灰绒毛；鞘翅黑色狭长、具淡蓝色或淡绿色光泽，翅表密布颗粒状突起。

栎窄吉丁不同色斑型　（曹亮明 摄）

幼虫：老熟幼虫体长 30 ～ 36mm，乳白或淡黄色，体带状扁平；头小，褐色，缩入前胸内，仅露出口器；前胸膨大，中后胸较狭窄；腹部 10 节，第 7 腹节最宽，腹末有 1 对褐色尾叉。

蛹：体长 12 ～ 16mm，乳白色；具有成虫的雏形，但鞘翅短，呈翅芽状；腹端数节略向腹面弯曲。

【生活史及习性】栎窄吉丁在吉林 2 年 1 代，跨 3 个年度，以 2 龄和老熟幼虫分别越冬。初孵幼虫在孵化处取食树皮木栓层，蛀入韧皮部后在韧皮部与木质部之间钻蛀坑道，且蛀道随着虫龄的增大而不断增宽，于当年 9 月下旬完成 1 ～ 2 龄的生长发育后，以 2 龄幼虫在受害木韧皮部与木质部之间的蛀道内越冬；翌年 5 月越冬幼虫出蛰后，幼虫在继续发育的同时开始向树皮韧皮部外侧的木栓层咬蛀坑道，当完成 3 ～ 5 龄的生长发育后，即于 9 月以老熟幼虫在适合化蛹的木栓层处所作的长椭圆形蛹室内越冬；第 3 年 4 月下旬老熟幼虫开始活动，完成蛹室的最后制作，5 月上旬进入预蛹期；5 月中旬以后开始陆续化蛹，蛹期约 15d；6 月上旬开始羽化，在蛹室停留约 10d 后，于 6 月中旬开始咬羽化孔钻出，在树干和树冠上活动，取食受害木树叶补充营养并进行交尾；雌雄成虫采用重叠式体势交尾，并可进行多次，每次时长 40 ～ 50min；成虫不具有趋光性，可做短距离飞翔，一次起飞平均飞翔距离可达 15m 左右；雌成虫补充营养及交尾完毕后，于 6 月下旬回到树干，寻找受害木主干皮缝处适宜场所产卵，一般每次只产 1 粒、偶产 2 粒；卵经过 10d 左右于 7 月上旬开始孵化，初孵幼虫直接蛀入树干木栓层。

【防治】①化学防治。幼虫初孵时利用树干打孔注药机在树干基部每隔 7cm 打孔注内吸性、触杀性药剂来杀死 2 龄以下幼虫；用飞机喷洒绿色微雷乳剂（主要成分为高效氯氰菊酯）、触破乳剂（主要成分为阿维菌素）等触杀性微胶囊药剂来防治成虫；对虫害木进行除害处理：用农用薄膜罩严虫害木，后于 20 ～ 25℃用 10 ～ 15g/m^3 的磷化铝药剂密闭熏蒸 2d。②其他防治。冬季时伐除虫害木；制作人工鸟巢，招引啄木鸟等天敌进行捕食。

栎窄吉丁危害状（王小艺 摄）

莫氏窄吉丁 *Agrilus moerens* Saunders

分类地位： 鞘翅目 Coleoptera 吉丁虫科 Buprestidae 窄吉丁亚科 Agrilinae 窄吉丁属 *Agrilus*

分　　布： 河北、北京、内蒙古、河南、陕西、甘肃、黑龙江、山西；日本、俄罗斯、朝鲜半岛。

寄主植物： 枹栎、麻栎、蒙古栎、辽东栎、槲栎等壳斗科栎属树木。

【主要特征】 成虫，体小型，细长，楔形；体长 4.2 ～ 5.5mm，深绿色至黑色。头显著凸出，无中凹；头顶具刻点形成的近平行稀纵纹；额高出复眼；复眼大，相互平行，复眼和前胸背板相接，复眼下缘在触角窝之上。触角细长，第 4 节起锯齿状。前胸背板前叶明显，弓形，不超过前角；前胸背板前缘最宽，前中、后中和两侧具凹陷；前胸背板表面具横皱纹；前胸背板侧缘略外凸呈弓形；后角钝角，末端尖；前胸背板后缘三曲状，中部上凹。前肩短，隆起成脊状，后端与后角相接，前端退化，长度约为前胸背板长度的 1/4；缘脊和亚缘脊间距中等宽度，不收敛，近平行，无连接点。小盾片中等大小，不下凹，前部近长方形，后部延伸为尖楔形，小盾片脊退化。鞘翅肩角钝角，鞘翅基部具深凹陷，鞘翅表面具粗刻点，无绒毛，顶端宽阔，弓形分离，具短刺突。前胸腹板叶中等，前缘弓形，顶端下凹，边缘凹痕深而宽；前胸腹板突舌状收窄，末端钝；前胸腹板突角无；后胸腹板突下陷。腹部末节腹面腹甲沟弓形，顶端平截状。臀板顶端延伸为短突起。雄性第 1 腹板具深中凹。

【生活史及习性】 成虫 5—7 月出现。主要以幼虫在树干韧皮部和形成层蛀食危害，形成弯蛀道，当蛀道环绕树干一周时，全株枯死。成虫取食寄主植物叶片补充营养，不造成危害。（王小艺）

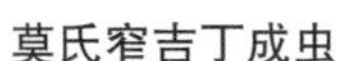
莫氏窄吉丁成虫　　（曹亮明 摄）

里氏窄吉丁 *Agrilus ribbei* Kiesenwetter

分类地位： 鞘翅目 Coleoptera 吉丁虫科 Buprestidae 窄吉丁亚科 Agrilinae 窄吉丁属 *Agrilus*

分　　布： 黑龙江、吉林、辽宁、河北、河南、湖北、内蒙古、陕西、山西、四川；日本、俄罗斯、朝鲜半岛。

寄主植物： 蒙古栎、辽东栎、鹅耳枥属植物。

【**主要特征**】成虫，体小型，细长，楔形；体黑色，体长 4.4 ～ 7.6mm，宽 1.5 ～ 2.0mm。头平，中纵沟明显。额平，具刻点和短绒毛。复眼大，肾形，近平行；灰褐色，复眼下缘略与触角窝平齐；复眼与前胸背板相接。触角从第 4 节起锯齿状。前胸背板较平坦，中后部略凹，前叶中等，不超过前角；前胸背板前宽后窄，侧缘直，后角钝角，末端尖。前肩靠近后角，约为前胸背板长 1/3，连接前胸背板后角，前肩前端退化，缘脊和亚缘脊间距宽，明显收敛，汇合于前胸背板后部 1/5 处。小盾片较大，横长方形，表面光滑，后端延伸成尖楔形，小盾片脊明显。肩角钝，鞘翅基部具 1 深凹窝；鞘翅表面具刻点，无斑纹；鞘翅末端弓形分离，具缘齿。后足胫节内侧扩大成板状，跗节长，大于胫节 1/2，第 1 跗节约等于第 2 ～ 4 跗节长度之和。前胸腹板叶中等，平截状；前缘成角状，顶端微凹，边缘凹痕深而窄。前胸腹板突渐宽，表面具中等程度刚毛，侧缘弯曲；前胸腹板突角尖，钝角。腹部末节后缘平截状，中央略内凹；腹甲沟浅弓形，波曲状。阳茎侧面不呈角状。

【**生活史及习性**】成虫 5—9 月均有出现。主要以幼虫在树干韧皮部和形成层蛀食危害，形成弯蛀道，当蛀道环绕树干一周时，全株枯死。成虫取食寄主植物叶片补充营养，不造成危害。

【**防治**】参见栎窄吉丁。

（王小艺）

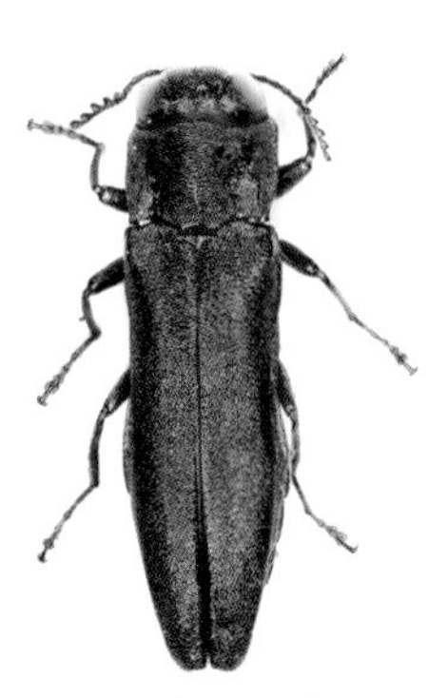

里氏窄吉丁成虫　　（曹亮明 摄）

蓝绿窄吉丁 *Agrilus ussuricola* Obenberger

分类地位：鞘翅目 Coleoptera 吉丁虫科 Buprestidae 窄吉丁亚科 Agrilinae 窄吉丁属 *Agrilus*
分　　布：黑龙江、吉林、辽宁、陕西、山西、西藏；俄罗斯、日本、印度、朝鲜半岛。
寄主植物：麻栎、枹栎、辽东栎等栎树。

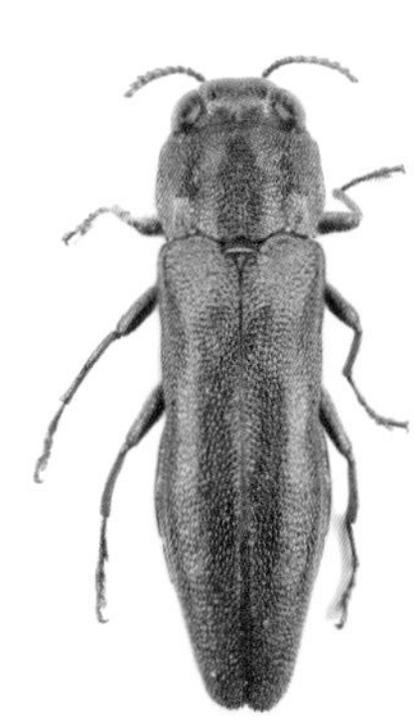

蓝绿窄吉丁成虫　（曹亮明 摄）

【**主要特征**】成虫，体蓝绿色至黑色，有金属光泽。体小型，细长，楔形。体长3.3～7.0mm，宽1.2～2.0mm。头显著凸出，额中等凸出，具中纵沟；头顶和额区有稀疏绒毛和小刻点形成的纵纹，有金绿色反光。复眼大，灰白色至黄铜色，长椭圆形，互相平行；复眼下缘在触角窝之上。触角蓝绿色，从第4节起为锯齿状。前胸背板前宽后窄，前叶明显，不超过前角；后缘双曲状，后叶微内凹，侧缘中部外凸；前胸背板表面呈波状横皱纹，中后部和两侧下陷成凹窝，形成明显的宽纵沟。前肩短，约占前胸背板长1/3，隆起突出，与后角相连，前端退化。缘脊和亚缘脊间距宽，明显收敛，汇合于前胸背板后部1/4处。小盾片较大，上部扇形，不下凹，表面具细密波状横皱纹，后端延伸为尖楔形。鞘翅基部具深凹窝，肩角呈钝角，鞘翅表面无毛斑，具粗刻点和稀疏白色短绒毛。鞘翅末端弓形分离，具小齿。腹部末节后缘内凹呈弧弓状；腹甲沟平截状。前胸腹板叶大，前缘弓形，顶端下凹，边缘凹痕中度。前胸腹板突短，渐宽；前胸腹板突角呈锐角，后胸腹板突平。跗节长度大于胫节1/2；后足跗节第1节长，长于第2、3节之和但短于第2～4节之和，爪双裂，每裂各具1齿。

【**生活史及习性**】成虫5—8月份出现。主要以幼虫危害树干韧皮部和形成层，成虫取食叶片补充营养。

【**防治**】参见栎窄吉丁。（王小艺）

六星吉丁 *Chrysobothris* sp.

分类地位：鞘翅目 Coleoptera 吉丁虫科 Buprestidae 吉丁亚科 Buprestinae 星吉丁属 *Chrysobothris*
分　　布：辽宁、河北。
寄主植物：栎树。

【主要特征】成虫：体中型，粗壮，长卵形。体长 6 ～ 13mm，宽 3.5 ～ 4.5mm。体黑色，具深红褐色至铜红色金属光泽。头短，无中凹，头顶铜棕色，具粗刻点。额平，雄性面部亮绿色具金属光泽，具粗刻点和稀疏白色长绒毛。口上突无凸起的上缘。唇基中部具“V”形凹痕，侧缘成角状或弓形。复眼大，肾形，褐色至黑色，向外倾斜排列，离前胸背板前缘很近；复眼下缘与触角窝近平齐。触角第 1 节最长且膨大，约为第 2 节的 3 倍长；第 3 节也较长，约为第 2 节的 2 倍长；第 2 节短，与其他节长度约相等；从第 4 节起为锯齿状。前胸背板铜棕色，具横皱纹和粗刻点。背板前部平截状；前胸背板表面平坦，左右侧缘近平行，前后约等宽；侧缘直，有 1 条缘脊与侧缘平行。前胸背板后缘双曲状，后叶弧状凸出；前胸背板后角呈直角。小盾片三角形，黑色，后端尖，无小盾片脊。鞘翅基部明显宽于前胸背板，肩角钝圆，鞘翅表面各具 3 个近圆形凹窝，1 个在基部，中部前后各 1 个，凹窝内具镀铜棕色或翠绿色。鞘翅表面和前胸背板表面无绒毛。每鞘翅表面各具 4 条明显的纵脊，鞘翅外侧缘具规则缘齿，后端齿更密更明显；鞘翅末端弓形分离。腹面翠绿色，前胸腹板具密刻点，腹部可见 5 节。前胸腹板突具中等长度刚毛，前胸腹板突角近直角，前胸腹板突两侧缘前半部分近平行，略内凹，后半部分急剧收窄形成锥状，末端尖，深深钳入后胸腹板突。腹部末节侧缘光滑，末端具深而宽的深倒“V”形凹痕（雄性），雌性腹末凹痕较浅。雌雄性的前足和中足胫节简单，略呈弓形；后足胫节简单。前足腿节显著膨大，内侧具 1 延伸三角形大刺突。

六星吉丁成虫　（曹亮明 摄）

幼虫：老熟幼虫体长 15 ～ 21mm。头黑色，体扁平，前胸膨大，前胸背板上有“V”形纹，中、后胸节则很窄小，腹节为圆筒形。

【**生活史及习性**】1 年发生 1 代，成虫 7 月份出现，产卵于树干下部，1 ～ 3 粒不等。幼虫在韧皮部蛀食，虫道弯曲，充满褐色的虫粪和蛀屑，以老熟幼虫在被害枝干木质部建造蛹室越冬。翌年 4 月中旬开始化蛹。成虫羽化后在蛹室内停留 3 ～ 6d，然后在树干上咬 1 椭圆形羽化孔钻出，成虫多在白天羽化出孔，以 10 时至 16 时最多，即使在阴雨天也能羽化。5 月上中旬为成虫羽化盛期，5 月下旬至 6 月上旬为成虫产卵盛期，6 月上旬幼虫开始孵化，一直危害至 10 月中旬开始陆续越冬。

成虫取食寄主植物嫩叶补充营养，但不造成严重危害。成虫喜在 10 时至 14 时活动，清晨和傍晚多在枝干分叉处、粗皮缝隙处或叶片上静栖，不活跃。成虫寿命 8 ～ 23d。白天交尾，每头雌虫可产卵 18 ～ 34 粒。喜欢在树势衰弱或新移栽的长势差的树木上产卵，产卵前成虫在树干上爬行，寻找到枝叉或者伤疤边缘处，产卵器伸入树皮裂缝内产卵，卵散产，每次产卵 1 粒，最多可见 3 粒卵连在一起，但不一定为同一头雌虫所产。卵期 8 ～ 12d。幼虫孵化后直接蛀入皮下取食，随着虫龄增长，蛀道逐渐变粗，老熟幼虫蛀道宽可达 13mm，蛀道方向不规则，有横向有纵向。虫粪和蛀屑塞满蛀道，受害部位树皮组织坏死，蛀道环绕树干一周即可导致全株枯死。幼虫老熟后蛀入木质部浅层建造越冬室，翌年春在越冬室化蛹。主要以幼虫危害树干韧皮部和形成层，成虫取食叶片补充营养。

【**防治**】秋后或翌年春成虫羽化前，剪除被害枝以减少虫源。成虫发生早期可于早晨振落捕杀成虫。成虫发生期结合防治其他害虫喷洒触杀型或胃毒型杀虫剂如菊酯类或有机磷类，均有良好防效。禁止调运带虫苗木，防止其扩散蔓延。加强栽培管理，增强树势以提高抗虫性。（王小艺）

六星吉丁幼虫（王小艺 摄）

栎纹吉丁 *Coraebus* sp.

分类地位： 鞘翅目 Coleoptera 吉丁虫科 Buprestidae 窄吉丁亚科 Agrilinae 纹吉丁属 *Coraebus*
分　　布： 辽宁。
寄主植物： 蒙古栎、辽东栎。

【主要特征】 成虫，体中型，粗壮，长椭圆形，体金绿色，具金属光泽。体长 12mm，宽 4mm 左右。头部有浅中纵凹，具刻点和短绒毛。复眼大，肾形，互相平行，不高出头廓，褐色。复眼下缘在触角窝之下；口上突具凸起上缘。额区有 1 个“V”形瘤脊。触角细长，从第 3 节起为锯齿状，每节上具中等程度长绒毛，触角具棕红色金属光泽。前胸背板拱形，较光滑，具细刻点；前叶模糊，后缘双曲状，侧缘直，不具齿；后角末端尖，钝角。有短的前肩隆脊突起，长度约为前胸背板长 1/4，靠近后角，但不连接后角和后缘，前端退化。小盾片较大，长方形，下端延伸成尖楔形，表面光滑不下凹，无刻点无小盾片脊。鞘翅基部与前胸背板等宽，肩角较钝；鞘翅基部各有 1 深凹窝。鞘翅金绿色，表面具粗刻点，具紫色斑；自中部至末端等距离分布 3 条横向白色绒毛斑纹，前 2 条波状，近末端 1 条横直。3 条斑纹中间部分为紫色带；每个鞘翅前半部分各具 2 个紫色斑，靠基部紫色斑更大。鞘翅两侧缘近平行，后 2/3 处最宽，其后收窄；末端弧弓状分离，具密齿；不延伸，无缝角。后足胫节扩大成板状，外侧缘具瘤突和密长绒毛。第 1 跗节约等于第 2、3 跗节长度之和；腹部末端近平截状，稍内凹。爪双裂，每裂各具 1 齿。

【生活史及习性】 辽宁省宽甸县大西岔村蒙古栎林，成虫期 6 月。种群密度很低，不造成危害。主要以幼虫在树干韧皮部和形成层蛀食危害，形成弯蛀道，当蛀道环绕树干一周时，全株枯死。成虫取食寄主植物叶片补充营养，不造成危害。（王小艺）

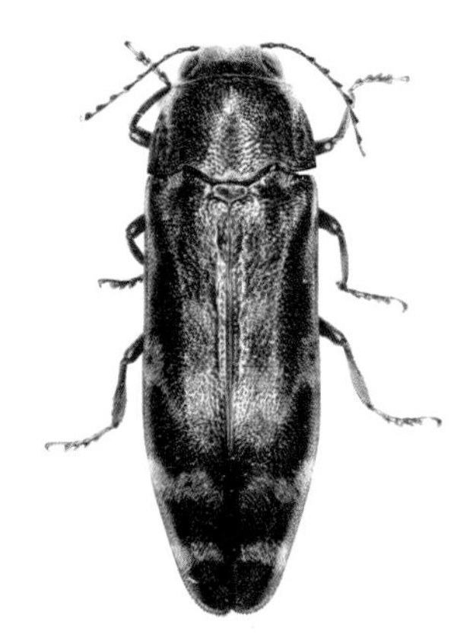

栎纹吉丁成虫　（曹亮明 摄）

栎块斑吉丁 *Lamprodila virgata* (Motschulsky)

分类地位： 鞘翅目 Coleoptera 吉丁虫科 Buprestidae 金吉丁亚科 Chrysochroinae 块斑吉丁属 *Lamprodila*

分　　布： 江西、福建、辽宁；朝鲜、日本。

寄主植物： 蒙古栎、辽东栎。

【**危害状**】主要以幼虫危害栎树主干韧皮部和形成层，成虫取食叶片补充营养。

栎块斑吉丁成虫　（曹亮明 摄）

【**主要特征**】成虫：体中型，粗壮，体长卵形。体长9～14mm，宽4～6mm，体表铜绿色，具金属光泽，体表具刻点，背面无绒毛。头短，布满粗密刻孔，头顶平，额具粗刻孔；触角从第4节起为锯齿状。复眼黑褐色，椭圆形，紧靠前胸背板前缘；复眼下缘在触角窝之下。前胸背板可见5处黑色亮斑，前胸背板宽大于长，中央宽度最大，两侧缘弧弓状；前胸背板后缘弧形，中央略后突，后角呈钝角。小盾片黑蓝色，梯形，表面光滑，无横脊，下端不延伸。鞘翅基部略宽于前胸背板后缘，肩角为钝角；鞘翅表面可见

栎块斑吉丁幼虫　（王小艺 摄）

大小不等的黑色亮斑，翅两侧中前部内凹，后2/3处膨大，随后渐向顶端收窄，翅顶略呈平截状，具钝齿；鞘翅表面除有黑斑外另具不规则的粗刻孔及排列有序的纵条沟。腹面铜绿色，具不规则刻点及少许灰短绒毛。前胸腹板突角钝角，收窄。后足胫节端部具1矩刺，第1跗节长于第2节但短于第2、3节之和。

幼虫：体长30～36mm，扁平，乳白色或黄白色，无足；头缩于前胸内，前胸膨大，背中央有1个“人”字形凹纹。腹部10节，分节明显。（王小艺）

栎弓胫吉丁 *Toxoscelus* sp.

分类地位： 鞘翅目 Coleoptera 吉丁虫科 Buprestidae 窄吉丁亚科 Agrilinae 弓胫吉丁属 *Toxoscelus*
分　　布： 河北。
寄主植物： 蒙古栎、辽东栎、槲栎、枹栎等壳斗科栎属树木。

【主要特征】成虫，体小型，黑色，纺锤形。头顶短，额正中部显著内凹形成圆形深坑，并具规则的同心圆环纹；额高出复眼。复眼椭圆形，黑色，与前胸背板相接。复眼下缘与触角窝平齐。触角从第5节起为锯齿状。前胸背板凹凸不平，具3个明显的大凹陷，成“品”形排列；表面有多个近同心圆环纹。前胸背板前叶弓形，不超过前胸背板前角；前胸背板中部最宽，两侧各具一小段弧形隆脊，从前部1/4处至2/4处；前胸背板侧缘弓形，后角呈钝角。小盾片大，三角形，无小盾脊。鞘翅基部有1个深凹窝，肩角圆钝。鞘翅上具白色短绒毛，构成不清晰的斑纹。每个鞘翅中前部有2个近圆形斑纹，中部有1个“V”形斑纹，近端部有1条横波状斑纹。鞘翅末端近缘折处显著隆起；鞘翅末端弓形连接，具稀疏浅齿，缝角圆钝。腹部腹面可见5节，第1、2节间缝不明显。腹部末节后缘平截状。前胸腹板叶前缘弓形，中部内凹。前胸腹板突呈三角形，收窄，侧缘直线，无前胸腹板突角。前中后足胫节内侧成板状，可与体壁紧密贴靠。跗节短，爪双裂。（王小艺）

栎弓胫吉丁成虫　（曹亮明 摄）

块斑潜吉丁 *Trachys variolaris* Saunders

分类地位： 鞘翅目 Coleoptera 吉丁虫科 Buprestidae 窄吉丁亚科 Agrilinae 潜吉丁属 *Trachys*
分　　布： 江西、福建、贵州、云南、河南、湖南、湖北、山东、浙江、台湾；日本。
寄主植物： 槲栎、麻栎、栓皮栎、短柄枹栎、青冈栎、榛属植物等。

【主要特征】成虫：体长3.0～4.6mm，宽1.5～3.0mm，卵圆形，体黑色具细小刻点，鞘翅带有紫色光泽，腹面具铜色光泽；腿节略带紫红色光泽。头部及前胸背板密布黄色绒毛，夹杂少许白色。上唇前缘深弧凹；表面有横向皱纹；唇基沟弧形。中纵凹较浅；颅中沟特别明显。触角窝大。触角短，第2节与第3节等长，明显长于第4节。前胸背板横宽，基部最宽，宽约是长的2倍。前缘浅弧凹；侧缘弧形，后部具细锯齿；后缘三曲状，中叶略突出。前角锐角，后角近直角。盘区凸出，近后缘具浅横凹；中后部有4个横向棕色圆形斑点。前胸腹板突端部明显膨大，中部最窄，端部最宽。后侧角尖锐且后突。小盾片小，亚三角形。鞘翅基部最宽，长是宽的1.3倍；翅肩略凸出。基部具横凹。侧缘基半部近平行，中部弧状，侧缘后部2/3具细锯齿。翅缝后部略隆起。翅端前部略膨胀；表面有刻点，皱纹密集。鞘翅中前部主要为黑色绒毛，中后部布3条波曲状斑纹，波曲幅度大，白、黄棕色绒毛为主，颜色鲜艳。1条由褐色绒毛组成的倾斜宽波纹从翅缝前部延伸至侧缘中部；中部有1条由金黄色绒毛组成的宽波纹；端部由褐色、白色绒毛组成1条宽波纹。鞘翅端部密布黑色绒毛，夹杂少许白色绒毛。腹面黑褐色发光，布满细密的鱼鳞状纹及少许黄色短绒毛。

块斑潜吉丁危害状　（王小艺 供图）

卵：长1.3～1.5mm，宽0.6～0.8mm，长椭圆形，周围有1白色环。

幼虫：老熟幼虫体长7.5～10mm，宽1.2～1.5mm。虫体呈米白色稍带淡黄色，各体节背腹板均具1个骨片，末节骨化程度低。腹板具1个愈合的浅褐色梯形骨片，背板骨片为浅褐色靴状，中部未融合。背腹板腹节各节骨片淡黄色，壶状或哑铃状。

蛹：长 4.6 ～ 5.0mm，宽 2.5 ～ 3.0mm。头部前缘窄，弧形，头胸侧缘弧形。前胸中部隆起，前缘较直中部微凹，后缘三曲状，基部稍隆起，中胸平坦，后胸中部两侧各具 1 球状突，背板中央具 1 条纵向隆起线。中胸腹板突明显，后胸腹板中部平坦。

块斑潜吉丁成虫　　（曹亮明 摄）

【生活史及习性】据 2014 年在许昌市襄城县紫云山森林公园的调查，该虫在许昌 1 年发生 2 代。以成虫在树下草丛中越冬。3 月下旬越冬成虫开始出蛰上树，3 月底进入越冬成虫出蛰高峰期；4 月中旬成虫开始产卵，卵产于叶片正面，散生；4 月下旬进入产卵盛期，卵期平均 21d。5 月上旬第 1 代卵开始孵化，5 月中旬进入孵化盛期，幼虫历期大约 20d。5 月下旬幼虫开始化蛹，5 月底进入化蛹盛期，蛹历期大约 15d。6 月上旬蛹开始羽化出第 1 代成虫，6 月中旬进入羽化盛期。6 月底成虫开始产卵，7 月上旬进入产卵盛期，7 月中旬卵孵化出第 2 代幼虫，7 月下旬幼虫开始化蛹，7 月底至 8 月初羽化为第 2 代成虫。9 月 25 日调查发现还有成虫仍在危害，成虫期可达 50d。9 月下旬成虫开始下树越冬。

成虫不善飞行，趋光性不强，有群居性，具假死性，喜食嫩叶。危害期较长，可达 1 个多月。卵单粒散产于叶片正面，1 片叶上可产多粒，数量不等，少的 1 ～ 5 粒，多的达 5 ～ 10 粒，卵孵化率较高。幼虫潜入叶肉组织，造成叶片上下表皮分离，排粪、蜕皮、化蛹均在叶内，羽化后钻出叶片。幼虫潜入叶肉危害，幼虫期、蛹期均在叶内，叶片被害部位干枯。成虫危害嫩叶、叶片，被害叶片呈筛网状，严重时影响光合作用

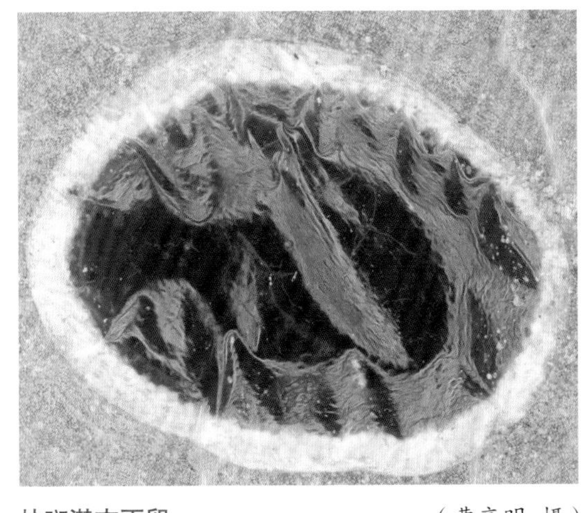
块斑潜吉丁卵　　（曹亮明 摄）

和景观。据报道，该虫2006年起在许昌市襄城县紫云山森林公园内发生危害，造成一定的经济损失。

【防治】化学防治。发生盛期喷洒内吸性杀虫剂，可防治补充营养的成虫和叶片内取食的幼虫。（王小艺）

小线角木蠹蛾 *Holcocerus insularis* Staudinger

分类地位：鳞翅目 Lepidoptera 木蠹蛾科 Cossidae 线角木蠹蛾属 *Holcocerus*

分　　布：北京、河北、黑龙江、吉林、辽宁、内蒙古、天津、山东、江苏、上海、福建、安徽、江西、湖南、陕西、宁夏；俄罗斯。

寄主植物：麻栎、槠、白蜡、构树、丁香、白榆、槐树、银杏、柳树、苹果、白玉兰、悬铃木、元宝枫、海棠、冬青卫矛、柽柳、山楂、香椿、榆叶梅、麻叶绣球。

【主要特征】成虫雌体长18～28mm，翅展36～55mm；雄体长14～25mm，翅展31～46mm。体灰褐色。头顶毛丛鼠灰色，胸背部暗红褐色。腹部较长。前翅顶角极为钝圆。翅面密布许多细而碎的条纹；亚外缘线顶端近前缘处呈小“Y”字形，向里延伸为1黑线纹，但变化较大；外横线以内至基角处，翅面均为暗色，缘毛灰色，有明显的暗格纹。后翅色较深，有不明显的细褐纹，缘毛暗色格纹不明显。

【生活史及习性】幼虫喜群聚危害，常在植株的皮层、韧皮部及木质部蛀食，破坏输导组织，造成千疮百孔。被害树木轻者风折、枯枝，重者整株死亡。

【防治】小线角木蠹蛾的防控措施主要有加强检疫、合理配置植物、清理枯死木、钩杀诱杀、化学防治以及生物防治等。其中，在幼虫危害期，从排粪口注入白僵菌液杀以及注入芫菁夜蛾线虫悬液侵

小线角木蠹蛾成虫　　（王鸿斌 摄）

染，均可使幼虫感病而大量死亡，防治效果明显。（王梅）

榆线角木蠹蛾 *Holcocerus vicarious* Walker

分类地位： 鳞翅目 Lepidoptera 木蠹蛾科 Cossidae 线角木蠹蛾属 *Holcocerus*

分　　布： 东北、西北、华北、华东、华中地区。

寄主植物： 栎、榆、稠李、柳、杨、槐、梅、丁香、银杏、苹果、核桃、板栗、花椒、金银花。

【主要特征】 成虫体长 16 ～ 28mm，翅展 35 ～ 48mm，灰褐色；触角丝状，前胸后缘具黑褐色毛丛线；前翅灰褐色，满布多条弯曲的黑色横纹，由肩角至中线和由前缘至肘脉间形成深灰色暗区，并有黑色斑纹；后翅较前翅色较暗，腋区和轭区鳞毛较臀区长，横纹不明显。

【生活史及习性】 幼虫在林木中钻蛀大虫道，严重影响木材质量，常造成树木风折及死亡，对防护林建设及城镇绿化威胁很大。

【防治】 榆木蠹蛾的防控措施主要有加强营林、合理配置植物、清理枯死木、化学防治、灯光诱杀以及利用白僵菌、病原线虫感染等生物防治的方法。对于面积较大的林区，还需将以上方法综合利用，加以有效防治。（王梅）

榆线角木蠹蛾危害栎树　　（李国宏 摄）

柞栎象 *Curculio dentipes* (Roelofs)

分类地位： 鞘翅目 Coleoptera 象甲科 Curculionidae 象甲属 *Curculio*
分　　布： 内蒙古、黑龙江、吉林、辽宁、北京、河北、山东、河南、江苏、浙江、四川、陕西；日本。
寄主植物： 柞、栎。

【主要特征】 雌虫，体长 8.9 ～ 13.5mm，身体卵圆形，被黄褐色或灰色鳞毛。头半球形，上布满均匀的椭圆形刻点，喙细长约 8.8mm，着生于头前方，圆筒形，中央以前向下弯曲，基部黑褐色，端部赤褐色，有光泽。复眼黑褐色，近圆形，位于喙基部两侧。触角膝状，赤褐色，有光泽，11 节。卵圆形或长圆形，乳白色。老熟幼虫平均体长约 9.9mm，在种实内乳白色，入土越冬后变为乳黄色。蛹长 7.8mm，乳白色，身体各节均有褐色刚毛，头的基部和中央背面各有 1 对刚毛，额上 4 根刚毛呈“八”字形排列；前胸背板有 3 排刚毛。腹部末端有 1 对尾刺。

【生活史及习性】 在北京 1 年 1 代的占 68%，2 年 1 代的占 26%，3 年 1 代的占 5.5%。以老熟幼虫在土壤中土室过冬，入土 4 ～ 20cm。在北京地区越冬幼虫翌年 6 月上中旬开始化蛹，7 月上旬为化蛹盛期，末期为 8 月底，蛹期约 20d。当年羽化成虫始见 7 月上中旬，8 月中下旬为出土盛期。7 月底成虫开始交尾产卵，8 月中下旬为产卵盛期，9 月上中旬为幼虫蛀食危害盛期。成虫寿命 24 ～ 38d。少数以成虫过冬的寿命长达 240d。

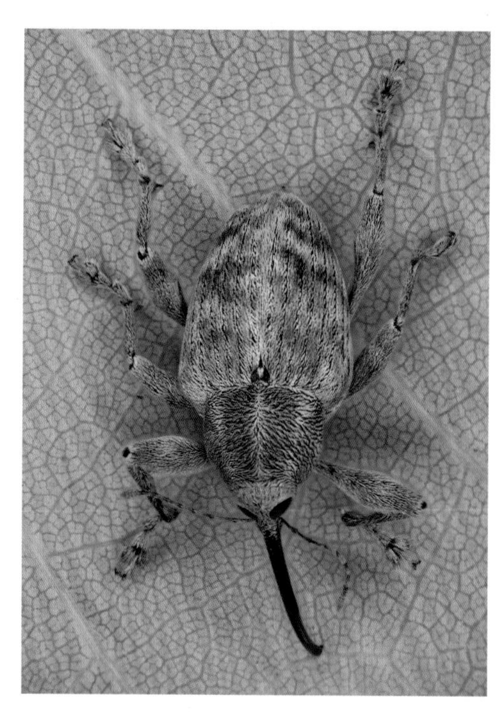
柞栎象成虫　（李雪薇 摄）

【防治】 保护利用天敌，如利用益鸟啄食象甲幼虫及蛹。及时清除被害落果、栗苞、卷叶，集中烧毁，减少虫源。被害果中有天敌寄生的要用铁纱将被害果罩住待天敌羽化后再行处理。成虫发生盛期可利用成虫假死性、群聚性和老熟幼虫聚集性进行人工捕捉，集中消灭。在成虫上树危害和幼虫下树越冬时，可用40%氧化乐果5倍液或废机油等于树干上涂20cm宽毒环，或用2.5%溴氰菊酯3000倍液作成毒绳围于树干上以杀死成虫和幼虫。成虫发生期，可选喷40%氧化乐果乳油1000倍液，或选喷2.5%溴氰菊酯10000倍液；还可用敌马烟剂，用量15kg/hm^2，放烟熏杀成虫。（曹亮明）

麻栎象 *Curculio robustus* (Roelofs)

分类地位： 鞘翅目 Coleoptera 象甲科 Curculionidae 象甲属 *Curculio*
分　　布： 北京、山东、浙江；日本。
寄主植物： 麻栎、栓皮栎。

【主要特征】成虫，卵形，黑褐色，被覆黄色较密的鳞片，腹面的鳞片更宽。前胸背板鳞片密集，似旋涡型排列。鞘翅中间有带1条，被覆较密而宽的鳞片。头和前胸密布刻点。雌虫体长5.8～9.5mm，宽2.7～5.0mm。喙粗短，基部更粗，长为前胸的2倍，触角着生点之后散布刻点，具中隆线，触角着生点之前光滑。触角着生在喙基部的2/5处，柄节长等于索节前3节之和，索节第1节短于第2节，其他节多少短于第1节。前胸背板宽大于长，前缘略凹，后缘略呈弧形。小盾片舌状，密被较细的鳞片。鞘翅具宽而深的行纹10条，行纹间各有1行较宽的鳞片，行间平扁。臀板露出。腿节粗，各有1个相当尖的齿。腹

麻栎象成虫（一）　（李雪薇 摄）

部末节后缘钝圆。雄虫体长 6.3 ～ 8.9mm，宽 3.0 ～ 4.2mm，喙长为前胸的 1.5 倍；触角着生于喙的中间之前。腹部末节后缘截断形。

【生活史及习性】山东地区，该虫 1 年 1 代，在野外成虫 7 月下旬出现，盛期在 8 月上中旬，9 月下旬尚可见到刚羽化的成虫。6 月下旬至 8 月下旬蛹出现。卵的出现始期为 8 月上旬，末期 9 月上旬。当年代幼虫最早在 8 月下旬出现，末期为 10 月中旬。9 月上旬始见幼虫。以老熟幼虫在土壤中筑土室越冬，翌年夏季成虫羽化，进行补充营养后，即在当年生的果实外层壳斗内产卵。（曹亮明）

麻栎象成虫（二）　（曹亮明 摄）

2 食叶害虫

Defoliators

柞树叶斑蛾 *Illiberis sinensis* Walker

分类地位： 鳞翅目 Lepidoptera 斑蛾科 Zygaenidae 叶斑蛾属 *Illiberis*
分　　布： 北京、河北、黑龙江、山东、江苏、浙江、陕西。
寄主植物： 麻栎（山东烟台）。

【**主要特征**】翅长 13mm，体黑色，前翅臀脉至后缘、后翅基半部由前缘至中室下缘和端半部由前缘至 M_2 脉呈灰黄色半透明，其余均透明，翅脉细、黑色。（曹亮明）

柞树叶斑蛾成虫　　（王传珍 摄）

阳卡麦蛾 *Carpatolechia yangyangensis* (Park)

分类地位： 鳞翅目 Lepidoptera 麦蛾科 Gelechiidae 卡麦蛾属 *Carpatolechia*

分　　布： 安徽。

寄主植物： 栓皮栎（安徽合肥）。

【主要特征】成虫：体长约5mm，灰黑色，前翅中部有2椭圆形黄色斑。翅基部区域颜色较深，黑色；内线外侧靠黄色斑区域灰白色；外线外侧靠翅前缘区域灰白色。前翅前缘端部1/2及外缘具长毛，毛黑褐色具灰白点。触角环状纹黑白相间。足灰白色。

幼虫：白色，头部及胸部黄褐色，腹部各节背板中央具2对黑色斑点。老熟幼虫在两层叶片夹层内化蛹，化蛹时将叶片蛀食一个不规则菱形区域，在该区域内吐丝作茧化蛹。蛹金黄色。（曹亮明）

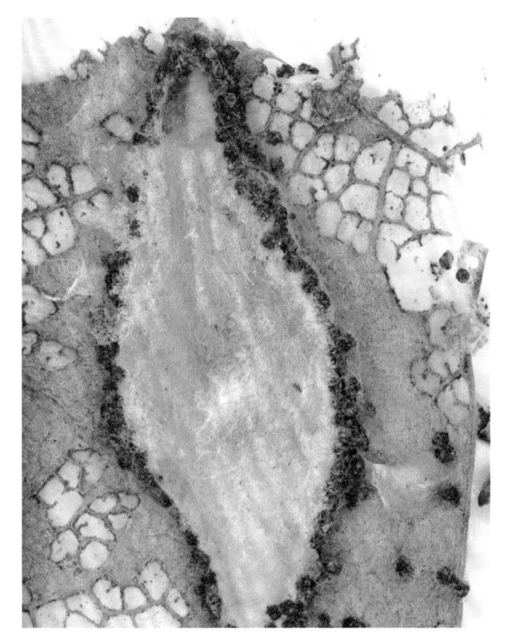

阳卡麦蛾茧　（李雪薇 摄）

阳卡麦蛾成虫　（李雪薇 摄）

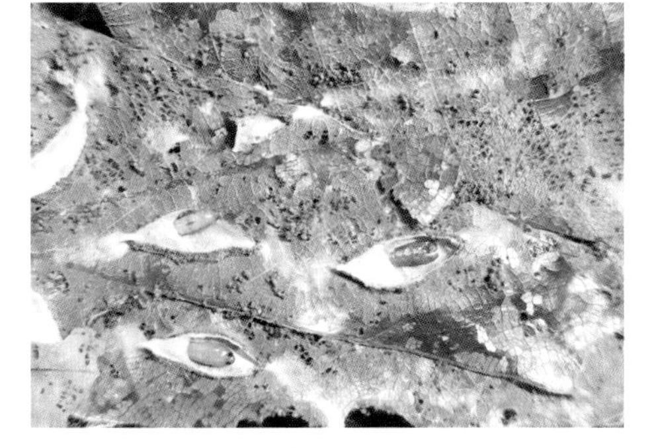

阳卡麦蛾羽化后蛹壳　（李雪薇 摄）

栗窗蛾 *Rhodoneura exusta* Butler

分类地位：鳞翅目 Lepidoptera 网蛾科 Thyrididae 黑线网蛾属 *Rhodoneura*

分　　布：山东（烟台）、江西。

寄主植物：栎、板栗。

【主要特征】成虫，体长 6.5～9.0mm。体黄褐色，头部褐色，触角淡褐色，丝状。触角长约为体长的 1/2。翅具网状斑纹，前后翅具淡黄色缘毛。成虫卷叶危害，化蛹前藏于卷叶之中，蛹黄褐色，老熟后两端黑色。老熟幼虫黄褐色，胸背板具黑色斑点，前胸背板黑色斑点最大。胸足黑色。腹足、臀足黄色。（曹亮明）

栗窗蛾蛹　（姚林梅 摄）

栗窗蛾幼虫　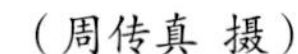（周传真 摄）

栗窗蛾成虫　（时海风 摄）

栗窗蛾危害状　（王传珍 摄）

板栗冠潜蛾 *Tischeria quercifolia* Kuroko

分类地位： 鳞翅目 Lepidoptera 冠潜蛾科 Tischeriidae 冠潜蛾属 *Tischeria*
分　　布： 北京、河北；日本。
寄主植物： 蒙古栎、板栗、槲栎、辽东栎、栓皮栎。

【主要特征】 成虫：体长 3 ～ 4mm，翅展 9 ～ 11mm，头部灰黄色，颜面、触角灰褐色，有很长的纤毛，其中基部的纤毛最长。下唇须灰白色，前伸。前翅狭长，灰黄色，基部 2/3 有银白色光泽，端部 1/3 布满橘黄色的鳞片，边缘有银白色光泽；缘毛长，后翅长披针形，银灰色，缘毛比翅宽稍长。雄性外生殖器：具爪形突 1 对，宽指状，长为背篼宽度的 3/4 左右。肛管宽大，膜质。背篼宽。抱器瓣狭长，略呈宽指状，从基部向前端逐渐变细，末端较圆。囊形突三角形，末端尖。阳茎细，比抱器瓣短，末端有 4 枚长刺突，呈梅花状排列。

卵：乳白色，半透明，产于叶正面。

幼虫：老熟幼虫头宽 0.7mm，体长 5.2 ～ 7.2mm，宽 1.5 ～ 2.0mm。身体光滑，只有少量原生刚毛，头部黄褐色，身体浅绿色，臀瓣浅褐色，胸足、腹足退化为痕迹状，臀足趾沟明显，单序中带。

板栗冠潜蛾危害状　　（唐冠忠 摄）

蛹：长 4.6～5.5mm，宽 1.3～1.4mm。初蛹淡黄色，渐变为红褐色，近羽化时黑褐色。

【生活史及习性】 板栗冠潜蛾在北京 1 年发生 4 代，以老熟幼虫在被害叶内茧中越冬，4 月中下旬平均气温 10℃时越冬幼虫开始化蛹，5 月上旬平均气温 15.5℃时越冬代成虫羽化；6 月上旬第 1 代幼虫开始化蛹，6月下旬羽化为成虫；7 月中下旬第 2 代幼虫化蛹，7 月底至 8 月初羽化为成虫；8 月下旬

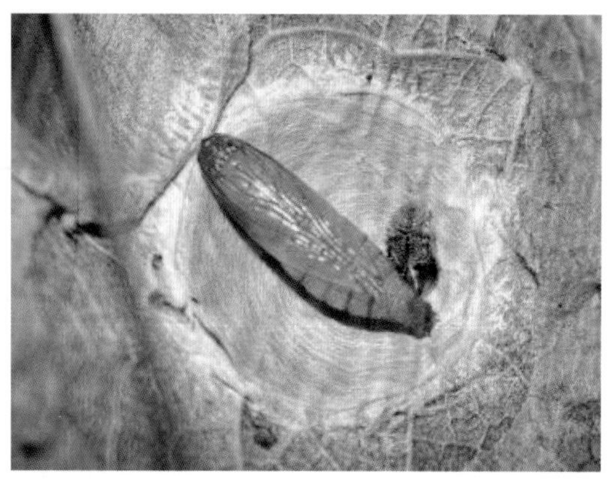
板栗冠潜蛾蛹　（唐冠忠 摄）

第3代成虫羽化，9月上旬出现第4代幼虫，幼虫在落叶内越冬。

卵散产，多产在隐蔽处成熟的叶片正面，幼虫孵化后由卵旁蛀入叶内取食叶肉，将粪便排在叶表面。第1代幼虫危害24～28d后开始在叶内结白色棉絮圆形扁平茧化蛹，化蛹处叶表面略呈圆形扁平突起，颜色较其他被害部位深，浅暗褐色。蛹期8～10d，成虫羽化后自叶片内钻出，蛹壳卡在叶片上表皮处。虫量少时1个叶片1头幼虫，多时达20多头。单个幼虫危害状为不规则的片状，2cm左右，虫口密度大时连接成片。蛹期有小蜂寄生。

【防治】5月下旬、7月上旬第1、2代幼虫发生期，叶面喷洒5%高效氯氰菊酯乳油或25%灭幼脲3号胶悬剂1500倍液，均有较好的杀虫效果。（唐冠忠）

茶白毒蛾 *Arctornis alba* (Bremer)

分类地位：鳞翅目 Lepidoptera 目夜蛾科 Erebidae 白毒蛾属 *Arctornis*
分　　布：全国除新疆、西藏外大部分地区均有分布。
寄主植物：栎树、油茶、榛子。

【主要特征】成虫：体长12～15mm，翅展34～44mm。体、翅均白色，前翅稍带绿色，具丝缎样光泽，翅中央有1小黑点。触角羽毛状。腹部末端有白色毛丛。

卵：扁鼓形，淡绿色，直径1mm左右，高0.5mm左右。

幼虫：头红褐色，体黄褐色，每节有8个瘤状突起，突起具黑褐色长毛及黑色和白色短毛。虫体腹面紫色或紫褐色。老熟幼虫体长30mm左右。

蛹：长12～15mm，浅鲜绿色，圆锥形，较粗短，背中部微隆起，体背有2条白色纵线。尾端有1对黑色钩刺。

【生活史及习性】江苏1年发生6代。以幼虫在茶丛下部向阳避风的叶片上越冬。第2年3月上旬开始活动危害，3月下旬开始化蛹，4月中旬成虫羽化产卵。各代幼虫发生期分别为5月上旬至6月上旬、6月中旬至7月上旬、7月中旬至8月上旬、8月中旬至9月下旬、9月下旬至10月下旬、11月下旬至翌年4月上旬。全年以5—6月份危害较重。河北承德8月见蛹和成虫。

茶白毒蛾蛹（唐冠忠 摄）

成虫停息时翅平展叶面，受惊后即飞翔。雌蛾多在叶片正面产卵，一般5～15粒产在一起，少数散产。幼虫孵化后多爬至叶背，取食下表皮和叶肉，留上表皮，呈枯黄色半透明不规则的斑块，少数在叶面取食上表皮和叶肉。幼虫3龄后即分散危害，在叶正面取食皮层和主脉。中龄后咬食叶片成缺口。幼虫行动迟缓，受惊后即迅速弹跳逃避。幼虫老熟时，吐少量丝，缀结2～3叶，以腹末钩刺倒挂化蛹于其中。

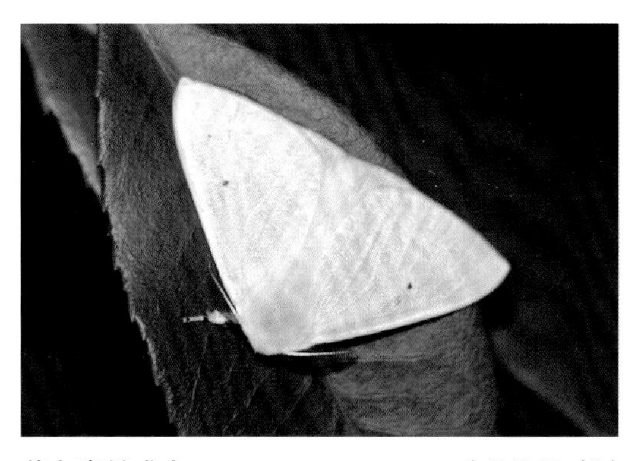

茶白毒蛾成虫（张培毅 摄）

【防治】利用成虫趋光性进行灯光诱杀，偏远山区选用太阳能杀虫灯，有电源的地方选用普通杀虫灯，诱杀成虫。在幼虫发生期喷药防治。茶毛虫核型多角体病毒1亿个多角体/mL；苏云金杆菌（100亿孢子/g）50倍液；白僵菌菌粉（50亿孢子/g）50倍液；0.2%苦参碱乳油1000～1500倍液；20%除虫脲悬浮液2000～3000倍液；10%氯氰菊酯乳油6000倍液；10%二氯苯醚菊酯乳油4000倍液；2.5%溴氰菊酯乳油6000倍液；10%联苯菊酯乳油6000倍液；35%硫丹乳油2500～3000倍液。（任雪毓、王鸿斌）

折带黄毒蛾 *Eupractis flava* Bremer

分类地位： 鳞翅目 Lepidoptera 目夜蛾科 Erebidae 黄毒蛾属 *Euproctis*

分　　布： 河北、黑龙江、吉林、辽宁、山东、江苏、安徽、浙江、江西、福建、湖南、湖北、河南、贵州、广东、广西、四川、陕西；朝鲜、日本、俄罗斯。

寄主植物： 槲栎（山东烟台）、樱、蔷薇、梨、苹果、桃、梅、李、海棠、柿、山毛榉、枇杷、石榴、茶、刺槐、赤杨、紫藤、赤麻、山漆、杉、松、柏等。

【主要特征】 成虫，身体黄色，前翅内线和外线白色至浅黄色，内线和外线及所夹区域形成折带，折带上分布黑褐色鳞片，分为5个区域，翅亚顶区有2片由黑褐色鳞片组成的棕褐色圆点。雄虫触角双栉状，触角长约为前翅前缘长的1/4。翅外缘具长毛。初孵幼虫黄褐色，头及腹部末端黑色，腹部第3、4节背板中央黑色。（曹亮明）

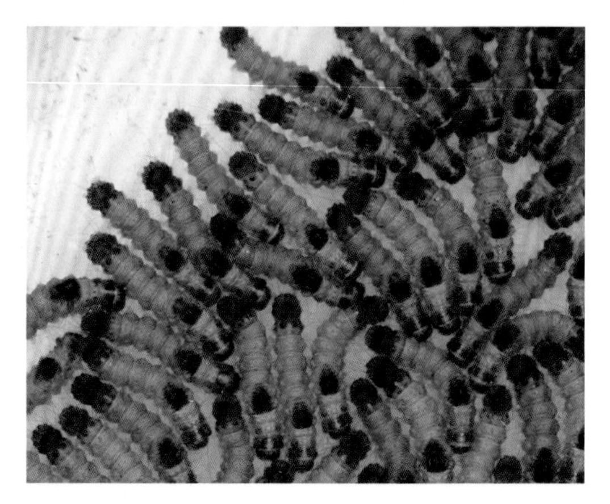

折带黄毒蛾幼虫　（李雪薇 摄）

折带黄毒蛾成虫　（李雪薇 摄）

云星黄毒蛾 *Euproctis niphonis* Butler

分类地位： 鳞翅目 Lepidoptera 目夜蛾科 Erebidae 黄毒蛾属 *Euproctis*

分　　布： 北京、陕西、东北、河北、内蒙古、山西、河南、山东、浙江、湖北、湖南、广东、四川、甘肃；日本、朝鲜、俄罗斯。

寄主植物： 栎、醋栗、锥栗、刺槐、赤杨、白桦、榛。

【主要特征】成虫，翅展32～47mm。体黄色，触角栉节黑褐色，头和胸背散生黑色毛。前翅黄色，后缘中间大部至翅中密布黑色鳞片，并散布至近顶端的前缘，中室端具黑点。后翅黄色，具黑色鳞毛。

【生活史及习性】北京7月灯下可见成虫，河北承德8月野外可见成虫。（唐冠忠）

云星黄毒蛾成虫　（唐冠忠 摄）

灰斑古毒蛾 *Orgyia ericae* Germar

分类地位： 鳞翅目 Lepidoptera 目夜蛾科 Erebidae 古毒蛾属 *Orgyia*

分　　布： 北京、河北、山东、青海、陕西、甘肃、宁夏、山西。

寄主植物： 槲栎（河北承德）、柳树、杨树、山毛榉、松树、栎树、蔷薇、苹果、梨树、李、山楂、沙枣、酸枣、梭梭等。

【主要特征】成虫，雌雄异型。雌蛾长卵圆形，体黄褐色，体被浓而短的灰黄白色茸毛，触角淡黄色，前后翅退化。雄蛾触角长双栉齿，前翅褐色，内横线褐色，较宽，中部向外微弯。中室前半部宽，后半部窄，色暗。前缘有近三角形紫灰色斑。横脉纹褐色，月牙形，周围紫灰色，外横线褐色，锯齿形。

Cu_2脉以后色深，其外缘有1清晰白斑。缘毛浅黄色。翅基部有密集的长毛。缘毛淡黄色。

老熟幼虫淡黄色，多毛，背线黑色，前胸前缘两侧各有1向前伸的黑色毛气簇。各节背面有黄白色毛瘤，瘤的基部周围有黑色毛束。腹部第1～4节有黄褐色刷状毛。腹部第6、7节背部具橘黄色翻缩腺体，第8节有1斜向后的黑色长毛束。

【生活史及习性】以幼虫危害多种林木及沙生植物的叶片、花苞及嫩枝皮层。发生时可将叶片全部吃光，造成树势减弱，影响林木正常生长。

【防治】灰斑古毒蛾的防控措施主要有人工摘除茧、利用趋光性灯诱诱杀、喷洒化学试剂、利用寄生性天敌开展生物防治等。（王梅）

灰斑古毒蛾幼虫　（王鸿斌 摄）

灰斑古毒蛾成虫　（张培毅 摄）

乌桕黄毒蛾 *Euproctis bipunctapex* (Hampson)

分类地位：鳞翅目 Lepidoptera 目夜蛾科 Erebidae 黄毒蛾 *Euproctis*

分　　布：江苏、浙江、江西、福建、台湾、河南、湖北、湖南、四川、云南、西藏；新加坡、缅甸、印度。

寄主植物：乌桕、油桐、杨、桑、女贞、茶、栎、樟、大豆、甘薯、南瓜。

【主要特征】成虫，雄虫翅展23～38mm，雌虫32～42mm。触角干浅黄色，栉齿浅棕色；下唇须棕黄色；头部黄色带棕色；胸部和腹部黄棕色；足浅棕黄色；前翅底色黄色，除顶角、臀角外密布红棕色鳞和黑褐色鳞，形成1红棕色大斑；斑外缘中部外突，成1尖角；顶角有2个黑棕色圆斑；后翅黄色，基半部红棕色。

【生活史及习性】在浙江1年2代，以3～5龄幼虫越冬。翌年3月下旬至4月上旬出蛰活动，5月中下旬化蛹，6月上中旬成虫羽化、产卵。6月下旬至7月上旬第1代幼虫孵化，8月中下旬化蛹，9月上中旬第1代成虫羽化产卵，9月中下旬孵出第2代幼虫，11月幼虫进入越冬期。（李国宏）

乌桕黄毒蛾成虫　（张培毅 摄）

拟杉丽毒蛾 *Calliteara pseudabietis* Butler

分类地位： 鳞翅目 Lepidoptera 目夜蛾科 Erebidae 丽毒蛾属 *Calliteara*
分　　布： 河北、内蒙古、辽宁、吉林、黑龙江；朝鲜、日本、俄罗斯。
寄主植物： 落叶松、杉、桧、栎、苹果。

【主要特征】成虫，雄虫翅展40～43mm，雌虫48～52mm。触角干银白色，栉齿棕色；下唇须暗灰色，外侧褐黑色；复眼周围布黑色；头、胸腹部和足暗灰色；体腹面色浅，足胫节、跗节有黑斑；前翅灰褐色；内区白色，稀布黑褐色鳞片；亚基线黑褐色；内线双线、黑褐色，波浪形，外一线中央内凹，内一线中央外弓，两线间白褐色；中区白色，密布黑褐色鳞片；横脉纹新月形，灰褐色，黑褐色边；外线褐黑色，微波浪形，前部直，后内弯，外线内缘灰白色，外缘黑褐色；外区白灰色；亚端线褐黑色，不清晰；端线有黑褐色点组成；缘毛黑褐色和灰褐色相间；后翅浅褐色，横脉纹与外缘灰褐色；前、后翅反面浅褐色，稀布褐黑色鳞片，横脉纹与外线褐黑色。雌蛾色淡，斑纹不明显。（王鸿斌）

拟杉丽毒蛾成虫　（张培毅 摄）

古毒蛾 *Orgyia antiqua* (Linnaeus)

分类地位：鳞翅目 Lepidoptera 目夜蛾科 Erebidae 古毒蛾属 *Orgyia*

分　　布：河北（雾灵山）、山西、内蒙古、黑龙江、吉林、辽宁、山东、河南、西藏、甘肃、宁夏；朝鲜、日本、蒙古、俄罗斯、欧洲。

寄主植物：柳、杨、桦、桤木、榛、鹅耳枥、山毛榉、栎、梨、李、苹果、山楂、槭、欧石楠、云杉、松、落叶松以及大麻、花生、大豆等。

【**主要特征**】成虫，体长 10 ～ 20mm，翅展 25 ～ 30mm。触角干浅棕灰色，栉齿黑褐色；胸和腹部灰棕色微带黄色；前翅黄褐色；中室后缘近基部有 1 褐色圆斑，不甚清晰；内线褐色，微锯齿形外弓；横脉纹新月形，深橙黄色，边缘褐色；外线褐色，微锯齿形，从前缘至 M_1 脉外伸，M_1 脉至 M_2 脉直，M_2 脉至 Cu_1 脉内斜，后内弯至后缘；外线与亚端线间褐色，前缘色浅；在 Cu_2 与 1A 脉间有 1 半圆形白斑；缘毛黄褐色有深褐色斑；后翅和缘毛黄褐色，基部和后缘色暗。雌蛾纺锤形；触角短，触角干黄色；体被灰黄色茸毛；足被黄色毛，爪腹面有短齿；翅短缩，前翅尖叶形，灰黄色。（王鸿斌）

古毒蛾成虫　（张培毅 摄）

盗毒蛾 *Porthesia similis* (Fueszly)

分类地位：鳞翅目 Lepidoptera 目夜蛾科 Erebidae 盗毒蛾属 *Porthesia*

分　　布：河北、黑龙江、内蒙古、吉林、辽宁、山东、江苏、浙江、江西、台湾、广西、湖南、湖北、青海；朝鲜、日本、俄罗斯、欧洲。

寄主植物：柳、杨、桦、榛、桤木、山毛榉、栎、蔷薇、李、山楂、苹果、梨、花楸、桑、石楠、黄檗、忍冬、马甲子、樱桃、洋槐、桃、梅、杏、泡桐、梧桐等。

【**主要特征**】成虫：雄成虫体长 8 ～ 10mm，翅展 20 ～ 25mm；雌成虫体长 10 ～ 12mm，翅展 25 ～ 30mm；头、胸、腹基部白色微带黄色，腹部其余部分和肛毛簇黄色；触角白色，栉齿棕黄色；前后翅均为白色，前翅后缘有 2 个褐色斑，有的个体内侧的 1 个褐色斑不明显，前、后翅反面也为白色，前翅前缘黑褐色；腹部末端有橙黄色毛。

幼虫：体长 25 ～ 40mm。第 1、2 腹节宽，头部黑褐色，有光泽，体黑褐色，前胸背板黄色，上有 2 条黑色纵线，体背面有 1 条橙黄色带，此带在第 1、2、8 腹节中断，带中央贯穿 1 红褐色间断的线。亚背线白色，气门下线红黄色。前胸背面两侧各有 1 个向前突出的红色瘤，瘤上生有黑色长毛束和白褐色短毛，其余各节背瘤黑色，生有黑褐色长毛和白色羽状毛，第 5、6 腹节瘤橙红色，上生黑褐色长毛；腹部第 1、2 节各有 1 对愈合的黑色瘤，上生白色羽状毛和黑褐色长毛；第 9 腹节上的瘤橙色，上生黑褐色长毛。

盗毒蛾成虫　（李国宏 摄）

蛹和茧：体长 12 ～ 16mm，长圆筒形，黄褐色，体被黄褐色绒毛。腹部背面第 1 ～ 3 节各有 4 个横列的瘤，茧椭圆形，淡褐色，外围附有少量褐色长毛。

【**生活史及习性**】河北、山西、甘肃 1 年发生 2 代，以老龄幼虫在枯叶、树杈、树干缝隙及落叶中结茧越冬。翌年 4 月开始活动，危害春芽及叶片，6 月中旬化蛹，6 月下旬出现越冬代成虫，7 月下旬至 8 月上旬第 1 代成虫出现，8—9 月第 2 代幼虫出现，10 月初以第 2 代老熟幼虫进入越冬状态。

【**防治**】农业综合措施、人工摘除卵块、树干绑草诱集越冬幼虫集中销毁、清理落叶等，低龄幼虫期喷施药剂防治。（王鸿斌）

雪毒蛾 *Stilpnotia salicis* (Linnaeus)

分类地位： 鳞翅目 Lepidoptera 目夜蛾科 Erebidae 雪毒蛾属 *Stilpnotia*

分　　布： 河北、山西、内蒙古、黑龙江、吉林、辽宁、山东、江苏、河南、宁夏、青海、新疆；俄罗斯、蒙古、日本、朝鲜、加拿大、欧洲西部。

寄主植物： 杨、柳、栎、槭、白蜡、板栗。

【主要特征】 成虫，体长 12 ～ 18mm，翅展 35 ～ 52mm。触角干白色。体白色，具丝绢光泽。下唇须黑色。头、胸和腹部白色微带浅黄。复眼外侧和下面黑色。前翅白色，较薄，稀布鳞片，翅脉带黄色。后翅白色。足白色，胫节和跗节有黑白相间的环纹。

【生活史及习性】 成虫有趋光性，雌虫较明显，夜间活动。1 ～ 2 龄幼虫有群集性，取食叶肉呈网状，可吐丝下垂借风传播；幼虫白天喜隐蔽于树皮缝、树洞等处躲藏，夜间上树取食，先取食下部叶片，逐渐向树冠上部危害。3 龄后分散危害，昼夜取食。

【防治】 雪毒蛾的防治措施主要有改善林分环境、人工诱杀、利用趋光性物理诱杀、喷洒化学药剂，以及利用天敌和生物制剂防治等。（王鸿斌）

雪毒蛾幼虫（张培毅 摄）

雪毒蛾成虫（张培毅 摄）

栎茸毒蛾 *Dasychira aurifera* Scriba

分类地位： 鳞翅目 Lepidoptera 目夜蛾科 Erebidae 茸毒蛾属 *Dasychira*
分　　布： 云南、四川、西藏；日本。
寄主植物： 栓皮栎。

【主要特征】成虫，翅展 46～53mm。触角干银灰色，栉齿棕色；下唇须暗灰色，外上方黑褐色；复眼周围有褐黑色毛；头、胸部灰褐色；腹部浅橙黄色带棕色；足暗灰色带棕褐色，跗节有黑斑；前翅暗褐色带银灰色；亚基线和外线黑褐色，锯齿形；内线双线黑褐色；横脉纹边黑褐色；亚端线黑褐色，波浪形，前半外弓，后半内弯；端线由 1 列黑褐色间断的斑组成；缘毛银灰色与黑褐色相间；后翅棕黄色，横脉纹和外横线黑褐色。（李国宏）

栎茸毒蛾成虫　　（李国宏 摄）

背刺蛾 *Belippa horrida* Walker

分类地位： 鳞翅目 Lepidoptera 刺蛾科 Limacodidae 背刺蛾属 *Belippa*
分　　布： 河北（承德）、辽宁、浙江、江西、福建、云南、台湾。
寄主植物： 蒙古栎。

背刺蛾幼虫 （李雪薇 摄）

【主要特征】老熟幼虫，椭圆形，背面半球状隆起，腹面扁平贴合于叶片上，身体绿色或浅绿色，刺毛退化，身体表面光滑，背面具整齐排列的白点，约 8～10 列，每列 10 个。（曹亮明）

客刺蛾 *Ceratonema retractatum* Walker

分类地位：鳞翅目 Lepidoptera 刺蛾科 Limacodidae 客刺蛾属 *Ceratonema*
分　　布：河南、辽宁、云南、西藏。
寄主植物：槲栎（河南安阳）。

【主要特征】成虫：翅展 20～23mm。身体和前翅赭色，有 3 条暗褐色横线，中线直斜，从前缘中央稍后一点伸至后缘中央，外线波浪形，从 6 脉伸至后缘，亚端线从前缘中线稍后一点斜向外伸至 3 脉；后翅浅黄色，靠近臀角有 1 紫色纵纹。

客刺蛾幼虫 （李雪薇 摄）

幼虫：初孵幼虫黄白色，有光泽，瘤突和枝刺均为白色，头部细，尾部粗，2 龄幼虫体白色，前部粗，后部细；3 龄幼虫为淡绿色，背部隆起，枝刺退化，背线及菱形花斑为乳白色；4 龄幼虫背线及菱形花斑变为暗紫色，体上完全没有枝刺和毒毛，老熟后变为黄绿色，菱形斑变为黄紫色，体缩小并吐丝结茧。客刺蛾幼虫蜕皮 4 次，共 5 个龄期。（曹亮明）

黄刺蛾 *Monema flavescens* Walker

分类地位： 鳞翅目 Lepidoptera 刺蛾科 Limacodidae 黄刺蛾属 *Monema*

分　　布： 遍布全国。

寄主植物： 栎树、杨、柳、榆、枫、榛、梧桐、油桐、桤木、乌桕、楝、桑、茶等，以及苹果、梨、桃、杏、李、樱桃、山楂、楹樟、柿、枣、栗、枇杷、石榴、柑橘、核桃、芒果、醋栗、杨梅等果树。

【主要特征】成虫，翅展 29 ～ 36mm。头和胸背黄色；腹背黄褐色；前翅内半部黄色，外半部黄褐色，有 2 条暗褐色斜线，在翅尖前汇合于 1 点，呈倒“V”形，内面 1 条伸到中室下角，几成两部分颜色的分界线，外面 1 条稍外曲，

黄刺蛾成虫　（李雪薇　摄）

黄刺蛾幼虫　（李雪薇　摄）

伸达臀角前方，但不达于后缘，横脉纹为1暗褐色点，中室中央下方1b脉上有时也有1模糊暗点；后翅黄色或赭褐色。幼虫黄绿色，背中线上有1紫褐色大斑纹，此纹在胸背上较宽，似盾形，每体节有4个枝刺，其中以胸部上的6个和臀节上的2个特别大。茧椭圆形具黑褐斑纹，似鸟蛋。

【生活史及习性】黄刺蛾在东北地区1年发生1代，以老熟幼虫在枝条上或树干上的茧里越冬。6月中旬化蛹，6月下旬至7月上中旬为成虫羽化期。卵期产在叶背面，一叶上只产几粒。幼虫发生期为7月上中旬至8月下旬。小幼虫群栖危害，初舐食叶肉，稍大后把叶吃成不规则缺刻，严重时只剩叶柄和主脉，这时食量增大，大发生年份，能将全株树片吃光。

【防治】①生物防治。黄刺蛾幼虫期优势寄生蜂朝鲜紫姬蜂，其寄生率达60%以上。人工采集黄刺蛾茧放罐头瓶内纱布扎口，放室内，羽化出蜂后，将蜂放到果园内，其治虫效果好、成本低、不污染，是生物防治中值得提倡的好措施。利用柞蚕卵人工繁育赤眼蜂，在黄刺蛾卵期，将赤眼蜂卡挂到树干上，每2～4株挂1片，卵初期与盛期各挂1次，能获得治虫较好效果，防治成本仅为药物防治的1/5；取下黄刺蛾雌蛾腹部，捣碎，用酒精浸泡纱布过滤，将酒精浸泡液涂在一块硬纸壳（2cm×4cm）上，用线悬挂在高1.3～1.5m的树枝上，下设水盆，招杀雄蛾，治虫效果显著；秋冬季将黄刺蛾茧采回，选病毒茧（茧内幼虫死亡、黑色，贴于壳壁）保存，待幼虫发生期，将其研碎，清水浸泡48～60h，双层纱布过滤，装喷雾器，向树叶背面喷洒，杀死2～5龄幼虫达95%以上，此法对人、畜、禽安全。②人工防治。春秋两季人工大量采集黄刺蛾茧集中烧毁。③药物防治。幼虫期喷洒3%高效氯氢菊酯1500倍液，或喷洒1.2%阿维菌素微胶囊悬浮剂1500倍液毒杀幼虫，防治效果在95%以上。（曹亮明）

黄刺蛾危害状　　（曹亮明 摄）

紫刺蛾 *Cochlidion dentatus* Oberthür

分类地位： 鳞翅目 Lepidoptera 刺蛾科 Limacodidae 紫刺蛾属 *Cochlidion*
分　　布： 辽宁、吉林、黑龙江、河北、北京、山东、浙江。
寄主植物： 栎、榛子、柳、板栗、梅、梨、樱桃、茶。

【**主要特征**】成虫：体长 12mm 左右，翅展 25mm，短而粗，紫黑色。前翅狭长，后缘直，紫黑色，有光泽，基部有 1 个银白色点，前缘近顶角处向外缘斜走着 1 条白线，在 Cu_2 脉处终止于外缘；中室下方至外缘中部有 1 个“7”字形白线，顶角处灰白色。足短粗多紫黑色。腹部紫黑色，尾毛甚长，雌体为刷状，雄体为束状。

紫刺蛾幼虫　（唐冠忠 摄）

幼虫：老熟幼虫体长 15mm。长椭圆形，黄绿色，头小，棕褐色。中胸前方有红褐色横纹，平时缩入体内。背线、亚背线及气门上线均黄绿色；各体节于亚背线及气门上线处有较小的黑色毛瘤 1 个，各毛瘤上有较长的黑毛 1 根。

【**生活史及习性**】河北承德 7—9 月见幼虫。（唐冠忠）

白眉刺蛾 *Narosa edoensis* Kawada

分类地位： 鳞翅目 Lepidoptera 刺蛾科 Limacodidae 眉刺蛾属 *Narosa*
分　　布： 河北、山东、浙江、四川、江西、贵州、云南、河南、陕西。
寄主植物： 栓皮栎（河南新乡）、核桃、枣、柿、杏、桃、苹果、杨树、柳树、榆树、桑树。

白眉刺蛾幼虫　（李雪薇 摄）

【主要特征】老熟幼虫，椭圆形，绿色。背部隆起呈龟甲状。亚背线细，黄色，隆起呈脊状，具6对蓝紫色斑点。（曹亮明）

褐边绿刺蛾 *Parasa consocia* Walker

分类地位： 鳞翅目 Lepidoptera 刺蛾科 Limacodidae 绿刺蛾属 *Parasa*

分　　布： 除内蒙古、宁夏、甘肃、青海、新疆和西藏目前尚无记录外，几乎遍布全国；国外分布于日本、朝鲜、俄罗斯。

寄主植物： 麻栎（河南南阳）、梨、苹果、海棠、杏、桃、李、梅、樱桃、山楂、柑橘、枣、栗、核桃、榆、白杨、柳、枫、槭、桑、茶、梧桐、白蜡、紫荆、刺槐、乌桕、冬青、喜树、悬铃木。

【主要特征】幼虫体长29mm。头亮黄绿色，前胸背板具黑色斑点，身体翠绿色，背线浅蓝色。中胸及腹部第8节各有1对蓝黑色斑，后胸至第7腹节，每节有2对蓝黑色斑，中胸至第9腹节，每节着生棕色枝刺1对，刺毛黄棕色，并夹杂几根黑色毛。体侧翠绿色，间有深绿色波状条纹。侧腹面自后胸至腹部第9节均具刺突1对，上着生黄棕色刺毛。腹部第8、9节各着生黑色绒球状毛丛1对。（曹亮明）

褐边绿刺蛾幼虫　（李雪薇 摄）

中国绿刺蛾 *Parasa sinica* Moore

分类地位： 鳞翅目 Lepidoptera 刺蛾科 Limacodidae 绿刺蛾属 *Parasa*

分　　布： 国内分布于东北、华北、西北、西南、华东等地区；国外分布于俄罗斯、朝鲜等国。

寄主植物： 槲栎（河南安阳）、洋白蜡、樱花、苹果、梨、杏、梅、柿、核桃、桃、李、枣、桑等60余种植物。

【主要特征】 老熟幼虫，体长12～20mm。体色多变，背线黄绿色至天蓝色。前胸盾片具1对黑点。各节着生刺瘤1对，以中后胸和第8、9腹节的较大，端部黑色，第9、10节上具较大黑瘤2对。（曹亮明）

中国绿刺蛾幼虫　（李雪薇 摄）

角齿刺蛾 *Rhamnosa angulata* (Fixsen)

分类地位： 鳞翅目 Lepidoptera 刺蛾科 Limacodidae 齿刺蛾属 *Rhamnosa*

分　　布： 辽宁、浙江、福建、广东、四川。

寄主植物： 蒙古栎（辽宁宽甸）、麻栎、槲栎。

【主要特征】老熟幼虫，长椭圆形，扁平，四周具刺突起较长。背部亚背线内强烈隆起，第6节体背部中央有1对斜椭圆形红色斑纹。亚背线黄色。（曹亮明）

角齿刺蛾幼虫　（唐冠忠 摄）

纵带球须刺蛾 *Scopelodes contracta* Walker

分类地位： 鳞翅目 Lepidoptera 刺蛾科 Limacodidae 球须刺蛾属 *Scopelodes*
分　　布： 山东、河北、浙江、广东；日本、印度。
寄主植物： 麻栎（山东省烟台市莱山区院格庄街道）。

【主要特征】成虫：雌蛾体长15.1～20.8mm；雄蛾体长13.2～15.6mm。雄蛾触角栉状，雌蛾丝状。下唇须端部毛簇黑褐色。头和前胸背板暗灰色。腹部橙黄色，末端黑褐色，背面每节有1黑褐色纵斑。雄蛾前翅暗褐色到黑褐色，雌蛾褐色。雄蛾前翅中央有1条黑色纵纹，从中室中部伸至近

纵带球须刺蛾幼虫　（王传珍 摄）

翅尖，雌蛾此纹则不甚明显。

卵：长椭圆形，黄色，长 1.1mm，宽 0.9mm。

幼虫：老熟体背中央具 1 条黄色纵带，从前到后逐渐变窄，向两边先后为黑、白、黑、黄、黑色纵带，白色、黄色纵带具黑色斑点。白色纵带上具刺突簇，刺黑色。低龄幼虫体色较浅，黑色纵带不明显，刺仅端部黑色。（曹亮明）

桑褐刺蛾 *Setora postornata* Hampson

分类地位：鳞翅目 Lepidoptera 刺蛾科 Limacodidae 褐刺蛾属 *Setora*

分　　布：北京、山西、山东、河北、陕西、安徽、江苏、浙江、江西、湖南、福建、台湾、广东、广西、四川、云南。

寄主植物：麻栎（山东省莱山区解甲庄）、桑树、苦楝、杨树、柳树等 60 余种植物。

【主要特征】老熟幼虫，体红色，背线天蓝色，各节在背线前后具 1 对黑点。亚背线红色，各节在亚背线具 1 对突起，突刺具刺，第 1、5、8、9 节突起最大。（曹亮明）

桑褐刺蛾（红色型）幼虫　（王传珍 摄）

中华扁刺蛾 *Thosea sinensis* (Walker)

分类地位： 鳞翅目 Lepidoptera 刺蛾科 Limacodidae 扁刺蛾属 *Thosea*

分　　布： 北京、河北、辽宁、吉林、黑龙江、山西、江苏、浙江、福建、江西、河南、湖北、湖南、广东、广西、海南、四川、贵州、云南、陕西、甘肃、台湾、香港；韩国、越南。

寄主植物： 槲栎（河南新乡）、油茶、茶树、核桃、柿、枣、苹果、梨、乌桕、枫香、枫杨、杨、大叶黄杨、柳、桂花、苦楝、香樟、泡桐、油桐、梧桐、喜树、银杏、桑。

【主要特征】老熟幼虫，绿色，长椭圆形，背线黄白色，在背线和身体两侧各有 1 列刺毛列，刺毛列间有红色斑，中央红色斑最大。（曹亮明）

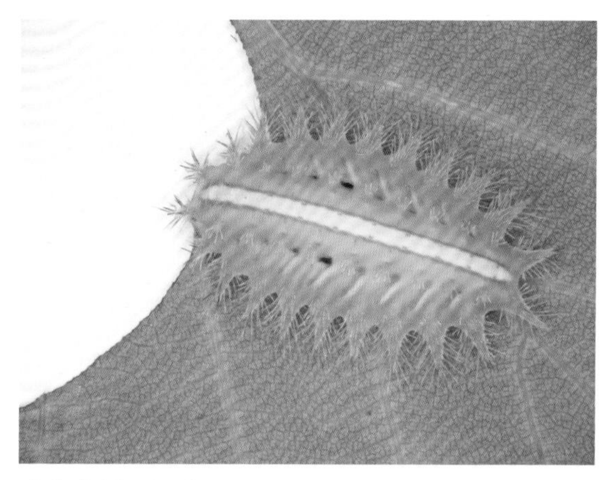

中华扁刺蛾幼虫　（李雪薇 摄）

锯纹林舟蛾 *Drymonia dodonides* (Staudinger)

分类地位： 鳞翅目 Lepidoptera 舟蛾科 Notodontidae 林舟蛾属 *Drymonia*

分　　布： 河北、黑龙江、吉林、陕西；朝鲜、日本、俄罗斯。

寄主植物： 栎属。

【主要特征】成虫，翅展 35 ～ 39mm。头暗褐色；胸背暗褐掺有灰白色、腹背灰褐色；前翅褐灰色，有 3 条较粗的灰白色横线，两侧衬黑褐色边，内线波浪形，外线锯齿形，外侧衬的边较宽；后翅灰褐色，外线模糊灰白色。（李国宏）

锯纹林舟蛾成虫（张培毅 摄）

黄二星舟蛾 *Euhampsonia cristata* (Butler)

分类地位：鳞翅目 Lepidoptera 舟蛾科 Notodontidae 星舟蛾属 *Euhampsonia*
分　　布：东北、华北、华中、华东；日本、缅甸、朝鲜、俄罗斯。
寄主植物：栎类。

【主要特征】成虫：体长 28 ～ 32mm，翅展 68 ～ 74mm。体、翅浅黄至黄褐色，头部灰白色。雌蛾触角丝状，雄蛾触角基部双栉齿状（占触角全长的 3/4），端部丝状。胸背具长冠形毛簇，毛簇端部和后胸边缘黄褐色。第 1 腹节背面具短毛簇，毛簇基部黄褐色，端部灰白色。前翅后缘中央具小齿形毛簇，翅面上有 3 条暗褐色短线，内、外横线较清晰，中横线呈松散带形，内横线微弯曲，伸达后缘齿形毛簇基部。横脉纹由 2 个大小相近的黄白色小圆点组成。

黄二星舟蛾幼虫（麻栎）（王传珍 摄）

卵：长 1.28 ～ 1.35mm，半球形，初产时淡黄色，后变为黄褐色至灰褐色。卵孔区位于顶端中央，11 ～ 12

枚花瓣形刻纹单层。卵表面其他部分为六角形隆脊组成的网纹。

幼虫：共6龄，1龄幼虫体淡黄色，体背两侧各有1条黄白色纵带，上颚端部浅褐色。2龄幼虫体黄绿色，胸、腹气门筛及上颚端部变为褐色。3龄幼虫体黄绿色，腹部第1～8节出现灰白色斜线，每线跨2个体节，臀节后缘开始呈现浅白色半环纹。4龄幼虫体浅黄绿色长，胸足鲜黄色，胸气门筛褐色，腹气门筛棕褐色，气门周围有红紫色晕圈，臀节下缘黄白色环纹显著。5龄幼虫体黄绿色，胸足黄白色，第1～8腹节灰白色斜线明显，胸腹气门筛均橙红色，四周有紫红色晕圈，臀节下缘环纹双线状，上线橙色，下线黄白色。6龄幼虫长60～70mm，头大球形，全体粉绿色具光泽，胸腹气门筛均橙红色，四周有紫红色晕圈，臀节下缘双线纹上线红色，下线黄白色，上颚基部红色，端部黑色。

蛹：雄蛹长26～36mm，雌蛹长28～37mm，黑褐色，外被淡黄褐色薄茧。雌蛹生殖孔位于第8、9腹节，呈裂缝状，第9腹节节间缝呈倒“V”形。

【生活史及习性】东北、河北、北京地区1年1代，河南1年1～2代，南京地区1年2代，部分个体1年1代，均以蛹在表土层的薄茧中越冬。南京5月中旬、河南6月上旬、河北7月上旬成虫开始羽化，成虫有趋光性，飞翔能力强。产卵于叶背面，3～4粒在一起，最多十多粒。每雌可产卵370～610粒。卵期4～5d，幼虫孵化后常吐丝下垂，分散取食，啃食叶肉，被害叶呈筛网状。大幼虫食叶留脉，近老熟时食量骤增，可在短时间内把叶片吃光。高温多雨季节对幼虫发育最为有利。老熟幼虫下树后寻找疏松表土，入土2～3cm做薄茧化蛹。部分蛹8月上旬羽化，交配产卵，出现第2代幼虫，危害至10月中旬。

黄二星舟蛾幼虫 （唐冠忠 摄）

【防治】①捕杀越冬代。黄二星舟蛾越冬期很长，一般自上一年7月下旬至翌年5月羽化，在树下土壤中有10个月之久，可充分利用此段时期，结合营林管理，实施简单有效的防治措施，组织人力对发生严重的林分松土施肥，能有效地杀灭虫蛹，还能促使林分尽快复壮。②人工捕捉。利用黄二星舟蛾下树越冬的特性，在此虫高峰下树期间，人工捕杀老熟幼虫，效果很好。黄二星舟蛾幼虫虫体肥大醒目，捕捉较容易。③高频杀虫灯诱杀。黄二星舟蛾有较强的趋光性，可利用灯光诱杀。一盏高频灯在一夜之间可诱杀200余只成虫。④化学防治。在幼虫低龄时使用化学防治。效果最为明显，可在短时间内大量杀灭幼虫，是黄二星舟蛾成灾后的最有效防治手段。有多种农药可选择，但其防治效果不尽相同：甲氯磷1000倍液喷雾，残效期长，效果较好，但污染相对较大，对于靠近居民点或果园的林地不宜使用。敌百虫晶体喷雾，作用较慢，一般一天后才见死虫，防治效果不易准确观察；如果混用一些氧化乐果，防治效果会更好。新型农药绿色威雷，短期效果不理想，但对预防控制随之发生的栎毛翅夜蛾效果明显。（唐冠忠、李国宏）

凹缘星舟蛾 *Euhampsonia niveiceps* (Walker)

分类地位：鳞翅目 Lepidoptera 舟蛾科 Notodontidae 星舟蛾属 *Euhampsonia*
分　　布：浙江、湖北、陕西、四川、河北等；印度。
寄主植物：栎类。

【主要特征】成虫，体长29mm，翅展93mm。头部颈板灰白色，胸背具淡褐色长冠形毛簇，毛簇端部和后胸边缘黄褐色。前翅黄褐色，中室以下后缘区色较淡，有3条不清晰横线，内线呈不规则弯曲，中线和外线呈松散带形，横脉纹为长椭圆形赭色点。后翅暗黄褐色，前缘黄白色，后缘带赭色。（唐冠忠）

凹缘星舟蛾成虫　　（唐冠忠 摄）

栎纷舟蛾 *Fentonia ocypete* Bremer

分类地位： 鳞翅目 Lepidoptera 舟蛾科 Notodontidae 纷舟蛾属 *Fentonia*

分　　布： 北京、山西、黑龙江、吉林、江苏、浙江、福建、江西、湖北、湖南、广西、重庆、四川、贵州、云南、陕西、甘肃、河北、河南；日本、朝鲜、俄罗斯。

寄主植物： 蒙古栎、麻栎、柞栎、日本栗。

【主要特征】成虫：头和胸背面灰褐色，腹背面灰褐色；前翅狭长，呈暗灰褐色，有些个体暗红褐色，内线模糊双股，黑色，波浪形。内线以内的亚中褶上有1黑色或带暗红褐色纵纹；外线黑色双股平行，向外弯曲，横脉纹为1苍褐色圆点，横脉纹与外线间有1较大暗褐色或黑褐色椭圆形斑，后翅呈灰褐色；腹部粗壮，鳞毛短小密集；雄蛾触角呈栉形，末端的2/5处呈线性，雌蛾触角为线形；蛾体鳞毛有光泽。

卵：扁圆形，直径约0.6mm，黄白色，孵化前变为黄褐色。

幼虫：老熟幼虫头部黄褐色，侧区具6条黑色细斜线，2短4长。胸部绿

栎纷舟蛾低龄幼虫　（李雪薇 摄）

栎纷舟蛾老龄幼虫危害　（李雪薇 摄）

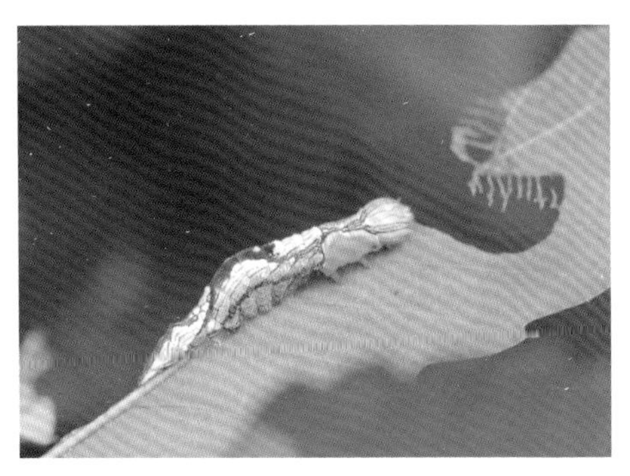
栎纷舟蛾幼虫（麻栎） （王传珍 摄）

栎纷舟蛾成虫 （唐冠忠 摄）

色，正中央有1个“工”字形黑纹，纹两侧具黄边。腹部背面白色，第3～8节背面紫红色，间杂有黄色斑，第5、6节背板中央有黄色圆斑，腹部腹面棕褐色。

【生活史及习性】栎纷舟蛾在河北省承德市1年发生1代，8 9月老熟幼虫下树化蛹越冬，第2年6月份成虫开始羽化出蛹，7月上旬卵开始羽化，幼虫期40d左右。（曹亮明、李雪薇）

榆白边舟蛾 *Nerice davdi* Oberthür

分类地位： 鳞翅目 Lepidoptera 舟蛾科 Notodontidae 边舟蛾属 *Nerice*

分　　布： 黑龙江、吉林、辽宁、山东、北京、山西、河北、河南、陕西、甘肃、安徽、江西、江苏、湖北；日本、朝鲜、俄罗斯。

寄主植物： 栎、榆。

【主要特征】成虫：体长14.5～20.0mm；翅展32.5～45.0mm。头和胸部背面暗褐色，翅基片灰白色。腹部灰褐色。前翅前半部暗灰褐带棕色，其后方边缘黑色，沿中室下缘纵伸在Cu_2脉中央稍下方呈1大齿形曲；后半部灰褐蒙有1层灰白色，尤与前半部分界处白色显著；前缘外半部有1灰白色纺锤形影状斑；内、外线黑色，内线只有后半段较可见，并在中室中央下方膨大成1近圆形的斑点；外线锯齿形，只有前、后段可见，前段横过前缘灰白斑中央，后段紧接分界线齿形曲的尖端内侧；外线内侧隐约可见1模糊暗褐色横带；前缘近翅顶处有 2 ～ 3 个黑色小斜点；端线细，暗褐色。后翅灰褐色，具 1 模糊的暗色外带。

幼虫：老熟时体长 31.5 ～ 34.0mm，全体粉绿色；头部具“八”字形暗线；第 1、2 腹背峰突上的刺紫红色，基部柠檬黄色，边缘锯齿黑色；第 8 腹背峰突紫红色；腹背两侧每节有 1 条暗绿色的斜线，下面有白色小点排列成的边；气门白色，边黑色；气门下线紫红色，下衬白色；胸足基部和爪紫红色；第 3 ～ 5 腹节气门下线稍向下扩大呈三角形斑；第 6 腹节从气门下线到足基部后面有 1 条斜紫红色线；第 7 腹节至末端亚腹线紫红色。

【生活史及习性】在北京 1 年 2 代，10 月以后老熟幼虫在寄主植物根部周围土下吐丝作茧化蛹越冬，北京 5—9 月可见成虫。

【防治】利用成虫趋光性进行灯光诱杀，偏远山区选用太阳能杀虫灯，有电源的地方选用普通杀虫灯。在幼虫发生期，根据幼虫发生和林分情况，选择弥雾防治或喷烟防治，用药种类以氟铃脲等无公害药剂为主。（唐冠忠）

榆白边舟蛾幼虫（唐冠忠 摄）

榆白边舟蛾成虫（唐冠忠 摄）

濛内斑舟蛾 *Peridea gigantea* Butler

分类地位： 鳞翅目 Lepidoptera 舟蛾科 Notodontidae 内斑舟蛾属 *Peridea*
分　　布： 黑龙江、吉林、辽宁、河北、陕西、内蒙古、甘肃；日本、朝鲜、俄罗斯。
寄主植物： 蒙古栎、麻栎、枹栎、大椁栎、日本栗。

【主要特征】 成虫：雄虫体长 23 ～ 24mm，雌虫 24 ～ 27mm，雄虫翅展 53 ～ 54mm，雌虫 62 ～ 68mm。头和胸背暗灰褐色，腹背浅灰褐色，前翅暗灰褐色，前缘中央密布灰白色细鳞片，所有斑纹暗褐色，亚基线波浪形外衬浅黄褐色边，内线波浪形内衬浅黄褐色边，横脉纹周围浅黄褐色，外线较难见。

濛内斑舟蛾幼虫　（唐冠忠 摄）

幼虫：体长 50 ～ 60mm，通体嫩绿色，头部色略浅，背部中央有浅色纵带。上唇基两侧经前胸气门连线延伸至中胸背部为黄褐色至红褐色带形斑纹，头部带形斑下缘、中胸带形斑中部呈棕褐色。胸足具有红褐色环或为红褐色。气门筛白色，外缘棕褐色。腹节各气门下缘斜向上前方 45° 伸出至节前缘为黄褐色至红褐色线状斑纹。

【生活史及习性】 河北承德 1 年 1 代，以蛹在表土层中越冬。7 月出现成虫，幼虫期在 7—9 月。（唐冠忠）

栎掌舟蛾 *Phalera assimilis* (Bremer et Grey)

分类地位： 鳞翅目 Lepidoptera 舟蛾科 Notodontidae 掌舟蛾属 *Phalera*

分　　布： 北京、河北、陕西、山东、河南、安徽、江苏、浙江、湖北、江西、四川和东北地区。

寄主植物： 麻栎（山东省烟台市莱山区院格庄）、栗、榆、杨。

【主要特征】成虫：雄虫翅展44～45mm，雌虫翅展48～60mm。头顶淡黄色，触角丝状。胸背前半部黄褐色，后半部灰白色，有2条暗红褐色横线。前翅灰褐色，银白色光泽不显著，前缘顶角处有1略呈肾形的淡黄色大斑，斑内缘有明显棕色边，基线、内线和外线黑色锯齿状，外线沿顶角黄斑内缘伸向后缘。后翅淡褐色，近外缘有不明显浅色横带。

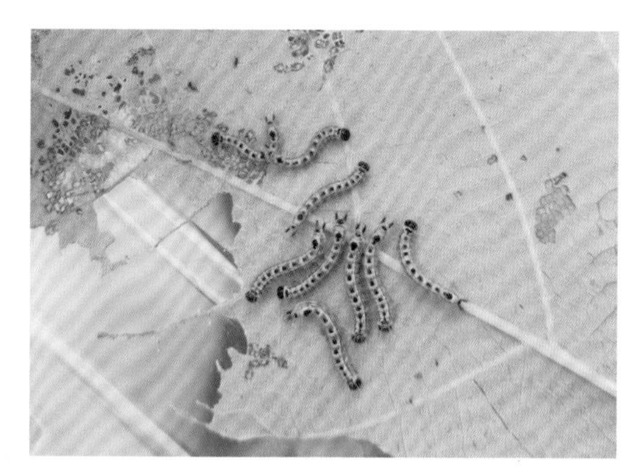

栎掌舟蛾低龄幼虫（李雪薇 摄）

幼虫：体长约55mm，头黑色，身体暗红色，老熟时黑色。体被较密的灰白色至黄褐色长毛。体上有8条橙红色纵线，各体节又有1条橙红色横带。胸足3对，腹足俱全。有的个体头部漆黑色，前胸盾与臀板黑色，体略呈淡黑色，纵线橙褐色。（曹亮明）

栎掌舟蛾成虫（麻栎）（徐杰 摄）

栎掌舟蛾老熟幼虫（李雪薇 摄）

栎枝背舟蛾 *Harpyia umbrosa* Staudinger

分类地位： 鳞翅目 Lepidoptera 舟蛾科 Notodontidae 枝背舟蛾属 *Harpyia*
分　　布： 辽宁、黑龙江、山东、北京、湖北、陕西、四川、江苏、浙江、河北等。
寄主植物： 栎、板栗、榆、桦、杨。

【主要特征】 成虫：雄虫翅展 48 ~ 52mm，雌虫 55.5mm。头和胸部黑褐色，翅基片灰白色具黑边；腹部灰褐色；前翅褐灰色，外半部翅脉黑色，有 1 条很宽的黄褐色外带几乎占满了整个外半部，模糊双齿形（雌较雄明显），带内两侧具松散的暗褐色边，在前后缘形成 2 个大的暗斜斑；后翅灰白色，后角有 1 黑褐色斑。

幼虫：头浅红褐色，身体深绿色上散布许多黄白点，腹背枝形突起灰紫褐色，突起基部有 1 大的灰紫色网状斑，斑内具黄白点，胸部背线和亚背线白色。

【生活史及习性】 河北地区 1 年 1 代，以蛹在表土层的薄茧中越冬。翌年 7 月中旬成虫开始羽化，成虫有趋光性，飞翔能力强。幼虫期 8、9 月。

【防治】 利用成虫趋光性进行灯光诱杀，偏远山区选用太阳能杀虫灯，有电源的地方选用普通杀虫灯。在幼虫发生期，根据幼虫发生和林分情况，选择弥雾防治或喷烟防治，用药种类以氟铃脲等无公害药剂为主。（唐冠忠）

栎枝背舟蛾幼虫　　（唐冠忠 摄）

豹纹卷野螟 *Pycnarmon pantherata* Butler

分类地位： 鳞翅目 Lepidoptera 草螟科 Crambidae 卷野螟属 *Pycnarmon*
分　　布： 河北（承德）、湖南、陕西、江苏、浙江、江西、四川、台湾；朝鲜、日本。
寄主植物： 栓皮栎（河北承德）。

【主要特征】翅长约 11mm。头和触角淡褐色。体背面黄褐色，腹面苍白色。前翅基部及中胸背板具 5 个黑色斑点。翅黄褐色，前翅基线和内、外横线宽，暗褐色，中室中央有 1 镶褐色边的淡黄色方形斑，中室前有 1 淡黄色扇形大斑，外横线与外缘之间呈淡黄色，外缘呈橙黄色；后翅内、外横线模糊，前后翅缘毛基部暗褐色，端部淡褐色。足淡黄色，内侧苍白色。（曹亮明）

豹纹卷野螟成虫　（李雪薇 摄）

宽太波纹蛾 *Tethea ampliata* Butler

分类地位： 鳞翅目 Lepidoptera 钩蛾科 Drepanidae 太波纹蛾属 *Tethea*
分　　布： 辽宁、吉林、黑龙江、河北（新纪录）、北京；日本、朝鲜、俄罗斯。
寄主植物： 栎类。

【主要特征】成虫：又名阿泊波纹蛾。前翅长 18 ～ 23mm，灰白色或灰褐色，顶角处具 1 个浅色的三角形斑，斑的下方在翅脉上常具剑形黑褐斑，肾形纹长椭圆形，黑褐边，下半部中间具 1 黑褐色中线；环纹小，呈 1 小圆点。

幼虫：头橙黄色，体光滑，淡绿色。前胸背板前缘黑色，中后胸及腹部第 1 ～ 9 节背侧各有 1 黑斑，臀板色浅。

宽太波纹蛾幼虫 （唐冠忠 摄）

宽太波纹蛾成虫 （唐冠忠 摄）

【生活史及习性】1年1代，以蛹在树下土中越冬，北京6、7月灯下可见成虫。幼虫晚上活动，白天隐藏于柞树叶卷成的虫包内，虫包内有白色丝网。（唐冠忠）

高山翠夜蛾 *Moma alpium* (Osbeck)

分类地位：鳞翅目 Lepidoptera 夜蛾科 Noctuidae 翠夜蛾属 *Moma*
分　　布：黑龙江、河北、山东、湖北、江西、四川。
寄主植物：栎、桦、水青冈、米心树。

【主要特征】成虫：体长13mm左右，翅展33mm左右。头部及胸部绿色，额两侧黑色，触角基部白色，有黑环，颈板黑色，端部白色或绿色，翅基片端部黑色，胸部背面有黑毛，下胸及足淡褐色，跗节有褐色和白色斑；腹部淡褐色，毛簇黑色，前翅绿色，前缘脉基部有1黑斑，内线为1黑带，在中室后紧缩并折成一角，环纹黑色，后端为1白点，中线黑色锯齿形，在中室前很粗，肾形纹白色，中央及内缘各有1黑色弧线，外线双线黑色，不规则锯齿形，线间为不连贯的白色，外线与内线之间在亚中褶处有1白色宽带，外线外方大部褐色，亚短线黑色，锯齿形，端线为1列三角形黑点，各点内侧均有1白点，缘毛褐白相间；后翅褐色，端区较暗，横脉纹微黑，外线微白，波浪形，后端明显，两侧衬以白色，其外方另一白色衬黑的曲纹。

幼虫：淡褐赭色，有几条不规则的黄色线，第3～11节背面黑色，第4、6、9节背面有淡黄色或微白色横纹，毛片微红，有褐色或微白色毛簇，头部黑色，有淡色斑纹。

【生活史及习性】1年1代，以蛹在树下土中越冬。河北承德6—9月可见幼虫。（唐冠忠）

高山翠夜蛾幼虫（唐冠忠 摄）

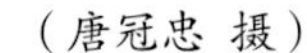
高山翠夜蛾成虫（唐冠忠 摄）

单色卓夜蛾 *Dryobotodes monochrome* (Esper)

分类地位：鳞翅目 Lepidoptera 夜蛾科 Noctuidae 卓夜蛾属 *Dryobotodes*
分　　布：河北、黑龙江；欧洲。
寄主植物：栎属。

【主要特征】成虫，体长11mm左右；翅展30mm左右。头部及胸部灰褐色，翅基片外缘带有黑色；腹部灰色带褐，毛簇端部暗褐色；前翅灰褐色，亚中褶基部有1黑色纵纹，基线双线黑色只达中室，内线双线黑色，微波浪形外斜，剑纹黑边，外侧有1淡褐斑，后方有1黑纵条伸至外线，环纹淡黄褐色，斜椭圆形，中有褐纹，肾纹淡黄褐色，黑边，外线双线黑色，前半明显外弯；波曲，自5脉后微弯内斜，线间白色，亚端线灰白色；后翅淡褐色。（李国宏）

单色卓夜蛾成虫 （张培毅 摄）

栎光裳夜蛾 *Ephesia dissimilis* Bremer

分类地位： 鳞翅目 Lepidoptera 目夜蛾科 Erebidae 光裳夜蛾属 *Ephesia*
分　　布： 河北、黑龙江、陕西、河南、湖北、云南；日本、俄罗斯。
寄主植物： 蒙古栎。

【主要特征】成虫，体长20mm左右；翅展50mm左右。头部及胸部黑棕色，头与颈板杂有白色；腹部暗褐色；前翅灰黑色，内线以内色深，基线黑色，内线粗，黑色，内侧衬灰色，外侧有1灰白斜斑，较模糊，肾纹不清晰，黑边，外线黑色，锯齿形，自6脉后内斜，但在2脉处内伸至肾纹后端再返回，凹入处白色明显，外线外侧衬白色，亚端线白色，锯齿形，两侧衬黑色，端线为黑白并列的点组成；后翅黑棕色，顶角白色。（李国宏）

栎光裳夜蛾成虫 （张培毅 摄）

霜夜蛾 *Gelastocera exusta* Butler

分类地位： 鳞翅目 Lepidoptera 瘤蛾科 Nolidae 霜夜蛾属 *Gelastocera*
分　　布： 安徽、江西、河南、湖北、湖南、海南、四川、贵州、西藏；日本。
寄主植物： 栎、板栗。

【主要特征】 成虫，体长 11mm 左右；翅展 29mm 左右。头部及胸部红褐色；腹部灰褐色；前翅红褐色，基线黑色达中室，内线黑色波浪形，环纹为 1 黑点，肾纹黑色模糊，中线黑色自肾纹后端内弯，外线黑色波浪形，前半外弯，外方另一模糊波曲黑线，亚端线黑色波浪形，端线黑色；后翅白色带淡褐红色。

霜夜蛾成虫　（张培毅 摄）

【生活史及习性】 成虫 5—6 月及 7—9 月出现。（李国宏）

淑碧夜蛾 *Pseudoips sylpha* Butler

分类地位： 鳞翅目 Lepidoptera 瘤蛾科 Nolidae 碧夜蛾属 *Pseudoips*
分　　布： 河北、黑龙江、湖北；日本。
寄主植物： 栎。

【主要特征】 成虫，体长 14mm，翅展 35mm。头部与胸部黄绿色杂少许白色，触角基节白色，下唇须白色，外侧杂桃红色，足白色，外侧桃红色；腹部背面黄绿色，基节及节间杂白色；前翅黄绿色，前缘与后缘桃红色，中线、外线及亚端线均为白色宽条，明显内斜，缘毛桃红色；后翅白色，后缘区内半部带黄绿色，翅脉黄绿色，臀角处外缘毛带桃红色。（任雪毓）

淑碧夜蛾成虫　（张培毅 摄）

碧夜蛾 *Pseudoips prasinana* (Linnaeus)

分类地位： 鳞翅目 Lepidoptera 瘤蛾科 Nolidae 碧夜蛾属 *Pseudoips*

分　　布： 河北、黑龙江、内蒙古；欧洲、日本。

寄主植物： 枥、桦、山毛榉、榛等。

【**主要特征**】成虫，体长 12mm 左右，翅展 33mm 左右。头部及胸部黄绿色，小唇须外侧褐红色，翅基片及后胸白色；腹部背面黄白色；前翅黄绿色，后缘黄色，内线绿色，内侧衬白，直线内斜，外线绿色，外侧衬白，直线内斜，亚端线白色，自顶角直线内斜；后翅白色微带黄色。（任雪毓）

碧夜蛾成虫　（李国宏 摄）

大窠蓑蛾 *Clania variegata* (Snellen)

分类地位： 鳞翅目 Lepidoptera 蓑蛾科 Psychidae 窠蓑蛾属 *Clania*

分　　布： 华东、中南、西南、华南地区；日本、印度、马来西亚。

寄主植物： 茶、悬铃木、泡桐、侧柏、水杉、池杉、落羽杉、椿、栎、楸、樟、黄檀、南酸枣、杨梅、板栗等。

【**主要特征**】成虫，雄虫体长 15～20mm，翅展 35～44mm。体、翅均暗褐色。前翅红褐色，有黑色及棕色斑纹，在 R_4 脉与 R_5 脉间基半部、R_5 脉与 M_1 脉间外缘、M_2 脉与 M_3 脉间各有 1 透明斑，R_3 脉与 R_4 脉、M_2 脉与 M_3 脉共柄，臀脉与后缘间有数条横脉；后翅黑褐色，M_2 脉与 M_3 脉共柄；前翅和后翅中室内中脉呈叉状分支。

【**生活史及习性**】大蓑蛾在陕西洛南 1 年发生 1 代，以老熟幼虫在枝条上

大窠蓑蛾幼虫（一）（张培毅 摄）

大窠蓑蛾幼虫（二）（张培毅 摄）

的虫袋内越冬。越冬成虫翌年4月下旬开始化蛹，化蛹盛期为5月上旬，蛹期28d左右。雌虫5月上旬开始化蛹，化蛹盛期在5月10日左右，蛹期20～23d。雌、雄成虫5月底羽化，6月初为羽化盛期。5月下旬开始孵化，6月中旬进入孵化盛期，此后幼虫一直取食危害，8月份危害盛期，10月后以老熟幼虫在虫袋内越冬。

防治：①修剪、剪除虫袋集中烧毁是一项简便易行、省费效宏的防治技术措施，对降低虫口密度有明显的防治效果，其防治效果为92.86%。②灯光诱杀成虫，其杀死效果为89.4%，杀虫效果明显，是一项有效的理想防治措施。③生物防治可采用青虫菌液、苏云金杆菌液喷洒防治。④化学防治可采用90%敌百虫晶体1500倍液、80%敌敌畏乳油1000倍液等喷雾防治。（王鸿斌）

大窠蓑蛾护囊（张培毅 摄）

丝脉蓑蛾 *Amatissa snelleni* (Heylaerts)

分类地位：鳞翅目 Lepidoptera 蓑蛾科 Psychidae 脉蓑蛾属 *Amatissa*
分　　布：广西。
寄主植物：栎类。

【主要特征】成虫：雄虫体长 11 ～ 15mm，翅展 29 ～ 33mm；体和翅灰褐至棕黄褐色，翅中室中部、外侧和下方均有深色曲条纹。雌虫体长 13 ～ 22mm，淡黄色。

卵：椭圆形，米黄色。

幼虫：体长 17 ～ 25mm；头、胸背板灰褐色，并散布黑褐色斑；各胸节背板分成 2 块，中线两侧近前缘有 4 个黑色毛片，前胸毛片呈卜方排列，中、后胸毛片横向排列；腹部淡紫色，臀部黑褐色。

丝脉蓑蛾幼虫护囊　　（张培毅 摄）

护囊：长锥形，雌虫囊长 35 ～ 50mm，外表较光滑，灰白色。囊口较大，尾端小并有棉絮状物。

【生活史及习性】雄虫为蛾体，雌虫蛆状，无翅无足，有灰白色，光滑，丝质护囊，老熟幼虫在护囊内越冬。2 月中下旬化蛹，4 月上中旬羽化，旋即产卵；4 月下旬至 5 月上旬为幼虫孵化盛期，6—7 月危害最重。10 月中下旬老熟幼虫用丝束绕缠枝条成护囊悬于小枝越冬。雄蛾对黑光灯有趋光性，雌虫产卵于护囊内的蛹壳里。

【防治】在害虫未扩散前人工摘除护囊。幼虫期喷药可用 90% 敌百虫，或 80% 敌敌畏，或 40% 杀螟松等。用苏云金杆菌，或青虫菌，或杀螟杆菌每毫升含 1 亿孢子菌液喷杀。（王鸿斌）

小窠蓑蛾 *Clania minuscula* Butler

分类地位：鳞翅目 Lepidoptera 蓑蛾科 Psychidae 窠蓑蛾属 *Clania*

分　　布：山西、山东、河南、江苏、湖南、安徽、浙江、湖北、四川、贵州、广东、广西、福建、台湾；日本。

寄主植物：悬铃木、栓皮栎、板栗、黄檀、茶树、银杏、黑荆、枫杨、刺槐、桂花、石榴等。

【主要特征】成虫，雄虫体长 11 ～ 15mm，翅展 22 ～ 30mm。体翅暗褐色，胸部背面有白色纵纹 2 条，前胫节有 1 长距。前翅翅脉两侧色较深，外缘中前方有 2 个近长方形透明斑。雌虫乳白色，体长 12 ～ 16mm，后胸及第 7 腹节环生黄色茸毛。

【生活史及习性】在安徽 1 年发生 2 代，以 3、4 龄幼虫或老熟幼虫 10 月下旬在护囊内越冬，翌年 4 月下旬温度上升在 10℃以上开始活动取食，6 月

小窠蓑蛾幼虫护囊　（张培毅 摄）

上旬开始化蛹，并开始羽化交尾产卵，6 月下旬幼虫孵化，7 月上中旬出现危害严重期。8 月上旬化蛹，同时开始羽化交尾产卵，9 月上中旬出现二次危害严重期，10 月下旬开始停止取食进入越冬。

【防治】人工摘除越冬虫囊；药剂防治；保护天敌，包括大山雀、灰喜鹊及麻雀等。（任雪毓、王鸿斌）

银杏天蚕蛾 *Saturnia japonica* Moore

分类地位： 鳞翅目 Lepidopterad 天蚕蛾科 Saturniidae 天蚕蛾属 *Saturnia*

分　　布： 河南、陕西、云南、贵州、江苏、浙江、江西、湖北、湖南、广西、广东、福建、台湾及东北、华北地区；日本、朝鲜、俄罗斯。

寄主植物： 银杏、核桃楸、核桃、漆树、枫杨、栗、蒙古栎、杨、柳、樟、榛、柿、李、梨、苹果、枫香等。

【主要特征】成虫，翅展 100 ～ 120mm。雄虫触角羽毛状，雌虫的为栉齿状；体灰褐色至紫褐色；前翅内线紫褐色，外线暗褐色，两线近后缘处相接近，中间有较宽的淡色区，中室端部有月牙形透明斑，在翅反面可见有眼珠形状，周围有白色及暗褐色轮纹；顶角向前缘处有黑斑，后角有白色月牙形纹；后翅从基部到外横线间有较宽的红色区，亚端线区橙黄色，端线灰黄色；中室有 1 个大眼斑，眼珠黑色（翅反面无珠形纹），外围有 1 灰橙色圆圈及银白色线 2 条；前、后翅的亚端线由 2 条赤褐色的波纹组成；后角有月牙形白斑，外侧暗褐色。

银杏天蚕蛾成虫　　（张培毅 摄）

【生活史及习性】银杏大蚕蛾在湖北 1 年发生 1 代，以卵越冬。一般4月中下旬孵化，幼虫 5、6 月间危害，经 5 龄后，于 6 月中旬至 7 月上旬结茧化蛹，8 月中下旬羽化。

【防治】①人工防治。每年 12 月至翌年 2 月，采取人工灭卵，消灭树皮缝隙间或枝丫处卵块或采用树干涂白，4 月中旬至 5 月下旬消灭初孵幼虫。7—8 月摘除树上、杂草丛间茧蛹，集中消灭。②化学防治。对虫口密度大，3 龄后幼虫较多，危害严重的树上可采用化学防治。用速灭杀丁或甲胺磷，采用 2‰ 的浓度，用喷雾器进行喷洒，消灭幼虫。③生物防治。5 月中旬选择风较大天气，施放高孢粉，用鞭炮和塑料袋将高孢粉包扎，然后点燃鞭炮扔向空中，使银大蚕蛾幼虫感染白僵菌孢子而死。④物理防治。8 月下旬至 9 月间，进行灯光诱蛾，诱杀刚孵化成虫，通过减少产卵而控制翌年害虫发生量。（李国宏）

乌桕大蚕蛾 *Attacus atlas* Linnaeus

分类地位： 鳞翅目 Lepidopterad 天蚕蛾科 Saturniidae 大蚕蛾属 *Attacus*
分　　布： 江西、福建、广东、广西、湖南等南方地区。
寄主植物： 乌桕、栓皮栎、樟、柳、大叶合欢、小檗、甘薯、狗尾草、苹果、冬青、桦木。

【主要特征】成虫：夜行性蛾类，系鳞翅目大型昆虫，号称目前世界上最大的蛾类昆虫，春夏皆有，较少见。翅展达 180 ～ 210mm，个别巨型可达 300mm。雄蛾的触角呈羽状，而雌蛾的翅膀形状较为宽圆，腹部较肥胖。其翅面呈红褐色，前后翅的中央各有 1 个三角形无鳞粉的透明区域，周围有黑色带纹环绕，前翅先端整个区域向外。前翅顶角显著突出，体翅赤褐色，前、后翅的内线和外线白色；内线的内侧和外线的外缘黄褐色并有较细的黑色波状线；顶角粉红色，内侧近前缘有半月形黑斑 1 块，下方土黄色并间有紫红色纵条，黑斑与紫条间

乌桕大蚕蛾成虫　（张培毅　摄）

有锯齿状白色纹相连。后翅内侧棕黑色，外缘黄褐色并有黑色波纹端线，内侧有黄褐色斑，中间有赤褐色点。

卵：椭圆形，表面颜色为紫红色偏淡。

幼虫：幼虫成圆筒形，体色大部分为浅绿色至深绿色，幼虫粗壮，躯干处生有许多毛瘤。老熟幼虫可以吐丝作茧。

蛹：粗壮，纺锤形，多为黄褐色和深褐色。

【**生活史及习性**】在我国，乌桕大蚕蛾因幼虫喜欢在乌桕树上栖息、啃食树叶而得名。从卵到幼虫，再到化蛹成飞蛾，这个过程长达 1 年，而特别奇特的是在化蛹期，乌桕大蚕蛾幼虫会像蚕一样吐丝，将自己紧紧包裹，它们吐出的丝比蚕丝略细，但更富有光泽度，我国古代文献中就有记载。江西、福建 1 年发生 2 代（不过福建闽北一带也有发生 1 代的记录），成虫在 4、5 月及 7、8 月间出现，以蛹在附着于寄主植物上的茧中过冬，成虫产卵于主干、枝条或叶片上，有时成堆，排列规则。（任雪毓、王鸿斌）

乌桕大蚕蛾茧 （张培毅 摄）

丁目大蚕蛾 *Aglia tau* (Linnaeus)

分类地位： 鳞翅目 Lepidopterad 天蚕蛾科 Saturniidae 目大蚕蛾属 *Aglia*

分　　布： 河北、黑龙江、辽宁、吉林；日本、朝鲜、俄罗斯。

寄主植物： 桦树、栎、山毛榉、椴、榛子、桤木。

【**主要特征**】成虫，翅展雄 65 ～ 70mm。体翅茶褐色，腹部灰黄色；前翅有深色的内线及中线，内线内侧伴有灰白色线条，中室端部有长圆形黑斑 1 块，斑的中间有白色“丁”字形纹；外线暗褐色，外侧有同行的灰白色线；顶角有灰褐斑1块；后翅中部有较大的椭圆形紫蓝色斑1块，中间有“丁”字形白色纹，外围圈棕黑色；外线弓形，暗褐色，外侧灰白色，近顶角处有灰白色。

丁目大蚕蛾成虫（张培毅 摄）

【生活史及习性】1年发生1代，以蛹越冬，幼虫多为4～5龄，也有5～6龄；成虫5—6月羽化。（王鸿斌）

绿尾大蚕蛾 *Actias selene ningpoana* Felder

分类地位： 鳞翅目 Lepidopterad 天蚕蛾科 Saturniidae 尾大蚕蛾属 *Actias*

分　　布： 河北、吉林、辽宁、河南、江苏、浙江、江西、湖北、湖南、福建、广东、海南、四川、广西、云南、西藏、台湾；日本。

寄主植物： 栗、柳、枫杨、乌桕、木槿、樱桃、苹果、胡桃、樟树、桤木、梨、沙果、杏、石榴、喜树、赤杨、鸭脚木。

【主要特征】成虫：体长35～45mm，翅长59～63mm。头灰褐色，头部两侧及肩板基部前缘有暗紫色横切带，触角土黄色，雄、雌均为长双栉形；体被较密的白色长毛，有些个体略带淡黄色；翅粉绿色，基部有较长的白色茸毛，前翅前缘暗紫色，混杂有白色鳞毛，翅脉及2条与外缘平行的细线均为淡褐色，外缘黄褐色；中室端有1眼形斑，斑的中央在横脉处呈1条透明横带，透明袋的外侧黄褐色，内侧内方橙黄色，外方黑色，间杂有红色月牙形纹；后翅自M_3脉以后延伸成长尾形，长达40mm，尾带末端常呈卷折状；中室端有与前翅相同的眼形纹，只是比前翅略小些；外线单行黄褐色，有的个体不明显；胸足的胫节和跗节均为浅绿色，被有长毛。

卵：球形，稍扁。初产时绿色，后渐变为黄褐色、褐色，直径1.8～2.0mm。

幼虫：幼虫共分为5龄。初孵幼虫和2龄幼虫体黑色，第2、3胸节及第5、6腹节橘黄色，前胸背板黑色。3龄幼虫体黄褐色。老熟幼虫头部绿褐色或淡紫褐色，体黄绿色；气门线以下至腹面浓绿色，腹面黑色，臀板中央及臀足后缘有紫褐色斑；中后胸及第8腹节背上的毛疣顶端黄色，基部黑色，其他部位毛疣的端部蓝色，基部棕褐色，上面的刚毛棕黄色，其他刚毛黄色；第1～8腹节的气门线上边赤褐色，上部有黑色横带。

绿尾大蚕蛾成虫　（李国宏 摄）

蛹：赤褐色，长45～50mm，额区有1个浅黄色三角斑。茧丝质，灰褐色，长卵圆形，长径50～55mm，短径25～30mm，茧壳上常裹着寄主植物碎叶。

【生活史及习性】该虫1年发生2代。老熟幼虫在寄主植物枝条基部或其他可附着物上吐丝结茧化蛹越冬。越冬蛹4月上旬至5月上旬开始羽化、产卵，4月中下旬为羽化盛期和产卵盛期。4月下旬至5月中旬为第1代幼虫危害盛期。5月中旬至6月上旬为化蛹期。第1代成虫于6月中旬至7月上旬开始羽化，6月中下旬为羽化盛期和产卵盛期。6月下旬至7月上旬为第2代幼虫危害盛期，8月下旬至9月中旬老熟幼虫结茧化蛹越冬。

成虫夜间羽化，有趋光性，羽化当夜即行交尾，次日产卵，经6～9d产完，产卵量390粒左右。卵产于枝干或叶背边缘上，堆集成块；卵的孵化率高，但不整齐，同一天产的卵可相隔2～3d孵化。饲养观察发现，初孵幼虫有食卵壳习性；1、2龄幼虫有群集性，较活跃；3龄后分散危害，行动迟钝，食量大增，每天可食10～16片叶，一叶吃完再吃一叶，一枝吃完再换一枝。第1代茧与越冬茧结的部位略有不同，前者多数在枝条上，少数在树干下部；越冬茧基本在树干下部分叉处。

【防治】①人工防治。4月上旬至8月中旬经常巡视果园，人工捕捉幼虫。夏、冬季结合修剪，剪除虫茧，带出园外烧毁。②灯光诱杀。在成虫羽化盛期，可利用其趋光性强的习性，用黑光灯诱杀成虫。③药剂防治。幼虫孵化盛期及3龄幼虫前为最佳防治时期。此时幼虫只在树冠外围部分枝条嫩叶上取食，可用2.5%敌杀死乳油2500倍液或40%氧化乐果乳油1000倍液常规喷雾枝，防效均在98%以上。④化学防治。在大发生年份掌握在幼虫3龄前（幼虫未分散前）喷药防治，一般用10%氯氢菊酯2000倍液、2.5%溴氰菊酯3000倍液、40%乙酰甲胺磷1000倍液、90%晶体敌百虫800倍液、80%敌敌畏乳油1500倍液、20%速灭杀丁5000倍液等常规农药，都可以取得良好的效果。（任雪毓、王鸿斌）

绿尾大蚕蛾幼虫 （王鸿斌 摄）

栗六点天蛾 *Marumba sperchius* (Ménétriès)

分类地位： 鳞翅目 Lepidoptera 天蛾科 Sphingidae 六点天蛾属 *Marumba*

分　　布： 北京、河北、湖南、湖北、黑龙江、吉林、辽宁、内蒙古、浙江、福建、广东、广西、海南、台湾；日本、朝鲜、印度。

寄主植物： 槲栎（据2019年在河北承德调查）、栎、板栗、核桃。

【**主要特征**】成虫：前翅灰褐色，翅面有12条深浅、长短不同的横带；翅臀角有1圆形的黑斑，后翅有许多个圆斑。

老熟幼虫：体长75～85mm，体黄绿色，背线色较深。腹部两侧各有7条淡黄色斜纹，第1条斜纹最短，端部纹白色，明显增粗；第2～6条斜纹色淡；第7条

栗六点天蛾成虫 （徐杰 摄）

斜纹色深，经过腹部第 6 节伸达尾角，尾角长 11 ～ 13mm，绿色有白色乳突状颗粒。（曹亮明）

栗六点天蛾幼虫 （唐冠忠 摄）

枣桃六点天蛾 *Marumba gaschkewitschi* (Bremer et Grey)

分类地位： 鳞翅目 Lepidoptera 天蛾科 Sphingidae 六点天蛾属 *Marumba*
分　　布： 河北、山西、山东、河南、云南。
寄主植物： 板栗、桃、枣。

【主要特征】成虫：翅展 71 ～ 77mm，体长 40 ～ 46mm，触角枯黄色，前翅黄褐色，外线中线及内线棕褐色。端线色较深与亚端线之间有棕色区。后角有相联结的棕黑色斑 2 块。后翅枯黄略带粉红色，翅脉褐色，后角有黑色斑。前翅反面基部至中室呈粉红色，外线与亚端线之间黄褐色。后翅反面粉红

枣桃六点天蛾幼虫 （李国宏 摄）

色，各线棕褐，后角色深。

幼虫：黄绿色至绿色，有横褶上着生黄白色颗粒。2～5龄幼虫头变为尖形，6龄幼虫头尖消失。胸部两侧各有1条与背线平行的黄绿色线，腹部第1～8节各有2个“八”字形纹。胸足黄色，足端部红色，气门椭圆形，围气门片黑色，尾角很长，生于第8腹节背面。

【防治】主要有人工击落幼虫诱捕、喷洒化学药品等。（王梅）

萝藦青尺蛾 *Agathia carissima* Butler

分类地位：鳞翅目 Lepidoptera 尺蛾科 Geometridae 艳青尺蛾属 *Agathia*
分　　布：辽宁、吉林、黑龙江、河北、北京、陕西、四川。
寄主植物：栎类、萝藦。

【主要特征】成虫，雌雄触角均线形，额黑褐色掺杂红褐色，下唇须腹面污白色，背面和侧面红褐色掺杂少量黑褐色，头顶前半部黑褐色与红褐色掺杂，后半部绿色。前胸基部、肩片基部、中胸后部及第2、3腹节有绿斑，其余部分红褐色与黑褐色掺杂。雄后足胫距2对。雌第8腹节背板前端弱骨化，呈浅弧形。前翅长：雄16～20mm，雌17～19mm。前翅外缘微弱波曲，后翅外缘有凸齿。翅鲜绿色，前翅前缘黄白色，散布少量黑色鳞片，后缘红褐色；基部红褐色与黑褐色掺杂其外缘在中室上方弧形，下方较直；中带边缘浅褐色，中间灰白色，稍波曲；端带深褐色；外线为端带内的浅褐色带；在顶角处有1个绿斑，绿斑中间粗，下端带浅褐色，在臀角上方有1狭长黑斑；缘毛基部白色，端部带粉色；后翅后缘深褐色，端部内缘波曲，中部在翅脉上呈锯齿形。翅反面同正面，但色较正面浅。

萝藦青尺蛾成虫　　（唐冠忠 摄）

【生活史及习性】河北地区1年1代，5月下旬成虫开始羽化，成虫有趋光性，飞翔能力强。(唐冠忠)

雪尾尺蛾 *Ourapteryx nivea* Butler

分类地位： 鳞翅目 Lepidoptera 尺蛾科 Geometridae 点尾尺蛾属 *Ourapteryx*

分　　布： 湖南、吉林、浙江、河北、北京、内蒙古。

寄主植物： 栓皮栎、朴萝、冬青。

【主要特征】成虫，前翅长23mm。额和下唇须灰黄褐色，头顶、背面和翅白色，腹部后半浅褐色。前翅顶角凸，外缘直。后翅尾角弱小，翅面碎纹灰色、细弱。前翅内外线和后翅中部斜线浅灰黄色、细；前翅中点十分纤细，缘毛黄白色；后翅尾角内侧无阴影带，M_3上方有1小红点，M_3下方有1黑点；缘毛浅黄至黄色。

雪尾尺蛾成虫　　(唐冠忠 摄)

【生活史及习性】河北承德8月灯下见成虫。(唐冠忠)

双斜线尺蛾 *Megaspilates mundataria* (Stoll)

分类地位： 鳞翅目 Lepidoptera 尺蛾科 Geometridae 斜线尺蛾属 *Megaspilates*

分　　布： 北京、河北、山东、辽宁、黑龙江、吉林、湖北、江西、河南、内蒙古、山西、陕西、江苏。

寄主植物： 杨、栎类。

【主要特征】成虫，体长14～16mm；翅展33～37mm。全体白色。雄虫触角双栉状，栉齿褐色较长；布白色纤毛；雌虫触角丝状。前足胫突明显；中足胫节距1对；后足胫节距2对较短。前翅白色；前缘棕褐色，基部较宽；自顶角斜向后缘有1条棕褐色粗线；顶角内侧离上斜线约3mm处还有1条棕褐色粗线，斜向翅基；缘线棕褐色，较细；缘毛棕褐色杂白色。后翅白色，只有自顶角斜向后缘的1条棕褐色粗线；缘线棕褐色很细；缘毛白色。（李国宏）

双斜线尺蛾成虫（张培毅 摄）

油桐尺蛾 *Buzura suppressaria* (Guenée)

分类地位： 鳞翅目 Lepidoptera 尺蛾科 Geometridae 布尺蛾属 *Buzura*

分　　布： 福建、浙江、江西、湖北、湖南、广东、广西、贵州、云南、四川；印度、缅甸、日本。

寄主植物： 油桐、油茶、茶树、乌桕、柿、杨梅、板栗、麻栎、肉桂、枣、刺槐、漆树、桉树。

【主要特征】成虫：雌虫体长23mm，翅展65mm，灰白色，触角丝状，胸部密被灰色细毛。翅基片及腹部各节后缘生黄色片。前翅外缘为波状缺刻，缘毛黄色；基线、中横线和亚外缘线为黄褐色波状纹，此纹的清晰程度差异很大；亚外缘线外侧部分色泽较深；翅面由于散生的蓝黑色鳞片密度不同，由灰白色至黑褐色；翅反面灰白色，中央有1个黑斑；后翅色泽及斑纹与前翅同。腹部肥大，末端有成簇黄毛。产卵器黑揭色，产卵时伸出长约1cm。雄蛾体长17mm，翅展56mm，触角双栉状。体、翅色纹大部分与雌蛾同，但有部分个体，前、后翅的基横线及亚外缘线甚粗，因而与雌蛾显著不同，腹部瘦小。

卵：卵圆形长约0.7mm，淡绿色或淡黄色，将孵化时黑褐色。卵块较松散，表面盖有黄色茸毛。

幼虫：共 6 龄。初孵幼虫体长 2mm 左右。前胸至腹部第 10 节亚背线为宽阔黑带；背线、气门线浅绿色，腹面褐色，故虫体深褐色。腹足趾钩为双序中带，尾足发达扁阔，淡黄色。5 龄平均体长 34.2mm，头前端平截，第 5 腹节气门前上方开始出现 1 个颗粒状突起，气门紫红色。老熟幼虫体长平均 64.6mm。

蛹：圆锥形，黑褐色。雌蛹体长 26mm，雄蛹体长 19mm。身体前端有 2 个齿片状突起，翅芽伸达第 4 腹节。第 10 腹节背面有齿状突起，臀棘明显，基部膨大，端部针状。

【生活史及习性】在湖南、浙江 1 年发生 2 ～ 3 代，以蛹在树干周围土中过冬。翌年 4 月上旬成虫开始羽化，4 月下旬至 5 月初为羽化盛期；5 月中旬为羽化末期，整个羽化期 1 个多月。5—6 月间为第 1 代幼虫发生期，幼虫期 40d 左右。7 月化蛹，蛹期 15 ～ 20d。7 月下旬成虫开始羽化产卵，卵期 7 ～ 12d。第 2 代幼虫发生在 8—9 月中旬，幼虫期 35d 左右。9 月中旬开始化蛹越冬。少部分发生 3 代的，成虫于 9 月中旬羽化，幼虫发生于 9 月中旬至 10 月下旬，11 月化蛹越冬。在福建仙游油桐尺蛾 1 年发生 3 代，以蛹在土里越冬；翌年 4 月上中旬成虫开始羽化，4 月下旬为羽化盛期；第 1 代幼虫 5 月上旬孵出，5 月下旬开始结茧化蛹，6 月上旬成虫羽化，6 月中旬为羽化盛期；第 2 代、第 3 代幼虫分别在 7 月上旬、9 月中旬孵化，第 3 代幼虫 10 月下旬结茧化蛹进入越冬状态。

成虫自傍晚至凌晨都有羽化，以 22 时至次日 2 时为最多。成虫羽化后当夜即可交尾。但以第 2 夜交尾最多。交尾发生于 21 时至次日 5 时，以 1 时至 3 时最多。雌一生交尾 1 次极少数能交尾 2 次。雌蛾腹部末端分泌性信息素以引诱雄蛾。据试验，2 头未交尾雌蛾关在一起，一夜能诱雄蛾 79 头。雌蛾腹尖的二氯甲烷抽提物亦能诱到雄蛾。初步研究表明，不饱和的十八醇是其性信息素的主要成分。成虫趋光性弱，但对白色物体有一定趋性，喜栖息在涂白的树干上。交尾的当

油桐尺蛾成虫 （李国宏 摄）

夜即可产卵，卵粒在初产时绿色，孵化时黑褐色。卵产在树皮裂缝、伤疤及刺蛾的茧壳内，在树皮光滑的幼树上，产卵在刺蛾茧内者尤多。越冬代成虫所产之卵，卵块表面盖有浓密绒毛，其他各代绒毛稀疏。每雌产卵数百至2000余粒。卵块含卵量自204～1300粒，平均898粒，排列较松散。

初孵幼虫仅吃叶子周缘的下表皮及叶肉，不食叶脉。叶子被害处呈针孔大小的凹穴。留下的上表皮失水退绿，外观呈铁锈色斑点；日久表皮破裂成小洞。遇惊即吐丝下垂。2龄幼虫开始从叶缘取食，形成小缺刻，留下叶脉。5龄起食量显著增加，被害叶仅留主脉及侧脉基部。6龄则食全叶。

油桐尺蛾的食性较广，在桐叶被食完后，幼虫下地取食灌木、杂草。幼虫停食时，腹足紧抱树叶或树枝，虫体直立，状如枯枝。6龄幼虫尚有在每天中午爬到树干下避热的习性。

老熟幼虫多在树蔸附近土下3～7cm深处化蛹。在桐叶充裕、土壤疏松的林内，幼虫多在树干附近土中化蛹，越近树干蛹越多；坡地桐林，树干下方的蛹最多，两侧次之，上方最少。在食料不足时，幼虫为寻食四处爬行，蛹的分布缺乏规律性。土壤坚实，蛹的分布亦较分散。

气候是决定油桐尺蛾周期性猖獗的重要因子，夏季（7月）高温干旱，土壤干燥，常使蛹大量死亡。油桐种类与尺蛾危害程度有一定关系，当千年桐或千年桐与三年桐杂交子代和三年桐种在一起时，尺蛾就喜食三年桐。凡桐林与其他杂灌木呈块状混交者，害虫发生频率低，危害较轻反之，如大面积桐林成片，害虫易蔓延成灾。生命表研究表明，老熟幼虫及蛹是关键虫期。

【防治】①营林措施。合理调控割胶强度，增施肥水，增强树势。秋冬季结合施肥、深翻林土等措施，大限度清除虫源；刮除树干裂缝中的卵块。②物理防治。在成虫盛发期的夜晚，在橡胶林间挂置黑光灯诱杀成虫，或放置粘虫板（黄板）诱杀成虫及老熟幼虫。③化学防治。对成灾时期的高龄幼虫应选用具强触杀和胃毒作用的高效低毒的菊酯类化学农药，如高效氯氰菊酯、溴氰菊酯、灭幼脲III号等进行防治，在幼虫化蛹前把虫口密度降到最低。对低龄幼虫尤其是2～3龄幼虫，可选用具有较强内吸作用的吡虫啉粉剂或乳剂进行防治。④生物防治。保护利用天敌，利用刮下的虫卵及挖来的蛹，放在寄生蜂保护器中，使天敌黑卵蜂、姬蜂等重新飞入林内。黑卵蜂对虫卵的寄生率达23%，尺蛾强姬蜂对越冬蛹的寄生率为10%左右。用每毫升2亿～4亿的苏云金杆菌液喷杀2～5龄幼虫，效果可达83%～100%。（任雪毓、王鸿斌）

枞灰尺蛾 *Deileptenia ribeata* (Clerek)

分类地位：鳞翅目 Lepidoptera 尺蛾科 Geometridae 灰尺蛾属 *Deileptenia*
分　　布：辽宁、黑龙江、内蒙古、河北；朝鲜、日本。
寄主植物：栎、杉、桦、冷杉。

枞灰尺蛾成虫　（李国宏 摄）

【主要特征】前翅长26mm左右。体翅灰白色至灰褐色，散布细褐点。前翅内线黑褐色弧形；中室端有黑褐色圆圈，与中线相连；外线黑褐色锯状弧弯，在后缘中部与中线相接，相接处形成1黑褐斑；内、外线间颜色较浅；亚端线波状白色，两侧衬黑褐带；外缘有1列黑褐点。后翅内线较直形成宽带，中室端有黑褐点，外线锯状弧弯，亚端线和外缘同前翅。翅反面色淡。（李国宏）

枞灰尺蛾幼虫　（王鸿斌 摄）

枞灰尺蛾蛹　（李国宏 摄）

皱霜尺蛾 *Boarmia displiscens* Butler

分类地位： 鳞翅目 Lepidoptera 尺蛾科 Geometridae 霜尺蛾属 *Boarmia*
分　　布： 河北、江西、浙江、四川、云南；日本、朝鲜。
寄主植物： 槲、栎等树木。

皱霜尺蛾成虫　（张培毅 摄）

【主要特征】成虫，体长 20mm 左右，翅展 47mm 左右。体色赤褐色，略有暗斑，各线色深，但不很清晰，相互混杂。前、后翅均有纵皱。后翅斑纹较前翅规则。（李国宏）

栎绿尺蛾 *Comibaena delicator* Warren

分类地位： 鳞翅目 Lepidoptera 尺蛾科 Geometridae 绿尺蛾属 *Comibaena*
分　　布： 河北、黑龙江、浙江、福建、四川、湖北、海南；日本、朝鲜。
寄主植物： 栎。

栎绿尺蛾成虫　（张培毅 摄）

【主要特征】成虫，前翅长 11 ～ 15mm。体翅鲜绿色，头顶和下唇须白色，额部绿色。前翅内线及外线白色显著，臀角处有 1 近圆形血色斑，中室端有 1 小黑点。后翅顶角处有 1 更大颜色更深的血色长斑，中室端有 1 小黑点。翅反面中室端黑点清晰。（李国宏）

木橑尺蛾 *Culcula panterinaria* Bremer et Grey

分类地位: 鳞翅目 Lepidoptera 尺蛾科 Geometridae 点尺蛾属 *Culcula*
分　　布: 河北、山东、内蒙古、山西、四川、江西、台湾。
寄主植物: 栓皮栎、刺槐、榆、法桐、柳、杨、核桃、柿子、苹果、山楂、桃、李、杏、板栗等。

【主要特征】成虫，翅展 55 ~ 65mm。体黄白色。雌蛾触角丝状；雄蛾双栉状，栉齿较长并丛生纤毛。头顶灰白色；颜面橙黄色。翅底白色，翅面上有灰色和橙黄色斑点。前、后翅的外线上各有 1 串橙色和深褐色圆斑；中室端各有 1 个大灰斑。前翅基部有 1 个橙黄色大圆斑，内有褐纹。翅反面斑纹和正面相同；中室端灰斑中央橙黄色。

【生活史及习性】在辽宁地区 1 年完成 1 个世代，产卵量 1000 ~ 3000 粒，以蛹在树冠下、土缝或堰埂、梯田缝中越冬。卵产于树皮缝、叶背或石块上。越冬蛹 5—8 月羽化为成虫，7 月中下旬为羽化盛期，8 月上旬为羽化末期。幼虫于 7 月上旬孵化，孵化盛期为 7 月下旬至 8 月上旬，末期为 8 月下旬。成虫于 6 月下旬产卵，7 月中下旬为盛期，8 月中下旬为末期。卵块上有成虫体毛覆盖保护，不易被寄生和侵害，卵期较短，仅 10 ~ 15d，所以孵化率较高。成虫具有昼伏夜出的特点，趋光性较强，成虫寿命 4 ~ 12d。5 月下旬至 10 月为木橑尺蛾幼虫发生期，8 月危害严重。

【防治】秋季人工挖蛹，可大量消灭成虫。成虫出现期，可在林缘或林中空地设诱虫灯诱杀成虫。初龄幼虫期，可用 80% 敌敌畏乳油 800 ~ 1000 倍液，或 50% 杀螟松乳油 1000 ~ 1500 倍液，或 2.5% 溴氰菊酯乳油 2000 ~ 3000 倍液喷杀幼虫。幼虫转移树冠危害或成虫期，可用 50% 杀虫净、50% 敌敌畏、50% 杀螟松或甲基 1605 粉剂等药剂进行飞机超低容量喷雾或喷粉，也可施放烟雾剂熏杀。（李国宏）

木橑尺蛾成虫　　（李国宏 摄）

丝棉木金星尺蛾 *Abaraxas suspecta* (Warren)

分类地位： 鳞翅目 Lepidoptera 尺蛾科 Geometridae 金星尺蛾属 *Abaraxas*

分　　布： 东北、华北、华中、华东、西北地区；日本、朝鲜、俄罗斯。

寄主植物： 栓皮栎、大叶黄杨、金边黄杨、扶芳藤、卫矛、丝棉木、女贞、白榆、杨、柳、马尾松、柏、水杉、黄连木、山毛榉、板栗。

【**主要特征**】成虫：雌虫体长 13 ～ 15mm，翅展 37 ～ 43mm。翅底色银白，具淡灰及黄色斑纹，前翅外缘有 1 行连续的淡灰纹，外横线成 1 行淡灰色斑，上端分叉，下端有 1 个大斑，呈红褐色。中横线不成行。在中室端部有 1 个大斑，大斑中有个圈形斑，翅基有 1 深黄、褐、灰三色相间花斑；斑在个体间略有变异。前后翅平展时，后翅上的斑纹与前翅斑纹相连接，似由前翅的斑纹延伸而来。前后翅反面的斑纹同正面，唯无黄褐色斑纹。腹部金黄色。有由黑斑组成的条纹 9 行，后足胫节内侧无丛毛。雄虫体长 10 ～ 13mm，翅展 33 ～ 43mm，翅上的斑纹同雌虫；腹部亦为金黄色，有由黑斑组成的条纹 7 行；后足胫节内侧有 1 丛黄毛。

卵：椭圆形，长 0.75 ～ 0.80mm。除卵孔部光滑外，表面有纵横的细纹，形成不规则的长六角形花纹。初为灰绿色，近孵化时呈灰黑色。

幼虫：老熟幼虫体长 28 ～ 32mm，体黑色，刚毛黄褐色，头部冠缝及傍额缝淡黄色，其余黑色。前胸背板黄色，有 5 个近方形黑斑。背线、亚背线、气门上线、亚腹线为蓝白色，气门线及腹线黄色较宽；臀板黑色，胸部及腹部第 6 节以后的各节上有黄色横条纹。胸脚黑色，基部淡黄色。趾钩为双序中带。蛹暗红褐色，雌蛹长 15mm，雄蛹长 13mm，末端具臀棘，分两叉。

丝棉木金星尺蛾幼虫　　（张培毅 摄）

【**生活史及习性**】丝棉木金星尺蛾的世代多少主要由气温高

低而定。在哈尔滨1年发生2代；在陕西西安、辽宁营口1年发生2～3代；在安徽合肥市1年4代；在重庆地区以大叶黄杨为寄主植物，1年发生3代；在安徽地区1年发生4代；而在山东地区1年发生3代；在上海地区1年发生4代；在北京1年3代。均以蛹在土中越冬。据1978—1979年在北京西郊饲养结果，1978年的越冬蛹至翌年的5月15日（室温16.5℃）开始羽化，5月下为羽化盛期，至6月上旬羽化完毕；第1代产卵期为5月中旬至6月上旬，以5月下旬为产卵盛期，幼虫发生期从5月下旬至6月中旬，蛹从6月中旬至6月下旬，成虫从6月下旬至7月上旬；第2代产卵期为6月下旬至7月上旬，幼虫发生期从7月上旬至7月下旬，蛹从7月中旬至8月上旬，成虫从7月下旬至9月上旬；第3代产卵期从7月下旬至9月上旬，幼虫发生期从8月上旬至9月下旬，从8月中旬起开始化蛹越冬。成虫多在夜间羽化，白天多栖息于树冠、枝、叶间。成虫羽化后即行交尾，交尾时间多在黄昏，少数在白天进行。一般羽化后的第2天即行产卵，也有少数在第3天才开始产卵，每头雌虫分2～7次将卵产下，每次产卵少则1粒，最多为191粒，每头雌虫一生产卵92～442粒，平均248粒。成虫在夜间或黄昏活动范围较大，可在寄主植物200～300m外的灯下见到，在黑光灯下能诱到一定数量的成虫。成虫产卵成块，一般排列整齐卵产在丝棉木叶背面，如1978年8、9月间在11次调查中共采卵1020粒，其中产在叶背面的有881粒的占86.37%，产在叶面的占10.7%，产在果上的占2.93%。雄成虫寿命为3～12d，平均7.5d；雌成虫为5～11d，平均7.16d。第3代卵期为4～7d，平均5～6d。1次产下的卵一般在同一时间内孵化，孵化后留下白色卵壳。初孵幼虫黑色，群居，蜕1次皮后方显出细条纹，3龄后身体两端及气门线、腹线变黄。幼虫共5龄，第1龄最短4d，最长8d，平均5.42d；第2龄最短3d，最长6d，平均4.16d；第3龄最短3d，最长8d，平均5.02d；第4龄最短4d，最长7d，平均5.02d；第5龄最短9d，最长11d，平均9.19d。第2代幼虫期平均28.81d，日平均温度20.56℃，幼虫的预蛹期为1d。老熟幼虫在树冠下的土内化蛹，入土深度3cm左右。幼虫最早于9月下旬，最迟于10月初化蛹。翌年5月中旬开始羽化，越冬代蛹期长达223～250d。

天敌：卵寄生蜂1种，其寄生率可高达100%，尚有寄蝇寄生蛹，1种姬蜂寄生幼虫及蛹。

【防治】①园林植物配置。做好园林规划，强调多种植物合理混合配植，避免大叶黄杨等寄主植物大面积连片单一方式栽培。②施肥管理。加强施肥等栽培管理，提高寄主植物抗病虫能力。③整枝修剪。结合整形、疏枝、剪掉有虫卵枝条，可有效减少虫口密度。④松土翻蛹。对地面进行中耕松土，将蛹翻至地表，尤其是入冬后、早春期间松土翻蛹效果最佳。⑤水淹灭蛹。于越冬蛹将近羽化的4月初，在历年危害严重的地方，放水至浸没土面灭蛹。⑥灯光诱杀。在成虫发生期设置黑光灯等诱杀成虫。⑦化学防治。建议选择绿色无公害防治药剂，例如：25% 灭幼脲 III 号悬浮剂 1500 ～ 2000 倍液、1.2% 苦烟乳油 800 ～ 1000 倍液；1% 阿维菌素 2000 ～ 3000 倍液、Bt 乳剂（含菌量为 100 亿 /mL）500 ～ 1000 倍液。在幼虫发生期，每周 1 次，连续喷药 2 ～ 3 次。⑧生物防治。保护寄生蜂等天敌。（任雪毓、王鸿斌）

丝棉木金星尺蛾成虫　（张培毅 摄）

直脉青尺蛾 *Geometra valida* Felder et Rogenhofer

分类地位：鳞翅目 Lepidoptera 尺蛾科 Geometridae 青尺蛾属 *Geometra*

分　　布：东北、华北、内蒙古、陕西、宁夏、甘肃、浙江、湖南、江西、四川、福建；日本、朝鲜、俄罗斯。

寄主植物：栎、橡、茶树。

【主要特征】成虫，雄虫前翅长 29mm，雌虫 32mm。前后翅外缘锯齿状。前翅内线略细；外线较倾斜，在前翅前缘处较细，向下逐渐加粗；亚缘线灰白色波状，极细弱。缘毛黄白色，在翅脉端深灰褐色。（李国宏）

直脉青尺蛾成虫　（李国宏 摄）

栎距钩蛾 *Agnidra scabiosa fixseni* (Bryx)

分类地位： 鳞翅目 Lepidoptera 钩蛾科 Drepanidae 距钩蛾属 *Agnidra*

分　　布： 山东、四川、浙江、湖北、湖南、江西、福建、江苏、陕西、台湾；日本、朝鲜。

寄主植物： 青冈、大齿蒙栎、日本栎、栗。

【主要特征】翅展 18～35mm，体长 10～13mm。头棕褐色，下唇须中等长，黄褐色；触角茶褐色，雄双栉形，端部丝状，雌为丝状；身体背面茶褐色，腹面黄褐色。前翅灰褐色，骨线；中线及外线不明显；业外缘线灰褐色，呈波浪纹；中线附近有灰白色散斑，形成 1 条由 8 个灰色椭圆点组成的宽线，中室内有 1 白点。后翅的内线；中线及外线均褐色，呈波浪纹，但不甚明显，中室部位有较前翅小的灰白色散纹，夹持在内线与中线之间。前后翅反面黄色，有金属光泽，中线赭红色隐约可见，但散形斑纹消失。（王鸿斌）

栎距钩蛾成虫　　（王传珍　摄）

杨枯叶蛾 *Gastropacha populifolia* (Esper)

分类地位： 鳞翅目 Lepidoptera 枯叶蛾科 Lasiocampidae 枯叶蛾属 *Gastropacha*

分　　布： 东北、华北、华东、西北、西南地区；俄罗斯、朝鲜、日本、欧洲。

寄主植物： 杨、柳、栎、桃、杏、苹果、梨、李、樱桃等。

【主要特征】成虫，雌虫翅展 54～96mm，雄虫 38～61mm。体翅黄褐；前翅窄长，内缘短，外缘呈弧形波状，前翅呈 5 条黑色断续的波状纹，中室端呈黑褐色斑；后翅有 3 条明显的黑色斑纹，前缘橙黄色，后缘浅黄色；前、后翅散布有少数黑色鳞毛。体色及前翅斑纹变化较大，有呈深黄褐色、黄色等，翅面斑纹模糊或消失。

【生活史及习性】我国北方地区 1 年发生 1 代，以幼虫越冬。在河北秦皇岛、唐山地区 1 年发生 2 代，以 5、6 龄幼虫在树枝、枯叶中越冬。翌年越冬幼虫随寄主植物返青发芽开始活动取食，唐山、秦皇岛地区在 4 月上中旬。5 月上旬至 6 月上旬化蛹，5 月下旬至 6 月下旬成虫羽化，6 月上旬出现第 1 代幼虫，7 月上旬至 8 月上旬陆续化蛹，7 月中旬至 8 月下旬成旬成虫羽化，7 月底至 8 月初开始出现第 2 代幼虫，危害至 9 月，以 5、6 龄幼虫陆续进入越冬状态。

【防治】化学防治，5% 三氟氯氰菊酯 1500 倍液、20% 杀灭菊酯、25% 灭幼脲 III 号 1500 倍液喷雾，防治效果均达 80% ～ 92% 以上。（王鸿斌）

杨枯叶蛾成虫（王鸿斌 摄）

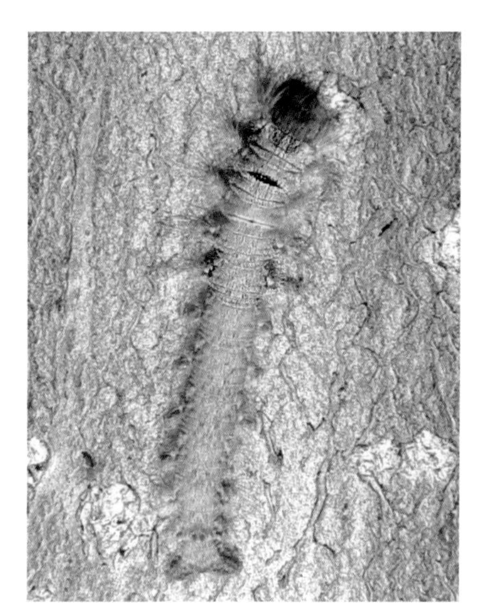

杨枯叶蛾幼虫（王鸿斌 摄）

波纹杂毛虫 *Cyclophragma undans* (Walker)

分类地位：鳞翅目 Lepidoptera 枯叶蛾科 Lasiocampidae 杂毛虫属 *Cyclophragma*

分　　布：湖南、浙江、安徽、湖北、陕西、四川。

寄主植物：麻栎、湿地松、马尾松、柏木。

【主要特征】成虫：前翅棕黄色或棕灰色，翅面具有4条横线纹。在翅近端部具斑点，灰褐色或棕褐色，7～8枚或6～10枚，其中在M脉和Cu脉间的1个斑点向外突出。雌虫的中室端有1小白点，不明显，雄虫的白点大而明显。

波纹杂毛虫成虫　（张培毅 摄）

幼虫：初孵时体长8mm，黑色，被黑色和白色长毛。头棕黄色；胸部背面具白斑；腹部背线白色，腹侧具褐色和白色斑。前胸具向前伸的2支长毛束。成熟幼虫体长60～80mm。头棕黄色，体被灰褐色长毛。每体节气门线下各有1毛瘤，着生黑色和白色长毛。前胸前缘及胸腹各节背面和气门下侧嵌有棕黄色鳞毛。前胸另有1对毛瘤，着生向前伸的黑色长毛丛。中胸和后胸背面各有一簇蓝色毒毛丛。腹面棕黄色。

【生活史及习性】多种阔叶林木、果树的食叶害虫。幼虫期长，食量大，虫口密度大时可成灾。

【防治】利用其趋光性，灯诱消灭大量雄性成虫；利用幼虫下树栖息和结茧特性，人工捕杀；喷洒生物制剂；以及利用天敌生物防治等。（王梅）

棕色天幕毛虫 *Malacosoma dentata* Mell

分类地位：鳞翅目 Lepidoptera 枯叶蛾科 Lasiocampidae 天幕毛虫属 *Malacosoma*
分　　布：湖南、浙江、福建、江西、广西、四川、云南、广东；越南。
寄主植物：枫香、朴树、茅栗、栎类。

【主要特征】成虫：雌虫翅展38～44mm，雄虫24～30mm。成虫的雄蛾体翅棕色，触角鞭节棕色、羽枝棕色。前翅中央有2条深棕色横线，内横线较直，外缘线略与外缘平行，两线间距上宽下窄，前翅外缘R_5与M脉间明显外突，缘毛灰白色与褐色相间、外突处褐色。后翅颜色比前翅略淡，中间呈1条深色斑纹。雌蛾比雄蛾色浅，棕黄色，触角羽枝比雄蛾短，其他翅面颜色与雄

棕色天幕毛虫成虫　　（张培毅 摄）

蛾相同。

幼虫：头部深褐色，体橘黄色和蓝色相间，胸部第 1、2 节和腹部第 8 节及末节背面有深褐色长形大斑。背线、亚背线、气门上线均为橘黄色，侧线呈褐色宽带，自第 3 胸节开始宽带上部呈灰黄色长形纵纹。全体密被黄色长毛。胸足褐色，腹足浅褐色。

【生活史及习性】幼虫取食叶片，大发生时，叶片被食饴尽，受害植株布满丝网，严重者造成枝条、顶梢枯死。

【防治】棕色天幕毛虫的防控措施主要有人工摘茧，减少成虫羽化数量、灯光诱蛾、喷洒化学试剂、保护和利用天敌等生物防治方法。（王梅）

栗叶瘤丛螟 *Orthaga achatina* (Butler)

分类地位：鳞翅目 Lepidoptera 螟蛾科 Pyralidae 瘤丛螟属 *Orthaga*
分　　布：辽宁、陕西、江苏、湖北、江西、湖南、福建、四川、云南；朝鲜、日本。
寄主植物：槲栎（河南安阳）、山毛榉、栗。

【主要特征】成虫：头部淡黑褐色，触角丝状黑褐色。下唇须外侧黑褐色向上弯曲，内侧白色，末端尖锐。胸、腹部淡褐色，雌虫黑褐色。前翅基部黑褐色，前翅前缘中部有 1 个黑点，中室内外各有 1 个黑点，外横线黑褐色、波浪状，沿中脉向外突出。后翅除外缘形成褐色带外，其余灰黄色。前翅 R_3、R_4、R_5 共柄，Cu_2

栗叶瘤丛螟幼虫　　（李雪薇 摄）

靠近中室下方，M_2、M_3 从中室下角伸出。后翅 Cu_3、M_2、M_3 伸出的位置与前翅相同。

老熟幼虫：褐色至黑褐色，体两侧各具1条黑色线，背中线黑色模糊有时消失，头前端黑色。低龄幼虫颜色较淡。老熟后将叶片卷起吐丝做茧，茧壳较硬。

【生活史及习性】 初孵幼虫常群居于叶面，以幼虫吐丝缀合当年生嫩叶和小枝成巢，居中取食新叶片，幼树受害较重，严重时所有叶片被食光。

【防治】 目前主要通过生物、化学农药混合剂对栗叶瘤丛螟进行防控。（王梅）

栗叶瘤丛螟危害状（李雪薇 摄）

栗叶瘤丛螟成虫（王鸿斌 摄）

栗叶瘤丛螟茧（李雪薇 摄）

棕色卷蛾 *Choristoneura luticostana* (Christoph)

分类地位： 鳞翅目 Lepidoptera 卷蛾科 Tortricidae 色卷蛾属 *Choristoneura*

分　　布： 河北和东北地区；俄罗斯（西伯利亚）、日本。

寄主植物： 栎、苹果、梨、柳、蔷薇等。

【主要特征】成虫，翅展 20 ～ 33mm。体及翅呈棕褐色或深灰色。雄前翅前缘褶甚短，并在基部缺少。前翅无任何斑纹。后翅灰黑色，缘毛白色。雄外生殖器的抱器腹基部与端部等宽，其长度与抱器瓣相等，末端形成钝角。雄外生殖器的阴片比较广阔，囊导管长，中间有几丁质的管带，囊突 1 枚呈长角状。老熟幼虫体长 23mm，头部淡褐色，在背部和尾部有明显的深黑褐色斑，身体黄绿色或淡绿色，前胸背板黄褐色。（李国宏）

棕色卷蛾成虫　（张培毅 摄）

桦黄卷蛾 *Archips xylosteana* (Linnaeus)

分类地位： 鳞翅目 Lepidoptera 卷蛾科 Tortricidae 黄卷蛾属 *Archips*
别　　名： 杂色金卷叶蛾、桦粗卷叶蛾、角纹卷叶蛾、梨叶卷叶蛾。
分　　布： 东北、华北和中南地区；日本、朝鲜、欧洲、俄罗斯（西伯利亚、小亚细亚）。
寄主植物： 长梗柞、毛赤杨、水曲柳、樱桃、梨、花楸、金银花、椴、悬钩子、柳、桦、杨梅、金丝桃、杨、榆、柑、茶、松。

【主要特征】成虫：翅展雄蛾 19mm，雌蛾 21mm。第 2、3 腹节背面各生有 1 对背穴。头部，前胸为杏黄色；腹部灰褐色，末端有长金黄色毛；复眼黑褐色。下唇须向上曲，第 2 节略粗大。前翅黄色，有褐黄色斑；基斑指状，出自翅基后缘上；端纹自前缘斜向后角，上宽下窄；缘毛金黄色。后翅浅灰褐色，顶角和前缘黄色。雄蛾前翅有前缘褶，其长度超过前缘全长 1/2 以上。雌蛾前翅无前缘褶，略狭长，颜色较暗。

卵：褐色，扁椭圆形。

幼虫：体长 12mm，头宽 1.8mm。体灰绿色，头部黑色。前胸背板褐黄色，镶有黑褐色边。胸足第 1 ～ 4 节黑褐色，第 5 节黄褐色，全身毛片及肛上板褐色。臀栉上有8个刺，末端不分叉。

蛹：长12mm，宽2.7mm。臀棘有8根，形状与云杉黄卷蛾相似，唯靠近中央的4根彼此分散，且末端弯曲度较差。

【生活史及习性】在带岭1年发生1代。越冬卵4月末开始孵化，5月上旬为孵化盛期，5月下旬可见幼虫，6月中旬化蛹，7月上旬成虫出现。幼龄幼虫危害嫩叶成孔或缺刻，成长的幼虫则吐丝卷叶成筒状，栖居危害。由于筒两端都是开放的，幼虫可以自由进出，所以转移频繁，对每个叶片的食害不严重。老熟幼虫很活泼，遇惊扰后弹跳。（任雪毓）

榉黄卷蛾成虫 （张培毅 摄）

毛榛子长翅卷蛾 *Acleris delicatana* (Christoph)

分类地位：鳞翅目 Lepidoptera 卷蛾科 Tortricidae 长翅卷蛾属 *Acleris*

分　　布：黑龙江、河北；日本、俄罗斯。

寄主植物：鹅耳枥和栎等。

【主要特征】成虫，翅展16～17mm。头部浅黄色，胸部黄褐色。前翅底色有浅褐色至深褐色。前缘基部1/3强烈凸出，以后突然下降，平伸到翅顶。由最凸出点到臀角方向有1对平行白色线，由平行线到翅顶角，覆1层白色鳞片。在中室顶端有1丛竖立鳞片。2丛竖鳞之间有1丛更小的竖立鳞片。后翅灰褐色。（王鸿斌）

毛榛子长翅卷蛾成虫 （李国宏 摄）

栎长翅卷蛾 *Acleris perfundana* (Kuznetzov)

分类地位： 鳞翅目 Lepidoptera 卷蛾科 Tortricidae 长翅卷蛾属 *Acleris*
分　　布： 辽宁、吉林、黑龙江、河北等。
寄主植物： 蒙古栎、榉。

【主要特征】 成虫：体长 6mm，翅展 14mm 左右。唇须黄褐色，向前而下垂，第 2 节端部膨大，第 3 节短小，部分隐藏在第 2 节末端的鳞片中；头、胸部及前翅呈淡棕褐色；前翅狭，呈平行四边形，前缘中部有 3 块褐色斑排列成“V”字形，其清晰程度因个体不同而有变异；后翅灰褐色。

蛹：长 9mm，最粗处 1.8mm，浅褐色，翅占体长的 3/5 以上，黄褐色，复眼黑色。腹部背面第 2 节有 1 横列、第 3～8 节有 2 横列斜向后方的锯齿状棘刺。臀棘 2 个，发达，基部连接成横生的长方形，向腹面弯曲。

【生活史及习性】 河北地区 1 年 2 代，5—6 月和 8—9 月出现成虫。（唐冠忠）

栎长翅卷蛾蛹　（唐冠忠 摄）

栎长翅卷蛾成虫　（唐冠忠 摄）

绢粉蝶 *Aporia crataegi* (Linnaeus)

分类地位： 鳞翅目 Lepidoptera 粉蝶科 Pieridae 绢粉蝶属 *Aporia*

分　　布： 黑龙江、吉林、辽宁、四川、安徽、浙江、青海、湖南、河北、宁夏、北京、陕西等；日本、朝鲜、俄罗斯、西欧、地中海、北非。

寄主植物： 苹果、梨、杏、沙果、桃、李、山丁子、海棠、山楂、杨、桦、榆、山柳、栎、山花椒、胡颓子、毛榛子、鼠李、紫越橘、榆叶梅等果树及阔叶树。

【主要特征】 成虫：体长 22 ～ 25mm，翅展 64 ～ 76mm，体黑色，头部及足被淡黄色至灰白色鳞毛。触角棒状黑色，端部淡黄白色。翅白色，翅脉黑色，前翅外缘除臀脉，各脉均有烟黑色的三角形黑斑。前翅鳞粉分布不匀，有部分甚稀薄，呈半透明状。后翅的翅脉黑色明显，鳞粉分布较前翅微厚呈灰白色。雌虫个体较大，腹部较粗。胸部黄白色细毛少。雄虫个体稍小，腹部细小，胸部细毛较多。

卵：卵粒圆柱状，顶端稍尖似弹头，高 1.0mm 左右，横径 0.5mm 左右。卵壳面有纵脊条纹 12 ～ 14 条，无横脊，卵顶周缘具突起，有 6 ～ 8 个金黄色斑点。卵紧密排列成块状。初产卵为乳黄色，近孵化时卵顶部变黑色呈半透明状。

幼虫：幼虫共 5 龄。初孵幼虫个体长 2mm，体灰褐色，头部、前胸背板及臀部黑色，体上具稀疏淡黄色毛。2 ～ 3 龄后幼虫变为棕褐色，体长 11 ～ 26mm。具黄色斑和条纹。老熟幼虫 36 ～ 44mm，体背有 3 条黑色纵带其间夹有 2 条黄色至黄褐色纵带，体两侧和腹面为灰色，头部、胸足前端、气门环均为黑色。体两侧每节有小黑点 1 个。全身具有稀疏黄白色长毛。

蛹：体长 26mm，宽 7mm。蛹体有 2 种色型，并非雌雄之别。黑型蛹，体黄白色，具多量较大的黑色斑点，头、口器、足、触角、复眼和胸背纵脊，翅缘及腹部均为黑色，头顶瘤突为黄色，复眼上缘有 1 个黄斑；另一种为黄蛹型，黑斑较少且小，蛹体也略小，形态与黑蛹型相近。

【生活史及习性】 绢粉蝶在甘肃陇南林区 1 年发生 1 代，以 2 ～ 3 龄幼虫群集在树冠的虫巢中越冬。翌年 4 月上旬，幼虫出巢活动，为给成虫交配产卵蓄积营养，幼虫暴烈取食。越冬幼虫开始活动至化蛹约经 40d。5 月中旬化蛹，5 月下旬至 6 月初达到羽化盛期，羽化后交尾产卵，卵经 10 ～ 16 日孵化，7 月中下旬幼虫发育至 2 ～ 3 龄时吐丝将叶片连缀成巢，群集其中越冬。

绢粉蝶成虫多在白天羽化，在阳光照耀、无风的条件下即喜规模不等的群集飞舞于多种植物间，采食植物的花蜜。成虫有吸水习性，常聚集在小水洼、小水沟、水塘及有积水的湿土上吸吮水分。成虫羽化当日即可交配，交尾时间可持续2～3h，交配后2～3d即可产卵。以日中产卵最盛，卵多成堆产于叶背，每堆有卵30～50粒，排列整齐，每雌虫一生可产卵200～500粒。雌虫寿命6～8d，雄蝶寿命3～5d。

卵经10～16d孵化。同一卵块孵化时间整齐，数小时内即可孵化完毕，平均孵化率在85%左右。

初孵幼虫群集啃食叶片，将叶片吃成网络状。幼虫发育至2、3龄时，即开始吐丝将叶片连缀成巢，群集其中越冬。

一巢通常有数十头至数百头幼虫。当来年早春气温超过10～12℃时开始活动。当气温下降，阴雨天及夜间幼虫又躲入巢中。

幼虫发育至5龄时则离巢分散生活，夜间或阴雨天也不回巢，此时食量剧增。4、5龄幼虫不活泼，无吐丝下垂习性，但有假死习性，如用力振动树条，即会掉落在地上，蜷缩成一团。幼虫多在白天取食，以16时至20时取食最多。

幼虫老熟后即寻找适宜场所准备化蛹。化蛹场所很广，一般在危害树上，或附近灌木、杂草、农作物秸秆上化蛹。化蛹前吐丝作垫，以臀足固定其上，并在腹部第1节横束一丝于枝上，然后蜕皮化蛹。蛹期14～18d。

绢粉蝶成虫发生期为5—8月，1年1代。成虫常会聚集在溪边潮湿的地表吸水，飞行速度不快，数量极多。

幼虫寄主植物为蔷薇科的山杏、梨、苹果、桃等经济作物，也可危害栎、毛榛子等树木。绢粉蝶以幼虫越冬，它们的幼虫群集共同织巢过冬，到了来年早春植株发芽时便出来取食。

绢粉蝶还有个习惯，会在距离寄主植物较远的地方化蛹等待羽化。

【防治】①生物防治。a.以虫治虫，绢粉蝶的天敌，幼虫期主要有菜粉蝶绒茧蜂和白绒茧蜂，前者寄生率可高达70%以上，其他天敌还有少数食虫蜘蛛、胡蜂；蛹期主要有舞毒蛾黑瘤姬蜂、广大腿小蜂、蝶蛹金小蜂及寄生蝇等。可以通过人工释放绢粉蝶的寄生天敌，利用其寄生绢粉蝶幼虫及蛹的特性来降低绢粉蝶的种群数量。b.以鸟治虫，鸟类一生可取食大量的绢粉蝶的幼虫和蛹，保护好鸟类，严禁人为捕猎盗杀，可有效维持林区长期的生态平衡。c.以菌治虫。在绢粉蝶幼虫期，利用杆菌及白僵菌寄生绢粉蝶幼虫，遏止绢粉蝶幼虫生长。杆菌有时引起流行病，使幼虫大量死亡。所以在面积较大，虫口密度不太高的林地，为防止化学农药污染环境和杀伤天敌，可喷洒浓度为每克100亿孢子的苏云金杆菌100～1000倍稀释液，若进行超低容量或低容量喷雾，温度需在25℃以上，湿度关系不大。②物理防治。a. 人工捕杀，利用绢粉蝶老龄幼虫的假死习性，人工击落捕杀。b. 烧毁处理。秋季落叶后（10月中旬后）或早春发芽前（3月中旬前），剪除缠结在树上的越冬虫巢，加以烧毁。③化学防治。当虫口密度高、天敌寄生率低、林木危害严重时，可使用化学防治方法。早春越冬幼虫开始活动时或夏季新幼虫孵化后，是进行喷药防治的最佳时机。可用50%杀螟松乳油1000～1500倍液、20%杀灭菊酯乳油3000～5000倍液、40%乐果乳油800～1000倍液、2.5%溴氰菊酯乳油5000～8000倍液、50%马拉硫磷乳油1000～1500倍液、90%敌百虫原药1000倍液等任意一种进行喷杀。

绢粉蝶成虫（张培毅 摄）

总之，在加强害虫生物、物理、化学防治的同时，合理科学的林业技术措施是提高林木综合抗虫力的基本方法，通过合理修枝、清理枯落物、伐除病腐株，加强对林木的抚育管理，增强树势，同时做好林木的补植、育林工作，搞好林种混合搭配，是防治绢粉蝶大量发生的有效方法。（任雪毓、王鸿斌）

白钩蛱蝶 *Polygonia c-album* (Linnaeus)

分类地位：鳞翅目 Lepidoptera 蛱蝶科 Nymphalidae 钩蛱蝶属 *Polygonia*
分　　布：河北、陕西、四川、吉林、青海；俄罗斯、西欧、北非。
寄主植物：栎、柳、榆、桦、朴、醋栗、忍冬、莓、葎草、荨麻、大麻等。

【主要特征】成虫，体长16～18mm，翅展49～54mm。体背黑褐色、被棕褐色长毛。触角背黑褐，腹面基部及外侧有白色鳞片，端部黄褐。翅面橙红

白钩蛱蝶成虫　（苏慕忱 摄）

色，斑纹黑色，外缘呈不规则的锯齿状。前翅中室中央有2个近圆形斑，端部1个较大，中室后部3个斑，顶角内侧近前缘及后角内侧近后缘各具1个斑。后翅中部3个斑纹，其后1个为Cu_1脉所分割；端带内侧有1列半月形斑。翅反面后翅中央有1明显的“C”字形纹。

【生活史及习性】白钩蛱蝶在大兴安岭地区1年3代，以悬蛹在植物茎秆上越冬。第1代成虫在翌年4月上旬羽化，4月下旬产卵，卵期6～8d，卵散产于榆叶的正面，每叶2～5粒。4月底前孵化，初孵幼虫取食卵壳，留存部分卵壳附在榆树叶片上，幼虫主要以榆树叶片为食，食物短缺时也以忍冬科及其他植物为食。5月上旬，幼虫经历3次蜕皮，在5月中下旬化蛹，6月上旬羽化为第2代成虫。成虫在6月中旬产卵，7月中旬化蛹，幼虫也以榆树叶片为食。7月下旬羽化，8月上旬产卵，8月中旬孵化，9月中旬化蛹越冬。由于世代交替，也有极少数成虫越冬现象。

【防治】加强栽培管理，人工采蛹及幼虫剪枝除治，尽量发挥天敌自然控制作用。孵化后3龄幼虫期前化学防治效果理想。试剂采用2.5%溴氰菊酯乳油1500～2000倍液，敌敌畏与氧化乐果1∶1混合后1000～1200倍稀释液喷雾。（李国宏）

束腰扁趾铁甲 *Dactylispa excise* (Kraatz)

分类地位：鞘翅目 Coleoptera 铁甲科 Hispidae 趾铁甲属 *Dactylispa*

分　　布：黑龙江、河北（分布新纪录）、河南、山东、安徽、陕西、浙江、福建、台湾、湖北、江西、江苏、广东、广西、四川、云南、贵州。

寄主植物：栎属、蔷薇科。

束腰扁趾铁甲成虫　（唐冠忠 摄）

【主要特征】成虫，体长3.6～4.6mm，宽1.8～2.8mm，体短宽，近于四方形，体背黑色，触角淡黄色，末端5节棕红色，胸刺，鞘翅侧缘中部及端缘（包括刺）棕黄色，足及腹部淡棕黄色，触角短，仅达体长的1/2，第7～11节膨大成棒状，前胸横宽，盘区刻点大而深，中央有1条光纵纹，前缘刺短粗，每边2根，侧缘刺短而扁，每边4根（个别5根），若生于1个敞出的扁宽基部上，小盾片三角形，基部宽，末端圆钝，鞘翅敞边基端两处均膨阔成半圆形叶片状，中部束狭，盘区瘤突矮钝，行距2有4个瘤突，行距5有4个瘤突，行距6在肩部有5～7根极矮小的锯齿状刺，刺长小于其基宽，中部之后有2个瘤突，行距8有2个瘤突，小盾片侧刺极小，一般3～4根。敞边前、后侧叶各具10～11根锯齿状刺，刺长不超过其基宽，中部束狭处有2、3根小尖刺，端缘刺小，7根左右。

【生活史及习性】河北承德7月见成虫。幼虫潜叶危害，潜叶斑为不规则的片状，后期数个潜叶斑相连，形成边缘不规则的带状大潜叶斑。（唐冠忠）

锯齿叉趾铁甲 *Dactylispa angulosa* (Solsky)

分类地位： 鞘翅目 Coleoptera 铁甲科 Hispidae 趾铁甲属 *Dactylispa*

分　　布： 黑龙江、吉林、辽宁、北京、河北、河南、山东、天津、山西、江苏、安徽、甘肃、陕西、浙江、福建、台湾、湖北、广东、广西、四川、贵州、云南；朝鲜、日本、俄罗斯。

寄主植物： 栎、柑橘、白桦、红桦、梨、杏、竹、夏枯草、铁线莲等。

【主要特征】成虫，体长方形，端部稍圆，长3.3～5.2mm，宽1.8～3.1mm。背面棕黄色至棕红色，具黑斑，有光泽；触角棕黄色至棕红色，基部2节色较深；前胸背板盘区有2个黑斑，或除中央1条红光纵纹外，盘区完全黑色，胸刺棕黄色；鞘翅具黑斑或大部分黑色，外缘刺除后侧角的几个黑刺外皆淡棕黄色；小盾片中央具1个红斑；足黄色。头具刻点及皱纹。触角粗短，约为体长的1/2；第2节短，约为第1节的1/2；第3节长于第4节或第5节；后2节长度相近，第7节长于第6节；末端5节稍粗，末节端尖。前胸横阔，盘区密布刻点，具淡黄色短毛，中央有1条光滑纵纹，接近前后缘各有1条横沟盘区中部稍隆起；胸刺短粗，前缘每侧有2个刺，两刺间距离较远，前后刺约等长；侧缘每边有3个刺，约等长，着生于1个扁阔的基部上，第1、2刺近端部各具1个很小的侧齿。小盾片三角形，末端圆钝。鞘翅侧缘敞开，两侧平行，端部微阔，具10行圆刻点，翅背面具短钝瘤突，分别排列在行距Ⅰ、Ⅱ、Ⅳ、Ⅵ、Ⅷ上。翅基缘及小盾片侧共有6～7个很小的刺，翅端有几个小附刺。侧缘刺扁平，锯齿状，短而密，各刺大小约相等；端缘刺小，刺长短于其基阔。

锯齿叉趾铁甲成虫（唐冠忠 摄）

【生活史及习性】成虫期5—9月，幼虫潜叶危害，后期潜叶斑呈星形。（唐冠忠）

榛卷叶象 *Apoderus coryli* (Linnaeus)

分类地位：鞘翅目 Coleoptera 卷叶象科 Attelabidae 卷象属 *Apoderus*

分　　布：辽宁、吉林、北京、山西、河北、江苏、山东；朝鲜、日本、俄罗斯、欧洲。

寄主植物：麻栎（山东烟台莱山区解甲庄）、平榛、毛榛、欧榛。

【主要特征】成虫：体长8.8～11.2mm，宽3.7～4.1mm。体黑色，具金属光泽。鞘翅红褐色，并具明显而有规则排列的纵向刻点沟12列；后翅淡褐色，半透明。头部全黑或前部黑色，后部红褐色。触角长、念珠状，有 12 节，端部膨大。头长圆形，在眼后有细中线，眼突出。头管长大于宽，向基部略收缩，向末端则扩宽。前胸背板中部具细纵线，小盾片半圆形。足的腿节中部膨大，胫节端部着生黑褐色的 1 个，前、中、后足跗节末端具几丁质褐色爪 2 个。雌成虫较雄成虫略小。雄虫眼后头部较窄而长，前胸背板呈均匀的圆弧形。

卵：椭圆形，长 1.5 ～ 1.0mm。初产时杏黄色，近孵化时为棕褐色，透过卵壳可见卵的边缘原生质。

幼虫：体长 10 ～ 13mm，黄色，颚发达，胴部 13 节，节间明显有峰状突起，胸足步泡突较明显。

蛹：体长 7mm，裸蛹。橘黄色，体着生褐色刚毛，臀部末端有褐色几丁质刚毛。

【生活史及习性】榛卷叶象在铁岭地区 1 年发生 2 代，以成虫在枯枝落叶层下、石块下、土缝内越冬。翌年 5 月中旬越冬成虫出蛰取食，补充营养后交尾产卵。5 月下旬第 1 代幼虫开始孵化，6 月下旬第 1 代成虫开始羽化，新羽化的

榛卷叶象卵　（王传珍 摄）

榛卷叶象成虫（麻栎）　（王传珍 摄）

榛卷叶象危害状（一）　（王传珍 摄）

榛卷叶象危害状（二）　（王传珍 摄）

成虫经 20d 补充营养后进行交配产卵。第 2 代成虫 8 月上旬开始羽化，取食补充营养后于 9 月上旬开始越冬。

雌成虫将卵产于卷褶的叶包内，产卵前先咬伤叶柄及主脉，待叶萎蔫时开始卷叶，一般 1 片叶内产 1 ～ 2 粒卵，个别的 1 个叶包内有 3 ～ 5 粒卵，卵期 3 ～ 5d。幼虫孵化后即在叶包内取食，1 头幼虫一生仅危害 1 片叶，危害历期 10 ～ 16d。幼虫老熟后即在叶包内化蛹，蛹期 4 ～ 6d。成虫白天活动取食，夜晚静伏，不具趋光性，有很强的假死性。（曹亮明）

膝卷象 *Heterapoderus geniculatus* (Jekel)

分类地位：鞘翅目 Coleoptera 卷叶象科 Attelabidae 膝卷象属 *Heterapoderus*
分　　布：河北、河南、江苏、湖南、江西、福建、四川。
寄主植物：板栗、冬瓜树、毛木树。

【**主要特征**】成虫，体长 6 ～ 8mm，宽 3.2 ～ 3.8mm。体深红褐色，腿节端部为黑褐色。头基部逐渐缩窄，背面有浅凹。喙长宽约相等，近基部缢缩，端部略放宽；触角着生于喙背面近基部中间瘤突的两侧，瘤突上中沟明显，以喙基部向额两侧伸出 2 条浅纵沟。前胸宽大于长，前缘缢缩，比后缘窄得多，中央凹圆；后缘有细隆线，近基部有横沟；两侧较直，背面中沟明显，密布深浅环形皱纹，近端部中间呈圆形隆起。小盾片横宽，端部中间有小尖突。鞘翅肩凹明显，两侧平行，端部放宽，行纹刻点大，刻点中间隆起，刻点行呈皱纹状。（王鸿斌）

膝卷象成虫　（张培毅 摄）

西伯利亚绿象 *Chlorophanus sibiricus* Gyllenhyl

分类地位： 鞘翅目 Coleoptera 象甲科 Curculionidae 绿象属 *Chlorophanus*

分　　布： 北京、河北、山西、陕西、内蒙古、宁夏、甘肃、青海、四川和东北地区；俄罗斯、朝鲜、蒙古。

寄主植物： 柳、蒙古栎等。

【主要特征】成虫，雄虫体长 9.3 ～ 9.4mm，宽 3.4 ～ 3.7mm；雌虫体长 10.1 ～ 10.7mm，宽 3.8 ～ 4.3mm。密被淡绿色鳞片，前胸两侧和鞘翅第 8 行间鳞片黄色，胫节和腿节发光，胫节发红。喙长大于宽，两侧平行，中隆线明显，延长到头顶，边隆线较钝；触角柄节长仅达到眼的前缘，索节 1 短于索节 2，索节 3 长约等于索节 1，索节 3 ～ 7 节长大于宽。前胸宽大于长，基部最宽，后角尖，从基部至中间近于平行，中间前逐渐缩窄，背面扁平，散布横皱纹，有时皱纹不很明显，近两侧鳞片较稀，外侧被覆黄色鳞片，形成纵纹。小盾片三角形，雄虫鞘翅锐突较长。雌虫的喙与前胸短于雄虫，鞘翅锐突较短。（李国宏）

西伯利亚绿象成虫　　（李国宏 摄）

黄斑细颈象 *Cycnotrachelus diversenotatus* Pic

分类地位： 鞘翅目 Coleoptera 卷叶象科 Attelabidae 细颈象属 *Cycnotrachelus*
分　　布： 云南；越南。
寄主植物： 栎。

【**主要特征**】成虫，体长 16 ～ 19mm，宽 4 ～ 5mm。体棕红色，头棕黑色，光滑。雄虫头部颈区细长，基部一半呈细杆状，表面有横皱纹。近头部呈锥形。眼隆凸，触角着生于喙中部之前瘤突的两侧，柄节短棒状，索节 1 卵形，与索节 7 约等长。前胸背板长大于宽，由基部向端部呈锥形，端部呈球状膨大，有粗横皱纹。鞘翅行间 3 基部、中间和端部，行间 9 中间之前和肩胝之下分别有长形、椭圆形、圆形黄色隆起斑。腿节端部、胫节基部和端部黑褐色。腹部黑褐色。（李国宏）

黄斑细颈象成虫　（张培毅 摄）

中华长毛象 *Enaptorrhinus sinensis* Waterhouse

分类地位： 鞘翅目 Coleoptera 象甲科 Curculionidae 长毛象属 *Enaptorrhinus*
分　　布： 河北、北京、山东、浙江、江西。
寄主植物： 杉木、栓皮栎、麻栎、檫树、板栗、苹果、梨等。

【**主要特征**】成虫，雄虫体长 7.4 ～ 8.6mm，宽 2.0 ～ 2.4mm；雌虫体长 7.7 ～ 8.6mm，宽 2.6 ～ 3.7mm。体黑色，被白色至褐色鳞片。头部密布皱纹和刻点，被白色或褐色鳞片。喙短，其上鳞片长形，喙额间有深横沟。触角褐色，棒长卵形。前胸背板中沟明显，中沟和近端两侧处覆白色鳞片，呈 3 条白色纵纹。小盾片三角形。鞘翅窄，两侧几乎平行，翅坡直立，上有褐色至黑色长毛，翅坡前有1白色鳞片带。足上鳞片细小，片间有毛。雄虫后足胫节毛长。

中华长毛象成虫　（李国宏 摄）

【生活史及习性】中华长毛象在江西九江1年发生1代，以老熟幼虫在土室内越冬。3—5月成虫取食危害盛期。成虫交配后产卵于土中，7月卵孵化出幼虫，危害苗木和植株的根部。翌年2—3月化蛹。在海拔1000m以上的庐山各生态发生期较海拔100m以下的九江市柴桑区分别推迟约1个月。（李国宏）

蒙古土象 *Xylinophorus mongolicus* Faust

分类地位：鞘翅目 Coleoptera 象甲科 Curculionidae 土象属 *Xylinophorus*
分　　布：北京、河北、黑龙江、吉林、辽宁、内蒙古、山东；俄罗斯、蒙古、朝鲜。
寄主植物：玉米、棉花、花生、甜菜、豌豆、柞栎、洋槐、杏树、核桃、板栗、树莓等。

【主要特征】成虫，雄虫体长4.4～4.9mm，宽2.3～2.6mm；雌虫体长4.7～5.8mm，宽2.7～3.1mm。体被褐色和白色鳞片，头和前胸发铜光；前胸、鞘翅两侧被覆白色鳞片，鳞片之间散布细长的毛；触角和足红褐色，肩有白斑。头和喙密被发铜光的鳞片，鳞片间散布细长鳞片状的毛；喙扁平，基部较宽，中沟细，长达头顶；触角第1索节

蒙古土象成虫　（张培毅 摄）

长几乎等于第2索节的2倍；额宽于喙。前胸宽大于长，两侧凸圆，前端略缢缩，后缘有明显的边，背面中间和两侧被覆发铜光的褐色鳞片，中间和两侧之间被覆白色鳞片。小盾片三角形，有时不明显。鞘翅宽于前胸，雌虫特别宽，行间3、4基部被覆白色鳞片，形成白斑，肩也有1白斑，其余部分被覆褐色鳞片，并掺杂少数白色鳞片；行纹细而深，线形，行间扁，散布成行细长的毛，毛的端部截断形，端部的毛端部尖。足被覆鳞片和毛，前足胫节内缘有钝齿1排，端部向内外放粗，但不向内弯。

【**生活史及习性**】河北秦皇岛、唐山3年1代，7月上旬成虫开始羽化，第2年4月开始产卵，5—6月为产卵盛期。卵发育期10～19d不等。幼虫深入地下10～30cm土层活动及越冬，跨3个年度，经过17龄。（李国宏）

栎长颈象 *Paracycnotrachelus longiceps* Motschulsky

分类地位： 鞘翅目 Coleoptera 卷叶象科 Attelabidae 断角象甲属 *Paracycnotrachelus*
分　　布： 北京、河北、山西、河南、辽宁、黑龙江、吉林、山东、江苏、安徽、江西、四川、云南、贵州、广东、海南、湖北、香港。
寄主植物： 栓皮栎（河南安阳）、麻栎（山东烟台）、蒙古栎（河北承德）。

【**主要特征**】体长6.9～14.8mm，雄虫体较雌虫大，颈更长。体红色，头部颜色红褐色，足股节深红褐色，胫节颜色淡。触角12节，柄节及末端4节深红褐色，中间7节颜色较淡。雄虫头部强烈延伸，头基部为伸长的圆柱形细颈。（曹亮明）

栎长颈象危害状　　（王传珍 摄）

棕角胸叶甲 *Basilepta sinara* Weise

分类地位： 鞘翅目 Coleoptera 肖叶甲科 Eumolpidae 角胸叶甲属 *Basilepta*
分　　布： 河北、山东、福建、广西。
寄主植物： 青冈栎、楝属。

【主要特征】体长 3.0 ～ 3.6mm，宽 1.5 ～ 2.1mm，体小型，棕黄色或淡棕黄色。触角末端 2 节色较深或黑褐色。头光亮，刻点小而疏；头顶后方具纵皱纹，唇基前缘凹切较深。触角丝状，达体长的 2/3，第 1 节棒状，第 2 节长椭圆形，短于第 3 节，第 3、4 节很细，约等长，自第 6 节起稍粗，各节略等长，前胸背板宽短，刻点清楚，不密，基端两处的刻点小而疏，近前，后缘各有 1 条具细刻点的横沟，两侧边缘在基部之前扩展成略圆的钝角，由此处向前收狭。小盾片基部宽，端部较狭，末端圆钝，光滑无刻点。鞘翅基部较圆隆；盘区刻点排列成规则纵行，基部刻点较大而深，端半部刻点细弱。前胸前，后侧片均光亮，无刻点。腿节腹面的齿很小或不明显。（王鸿斌）

棕角胸叶甲成虫　（张培毅 摄）

榆隐头叶甲 *Cryptocephalus lemniscatus* Suffrian

分类地位： 鞘翅目 Coleoptera 叶甲科 Chrysomelidae 隐头叶甲亚科 Cryptocephalinae 隐头叶甲属 *Cryptocephalus*
分　　布： 黑龙江、辽宁、河北、北京、内蒙古、山西、陕西、山东。
寄主植物： 榆、板栗、栎树等。

【主要特征】成虫，体长3.5～6.0mm，宽2.0～3.6mm。体淡棕红色；鞘翅淡黄色或土黄色，沿中缝有1条窄黑纵纹；前胸背板、鞘翅上纵纹、臀板均为墨绿色。头顶中央有1个墨绿色前窄后尖的长三角形斑。触角丝状，基部5节棕黄色至棕红色，端节黑褐色。前胸横宽，端部窄于基部，侧缘弧圆，后缘黑色，盘区中部有2条略呈弧形的宽纵纹。小盾片长形，黑色光亮，有时端部具1红黄色斑，每鞘翅自基缘的中间到翅端约1/5处有1条宽纵纹。雄虫臀板后缘平切，雌虫臀板后缘弧圆。（李国宏）

榆隐头叶甲成虫（张培毅 摄）

斑腿隐头叶甲 *Cryptocephalus pustulipes* Ménétriès

分类地位： 鞘翅目 Coleoptera 叶甲科 Chrysomelidae 隐头叶甲亚科 Cryptocephalinae 隐头叶甲属 *Cryptocephalus*

分　　布： 河北、黑龙江、辽宁、内蒙古、甘肃、山西、江苏、浙江、江西、四川；朝鲜、日本、俄罗斯。

寄主植物： 栎属、柳属。

【主要特征】成虫，体长4.4～6.5mm，宽2.4～3.8mm。头、体腹面和足黑色、光亮，具细小刻点和灰色短毛。体背颜色和斑纹变异很大，具有几种色型：①前胸背板黑色，前缘、侧缘和中部之后的2个斑红色或淡黄色，有时前方中央还有1个不明显的淡色小斑；鞘翅红色，具3个黑斑。②前胸背板淡红或淡黄色，或前半部淡红后半部淡黄色，一般具5个黑斑，位于中部的是2个宽的弧形斑，其余的3个小斑分别分布于中部和两侧；鞘翅淡红色，盘区中部淡黄，一般有4个小斑（2∶2）或3个斑（2∶1）。③前胸背板和鞘翅均为红色，具黑斑；前胸背板的两侧淡黄，中部有2条很宽的弧形纵纹，在盘区中央的后方有时常有1个细小的纵斑纹；鞘翅一般有3个斑（2∶1）。④体背大部分黑色具红斑；前胸背板两侧淡黄，中部黑色，前方中央有1红色纵纹，或盘区中部红色具2条宽黑纵纹，鞘翅黑色，中央有1个红色横斑；有时此斑分为2个，另外在翅端还有1个红斑。头部刻点细小，唇基的刻点较大；在额唇基上有1个黄色横斑，颊上各有1个黄色小纵斑。触角约达体长之半，基部4或5节棕黄或褐色，其中第1节的背面常染黑色，其余各节均黑色。前胸背板横宽，侧缘敞边狭；盘区刻点细小，两侧紧密，中部较疏。小盾片黑色，长形或略呈三角形，基宽端狭，端缘平切。鞘翅刻点较前胸背板的粗大，不规则排列。（王鸿斌）

斑腿隐头叶甲成虫（张培毅 摄）

麻克萤叶甲 *Cneorane cariosipennis* (Fairmaire)

分类地位： 鞘翅目 Coleoptera 叶甲科 Chrysomelidae 萤叶甲亚科 Galerucinae 克萤叶甲属 *Cneorane*

分　　布： 湖北、广西、四川、云南、贵州；印度、泰国。

寄主植物： 胡枝子、板栗。

【**主要特征**】体长8.0～11.5mm，宽3.7～5.5mm。头部、前胸背板、腹板、前、中足腿节黄色，其他部分皆黑褐色或黑色；触角1～3节腹面黄色；前、中足腿节端部黑色。头顶光滑，几无刻点；额瘤方形，其间为沟，直伸入触角间；额唇基区呈"人"字形隆脊，脊的两侧具细纤毛；触角长达及鞘翅中部，第2节最

麻克萤叶甲成虫（李国宏 摄）

短，第3节约为第2节长的2.0～2.5倍，第4节长于第2、3节之和，第5节约与第4节相等，以后各节长度递减。前胸背板宽为长的1.6倍，前后角皆钝圆，侧缘的边框较宽；盘区隆起，几无刻点。小盾片舌形，具极细小刻点。鞘翅基部窄，中部之后稍阔；肩角瘤状，盘区强烈隆起，具粗密刻点，刻点间较隆，且具网纹。腹面具粗密的刻点和金黄色的毛；足的第3跗节明显宽阔。（李国宏）

二纹柱萤叶甲 *Gallerucida bifasciata* Motschulsky

分类地位： 鞘翅目 Coleoptera 叶甲科 Chrysomelidae 萤叶甲亚科 Galerucinae 柱萤叶甲属 *Gallerucida*

分　　布： 黑龙江、吉林、辽宁、甘肃、河北、陕西、河南、江苏、浙江、湖北、湖南、江西、福建、台湾、广西、四川、贵州、云南。

寄主植物： 荞麦、桃、酸模、蓼、大黄、板栗等。

【**主要特征**】成虫，体长7.0～8.5mm，宽4.0～5.5mm。体黑褐色至黑色，触角有时红褐色；鞘翅黄色、黄褐色或橘红色，具黑色斑纹；基部有2个斑点，中部之前具不规则的横带，未达翅缝和外缘，有时伸达翅缝，侧缘另具1小斑；中部之后1横排有3个长形斑；末端具1个近圆形斑。雄虫触角较长，第4～10节每节末端向一侧膨阔成锯齿状，雌虫触角较短，末端数节略膨粗，非锯齿状。前胸背板宽为长的2倍，两侧缘稍圆，前缘明显凹洼，基缘略凸，前角向前伸突；表面微隆，中部两侧有浅凹，有时不明显，以粗大刻点为主，间有少量细小刻点。小盾片舌形，具细刻点。鞘翅表面具2种刻点，粗大刻点较稀，成纵行，之间有较密细小刻点。中足之间后胸腹板突较小。足较粗壮，爪附齿式。

二纹柱萤叶甲成虫　（王鸿斌 摄）

【**生活史及习性**】在四川二纹柱萤叶甲1年发生1代，以成虫越冬，翌年4月上旬开始活动（如果气温回升早，成虫在3月下旬也有出现），5月中旬产卵，6月上旬幼虫孵化，6月中旬老熟幼虫入土化蛹，7月上旬羽化出土活动，至8月下旬开始越冬。室内以成虫进入土内5～10cm处休眠越冬，在室外尚未发现越冬场所。

【**防治**】①春季当成虫出现时，进行叶面喷施农药或采取农药拌种等方式捕杀成虫。②卵期进行中耕除草破坏卵块生态环境，从而达到减少田间卵块量，以控制幼虫数量。③幼虫低龄时期进行药剂防治，效果最佳。（李国宏）

3
刺吸害虫
Piercing-sucking insect pests

麻皮蝽 *Erthesina fullo*（Thunberg）

分类地位： 半翅目 Hemiptera 蝽科 Pentatomidae 麻皮蝽属 *Erthesina*

分　　布： 北起内蒙古、辽宁，西至陕西、四川、云南，南至广东、海南，东达沿海各省和台湾；日本、缅甸、印度、斯里兰卡。属东洋区系。

寄主植物： 油桐、油茶、柿、杨、刺槐、合欢、榆、麻栎、桃、樱花、海棠、山茶、柳、柑橘、泡桐、石榴等。

【主要特征】 成虫：体长 20 ～ 25mm，宽 10.0 ～ 11.5mm。体背黑色散布有不规则的黄色斑纹，密布黑色刻点。触角黑色 5 节，第 1 节短而粗，第 5 节基部 1/3 为浅黄色。喙浅黄色，4 节，末节黑色，达第 3 腹节后缘。头部突出，近背面有 4 条黄白色纵纹从中线顶端向后延伸至小盾片基部。前胸背板为黑色，前缘及前侧缘具黄色窄边。胸部腹板黄白色，密布黑色刻点。腹部侧接缘各节中间具小黄斑，腹面黄白色，节间黑色，两列散生黑色刻点，气门黑色，腹面中央具 1 纵沟，长达第 5 腹节。各足股节基部 2/3 浅黄，两侧及端部黑褐，各胫节黑色，中段具淡绿色环斑，后足基节旁有挥发性臭腺的开口，遇敌时即放出臭气。

卵：长 2.00 ～ 2.10mm，宽 1.65 ～ 1.70mm。近圆形，初产淡绿色，中期米黄色，近孵化时变为淡黄色。卵壳网状，顶部中央多数有 1 枚颗粒状小突起。假卵盖周缘有 1 透明的箍形突，有 33 ～ 34 个孔突。破碎器黑色三角形。

若虫：各龄虫体均为扁洋梨形，前尖削后浑圆，老龄体长约 19mm，似成虫，自头端至小盾片具 1 黄红色细中纵线。体侧缘具淡黄狭边。腹部第 3 ～ 6 节的节间中央各具 1 块黑褐色隆起斑，斑块周缘淡黄色，上具橙黄色或红色臭腺孔各 1 对。腹侧缘各节有 1 黑褐色斑。喙黑褐色，伸达第 3 腹节后缘。

【生活史及习性】 河北、山西 1 年发生 1 代，江西 2 代，均以成虫在草丛、枯枝、落叶、树皮裂缝、围墙缝等处越冬。次春寄主植物萌芽后出蛰活动危害。山西于 5 月中下旬开始交尾产卵，6 月上旬为产卵盛期，7—8 月间羽化为成虫。

均危害至秋末陆续越冬。成虫飞翔力强，喜于树体上部栖息危害，交配多在上午，长达约 3h。具假死性，受惊扰时会喷射臭液，但早晚低温时常假死坠地，正午高温时则逃飞。有弱趋光性和群集性，初龄若虫常群集叶背，2～3 龄才分散活动，卵多成块产于叶背，每块约 12 粒。

【防治】①农业防治。冬季清园时清除病枝、干翘树皮、果园及周边杂草，集中烧毁，同时树干涂白，以减少麻皮蝽越冬场所，有效地降低虫口数量。②物理防治。人工捕杀，人工抹杀叶背麻皮蝽卵块；利用其假死性，将其振落捕杀；在树干上束草诱杀。套袋可显著减少蝽象危害。套袋的果子比不套袋的果子受害率明显降低，果实在袋子中悬空生长，是防治蝽象危害的有效办法。③生物防治。蝽象生物防治的研究主要集中在卵寄生性天敌的研究和利用方面。沟卵蜂、平腹小蜂、黑卵蜂、啮小蜂等是麻皮蝽卵寄生的主要天敌，这几种天敌对麻皮蝽卵的寄生率很高，可起到明显自然控制作用，是具有一定利用前景的寄生性天敌，在梨园、苹果园的寄生率可高达 70%～80%。同时，这些蜂还可以寄生其他种类的蝽象。(崔建新、曹亮明)

麻皮蝽成虫 （魏可 摄）

茶翅蝽 *Halyomorpha halys* (Stål)

分类地位： 半翅目 Hemiptera 蝽科 Pentatomidae 茶翅蝽属 *Halyomorpha*

分　　布： 北至黑龙江、吉林、辽宁，南至广东、广西及海南，西至陕西、云南、贵州、四川，东至江苏、浙江沿海地区及台湾；日本、朝鲜、越南、缅甸、印度、斯里兰卡、印度尼西亚。

寄主植物： 麻栎、油茶、柿、桑树、丁香、苹果、梨、桃、杏、海棠、榆、梧桐、山檀、大豆、菜豆、甜菜、枸杞等。

【主要特征】 成虫：体长 12 ～ 16mm，宽 7 ～ 9mm。体茶褐色或黄褐色，具黑色刻点，扁平略呈椭圆形，有些个体具金属刻点及光泽，体色差异大。触角黄褐色。前胸背板前缘具有 4 个黄褐色小斑点，小盾片基部常具 5 个淡黄色斑点。前翅褐色，基部色较深，端部翅脉色较深。侧接缘黄黑相间，腹部腹面淡黄白色。

卵：长 0.9 ～ 1.2mm，短圆筒形，初产青白色，近孵化时变为深褐色。具假卵盖，中央微隆，周缘环生短小刺毛。

若虫：共 5 龄；初孵若虫近圆形，体长约 1.5mm，头部黑色，腹部淡黄色。2 龄体长 5mm 左右，淡褐色。3 龄体长约 8mm，棕褐色，前胸背板两侧具刺突 4 对，腹部各节背板侧缘各具 1 黑斑，腹部背面可见 3 对臭腺孔，翅芽出现。4 龄若虫长约 11mm，茶褐色，翅芽增大。5 龄长约 10 ～ 12mm，翅芽伸达腹部第 3 节后缘，腹部茶色。

【生活史及习性】 茶翅蝽因地区不同发生代数不同，在南方地区 1 年可发生 5 ～ 6 代，北方 1 年发生 1 ～ 2 代。以成虫在房檐、屋角、石块下以及其他比较向阳背风处越冬。越冬成虫具有群集性，常几个或十几个聚在一起。越冬成虫于 5 月上旬开始活动，多集中在桑、榆等植物上，5 月中下旬逐渐出现在梨树上，7 月初为孵化盛期。成虫在 7 月中下旬羽化，9 月下旬起逐渐转移越冬。成虫喜欢在中午气温较高，阳光充足时活动，交尾时间一般在晚上。成虫产卵于叶背，块产，每块卵约 20 ～ 30 粒。温湿度适宜时，卵期为 5 ～ 9d。刚孵出的若虫不分散，聚集在卵壳上或在其附近，静伏 1 ～ 2d 后开始分散危害。成虫、若虫刺吸林木果树的嫩梢和果实。

【防治】 ①物理防治。利用该虫聚集越冬的习性，采用“陷阱”集中诱杀越冬期越冬成虫；在果园中进行果实套袋可以减轻其危害程度；发现卵块和初孵群集若虫及时灭杀。②生物防治。保护自然天敌，小花蝽和草蛉幼虫可以取食茶翅蝽的卵，三突花蛛能够捕食茶翅蝽的若虫和成虫。卵寄生蜂在茶翅蝽的生物防治中起着重要作用，茶翅蝽沟卵蜂平均寄生率达到50%，平腹小蜂寄生率可达 52.6% ～ 64.7%，黄足沟卵蜂寄生率为 60% 以上。③化学防治。可以采用拟除虫菊酯和新烟碱类等高效低残留的广谱性杀虫剂，于卵孵化期、成虫大发生和低龄若虫期，喷 2.5% 溴氰菊酯乳油 3000 倍液，5% 高效氯氰菊酯乳油 1500 倍液、25% 噻虫嗪水分散粒剂 10000 倍液，或 1.8% 阿维菌素乳油 4000 倍液，连喷 2 次，可取得较好的防治效果。（崔建新、曹亮明）

茶翅蝽成虫危害状　　（曹亮明 摄）

硕蝽 *Eurostus validus* Dallas

分类地位： 半翅目 Hemiptera 荔蝽科 Tessaratomidae 硕蝽属 *Eurostus*

分　　布： 吉林、辽宁、山东、河南、广东、广西、陕西、甘肃、四川、贵州、台湾；老挝、越南、缅甸。

寄主植物： 板栗、茅栗、栓皮栎、白栎等。

【主要特征】 成虫：体长 23 ～ 34mm，宽 11 ～ 17mm，长椭圆形，红褐色，密布细刻点。头小，三角形，侧叶长于中叶。触角前黑色末节枯黄色。喙黄褐

硕蝽若虫危害状（一）（曹亮明 摄）

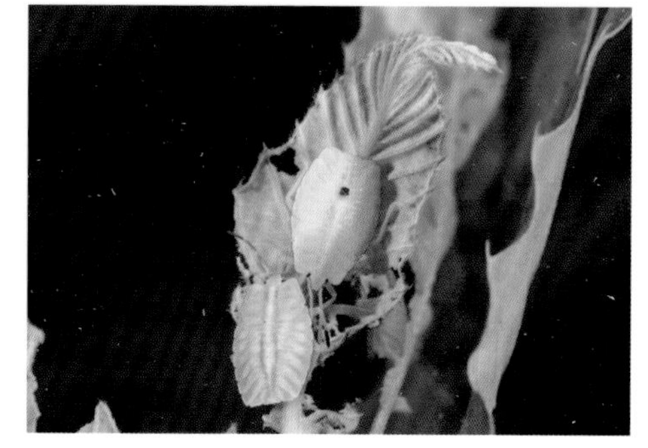
硕蝽若虫危害状（二）（曹亮明 摄）

色，外侧及末端棕黑色，长达中胸中部。前盾片前缘带蓝绿光。小盾片近三角形，两侧缘蓝绿，末端翘起呈小匙状。足深栗色，跗节稍黄色，腿节近末端处有 2 枚锐刺。第 1 腹节背面有 1 对发音器，长梨形。

卵：扁桶形，直径约 2.5mm。灰绿色。将孵化时可见 2 个红色小眼点。破卵器“T”字形骨化。

若虫：末龄若虫体长 19 ～ 25mm，宽 11 ～ 15mm，黄绿色至淡绿色。翅芽发达，延伸至第 3 腹节背面。

【生活史及习性】各地 1 年均为 1 代，共 5 龄；一般以 4 龄若虫蛰伏过冬。

硕蝽成虫（徐杰 摄）

翌年4月上中旬开始活动取食；5月中旬初至6月下旬羽化，以5月中下旬较盛；羽化后约半个月交尾；交尾后1旬左右产卵，产卵期为6月上旬至7月下旬，前后共历50d左右；6月下旬至8月初成虫陆续死去。卵于6月中旬至8月中旬孵化，10月上中旬若虫进入4龄后越冬。成虫寿命43～70d。卵多产在寄主植物附近的双子叶杂草叶背，少数产于寄主植物叶背。卵块平铺，初孵若虫在卵壳旁静伏2～3d，然后爬散至寄主植物嫩梢叶背吸汁。3龄若虫先在叶背主脉处吸食，到盛夏时滞育，多数躲在两叶相叠处，静伏不动；4、5龄时破坏性较大，嫩梢被害3～5d内即显凋萎。5龄若虫老熟后，爬至寄主植物老叶背或附近其他杂灌近地面的叶背，静伏3～6d后羽化。该蝽在活动期间遇敌时，能施放臭气；还有较弱的假死性。

【**防治**】①农业防治。在板栗区周围应避免与栓皮栎混栽，以减少虫源；同时注意消灭越冬虫源，以压低来年虫口密度。②化学防治。应用涂环防治效果较好，同时兼治其他害虫如栗瘿蜂、栗大蚜等，效果较好，药剂为40%久效磷乳油2～3倍液，先在树干上刮一宽带，涂上药剂用塑料布包好。(崔建新、曹亮明)

褐莽蝽 *Placosternus esakii* Miyamoto

分类地位： 半翅目 Hemiptera 蝽科 Pentatomidae 莽蝽属 *Placosternus*

分　　布： 山东（烟台）、湖南、河南、湖北、福建、贵州、西藏、云南；印度、缅甸、斯里兰卡。属东洋区系。

寄主植物： 槲栎、青冈。

【**主要特征**】成虫，体长17.1～18.0mm，宽12.0～14.2mm。淡黄色至深黄色，体背有黑色点刻组成形状不一的黑斑，头基部复眼处有1条黑斜纹，触角第1节黑色，但顶端背面色较淡。前胸背板前侧角色淡，后角及中央黑色。小盾片基半部隆起，后半部较平，中部两侧各有1凹陷，末端两侧上翘。胸部腹面散生由黑色刻点组成的不规则黑斑块。腹部基部中央前伸，前端水平宽阔，嵌入后胸腹板。足与体同色，具黑色斑点，股节近端处具黑环，胫节末端及第1、3跗节黑色，侧接缘黄黑相间。臭腺沟缘短，约为臭腺孔开口长径的2.5倍。

【**生活史及习性**】5月可见到成虫交尾产卵。卵产于寄主叶背，成块，若虫孵化后群集叶背危害。

【防治】①农业防治。注意清除林间病株杂草，消灭越冬虫源，以压低来年虫口密度；注意林间种植搭配，尽量避免寄主植物林木混栽。②化学防治。可以采用拟除虫菊酯和新烟碱类等高效低残留的广谱性杀虫剂，药剂使用可参考茶翅蝽防治。（曹亮明、崔建新）

褐莽蝽成虫　（曹亮明 摄）

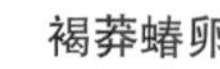

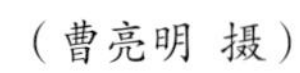

褐莽蝽卵　（曹亮明 摄）

斑须蝽 *Dolycoris baccarum* (Linnaeus)

分类地位：半翅目 Hemiptera 蝽科 Pentatomidae 斑须蝽属 *Dolycoris*

分　　布：全国各地；蒙古、俄罗斯、日本、印度、巴基斯坦、土耳其、阿拉伯、叙利亚、埃及等。

寄主植物：苹果、梨、桃、柑橘、樟、漆树、榛、板栗、泡桐、柳等。

【主要特征】成虫，体长 8.0 ～ 13.5mm，宽 4.5 ～ 6.5mm。椭圆形，黄褐色或紫褐色，被白绒毛和黑刻点。头侧叶稍稍长于中叶。复眼红褐色。触角 5 节，第 1 节全部、第 2 ～ 4 节基部和端部及第 5 节端部淡黄色，其余黑色。小盾片末端黄白色。翅革片淡红褐色至暗红褐色。侧接缘外露，黄黑相间。

【生活史及习性】斑须蝽在山东西南地区1年发生3代，危害多种作物及苗木，以成虫越冬。越冬菜包叶夹缝、植物根际、枯枝落叶、树皮及房屋缝隙处是其主要越冬场所。成虫具有弱趋光性，雄性略大雌性。（李国宏）

斑须蝽成虫　（王鸿斌 摄）

赤条蝽 *Graphosoma rubrolineatum* (Westwood)

分类地位：半翅目 Hemiptera 蝽科 Pentatomidae 赤条蝽属 *Graphosoma*

分　布：河北、黑龙江、辽宁、内蒙古、山西、山东、河南、陕西、甘肃、新疆、江苏、浙江、湖北、江西、四川、贵州、广东、广西；俄罗斯、朝鲜、日本。

寄主植物：栎、榆、黄檗、胡萝卜、白菜、萝卜、小茴香、葱、洋葱等。

【主要特征】成虫，体长9.0～11.5mm，宽6.0～7.5mm。橙红色，有黑色条纹：头部2条、前胸背板6条、小盾片上4条。头侧叶长于中叶，并在中叶前会合。触角黑色。前胸背板前侧缘光滑，侧角不伸出。小盾片大而较狭，伸达腹末，露出前翅革片的一部分。侧接缘明显外露，红黑相同。体下方橙红色，有若干排列较整齐的黑色斑列。足黑色。（王梅）

赤条蝽成虫　（李国宏 摄）

菜蝽 *Eurydema dominulus* (Scopoli)

分类地位： 半翅目 Hemiptera 蝽科 Pentatomidae 菜蝽属 *Eurydema*

分　　布： 北京、河北、黑龙江、吉林、山西、陕西、江苏、山东、浙江、湖南、江西、贵州、四川、福建、广东、广西、海南、云南、西藏；俄罗斯（西伯利亚）、欧洲。

寄主植物： 十字花科蔬菜、板栗。

【主要特征】成虫，体长 7.0 ～ 9.5mm，宽 3.5 ～ 5.0mm。椭圆形，黄色、橙色或橙红色，具黑色斑。触角黑。前胸背板有黑斑 6 块，前 2 后 4，小盾片基部中央有 1 大型三角形黑斑，近端处各侧有 1 小黑斑。翅革片黄红色，爪片及革片内侧黑，中部有宽横黑带，近端角处有 1 小黑斑。侧接缘黄黑相间。足黄、黑相间。

【生活史及习性】菜蝽在江西 1 年发生 2 ～ 4 代，以 3 代为主，世代重叠。成虫在枯枝落叶上、石块下、土缝和墙缝间越冬。据在南昌郊区系统饲养和野外调查，越冬成虫从 3 月下旬开始活动，4 月上旬至 5 月中旬末产卵，4 月下旬至 6 月初陆续死亡。由于成虫产卵期较长，各虫态历期亦较长，遂造成世代重叠。6 月间 1、2 代并存，8 月间 1、2、3 代并存。且从 4 月中下旬至 9 月下旬，田间可以见到各种虫态。成虫具有较强的耐寒性，于 12 月中下旬才陆续停食蛰伏越冬。

菜蝽成虫　（张培毅 摄）

【防治】冬季清除林地及周围枯枝落叶和杂草，集中销毁，可消灭部分越冬成虫；生物防治，白僵菌、食虫虻、鸟类等能寄生或捕食成虫和若虫；选用高效低毒农药喷施防治。（李国宏）

二星蝽 *Eysarcoris guttiger* (Thunberg)

分类地位：半翅目 Hemiptera 蝽科 Pentatomidae 二星蝽属 *Eysarcoris*
分　　布：除吉林、青海、新疆外各省；日本、朝鲜、印度、越南、缅甸、斯里兰卡。
寄主植物：泡桐、小竹、桑、栎、胡枝子等。

【主要特征】成虫，体长 4.0 ～ 5.5mm，宽 3.2 ～ 4.5mm，卵圆形，黄褐色至黑褐色，密布黑刻点。头部黑，侧叶与中叶等长；触角黄褐色，端节黑褐色，前胸背板前侧缘内凹，有黄白色窄边，侧角稍伸出，末端钝圆，胝区及两侧角黑色，小盾片 2 基角处各有 1 近圆形的黄白斑。足黄褐。

【生活史及习性】南昌 1 年 4 代，重叠发生，以成虫在杂草丛中、枯枝落叶下越冬。越冬成虫 3 月下旬开始活动，4 月中旬至 5 中旬产卵，4 月下旬至 6 月中旬陆续死亡。第 1 代 4 月下旬至 5 月下旬孵出，5 月下旬至 7 月上旬羽化，6 月上旬至 7 月中旬产卵。第 2 代 6 月上旬至 7 月下旬孵出，7 月上旬至 8 月中旬羽化，7 月下旬至 8 月下旬产卵。第 3 代 7 月下旬末至 9 月上旬孵出，8 月中旬至 9 月底羽化，8 月下旬至 10 月上旬产卵。第 4 代 8 月下旬末至 10 中旬孵出，9 月下旬至 11 月下旬羽化，11 月中旬开始蛰伏越冬。

二星蝽成虫　　（张培毅 摄）

【防治】成虫集中越冬或出蛰后集中危害时，利用成虫的假死性，振动植株，使虫落地，迅速收集杀死。发生严重的喷洒 20% 灭多威乳油 1500 倍液。（李国宏）

日本巢红蚧 *Nidularia japonica* Kuwana

分类地位： 半翅目 Hemiptera 红蚧科 Kermesidae 巢红蚧属 *Nidularia*
分　　布： 浙江、辽宁、山东、四川、河北、贵州、湖南、江苏；日本。
寄主植物： 蒙古栎、槲树、短柄枹栎、白栎。

【**主要特征**】成虫：雌虫体长 3～4mm，宽 2.7～3.5mm，灰褐色至黑褐色，卵圆形，腹末尖细。体背隆起，坚硬，各体节有 4～5 个瘤状突起，呈龟甲状，其上有断碎的蜡层；孕卵后，体下分泌鸟巢状白色蜡质卵囊。触角短小，足退化。气门壁上密生五格腺，腹面侧管腺簇的腺管放射状排列，每侧有 12～13 簇。肛环有孔纹，肛环刺毛 6 根。雄虫灰褐色，体长 0.6～0.8mm。单眼黑色，触角丝状 10 节，前翅白色半透明，后翅退化消失，胸背有黑斑。交尾器锥状，腹末有 2 条白色长蜡丝。

茧：白色绒质，椭圆形，后端有横列，长 1mm，宽 0.5mm。

卵：橘黄色，近孵化时红褐色，卵圆形，长 0.5mm，宽 0.25mm。

若虫：初孵若虫红褐色，单眼黑色，体椭圆形，长 0.5～0.6mm。触角 6 节，喙 3 节，足的跗节长为胫节的 1.8 倍，臀瓣发达，2 条尾毛长为体长的 1/3。

日本巢红蚧成虫　（唐冠忠 摄）

【**生活史及习性**】该虫 1 年 1 代，在山东泰安于 8 月末以受精雌成虫在枝干、皮缝、伤疤、芽基、枝杈等处越夏越冬。翌年 3 月初越冬雌虫恢复取食，3 月中旬孕卵，并分泌白色蜡质形成鸟巢状卵囊，4 月中旬开始产卵于母体下的卵囊内，4 月下旬为产卵盛期，单雌产卵量 398～769 粒，平均 632 粒。5 月初为若虫孵化盛期，若虫孵化后很活跃，在寄主植物上爬行寻找木质化的枝干的皮缝、伤疤、芽基、枝杈等处（多发育为雌性）及幼嫩绿枝、叶柄、芽基（多发育为雄性）定居取食，5 月下旬蜕皮进入 2 龄期，同时形态上表现出性分化。2 龄雌虫固定在原处取食发育，蜕皮经 3 龄期后羽化为雌成虫；2 龄雄虫则恢复移动能力，寻找新的场所分泌蜡丝结茧，在矮小丛生树上雄虫的结茧部位多在绿色嫩枝、叶片、枝干光滑处或地面枯草、杂草叶片上，在高大乔木上寄生的雄虫则寻找枝干皮缝、伤疤和叶苞等处结茧，在茧内蜕 2 次皮，经预蛹和蛹期羽化为雄成虫。6 月中旬是雌、雄成虫羽化盛期，雄成虫羽化后就寻找雌成虫交尾，寿命仅 1 ～ 2d。雌虫受精后体背逐渐分泌透明蜡块呈龟甲状排列。此期对寄主植物的危害最重，寄主植物受害处出现凹陷，危害至 8 月份进入滞育期。

【**防治**】6 月上旬雄虫羽化盛期前，即 30% 的茧后端露出 2 条白色蜡丝时，用洗衣粉 800 倍液喷雾，杀死雄虫。在若虫孵化期用内吸性杀虫剂喷雾进行防治。（唐冠忠）

草履蚧 *Drosicha corpulenta* (Kuwana)

分类地位： 半翅目 Hemiptera 硕蚧科 Margarodidae 草履蚧属 *Drosicha*

分　　布： 华南、华中、华东、华北、西南、西北地区；日本。

寄主植物： 泡桐、杨、悬铃木、柳、楝、刺槐、栗、核桃、枣、柿、梨、苹果、桃、樱桃、柑橘、荔枝、无花果、栎、桑、月季等。

【**主要特征**】成虫：雌成虫体长 10mm，扁平椭圆形、背面有皱褶，形状似草鞋，赭色，体周及腹面淡黄色，触角、口器和足均黑色，体被白色蜡粉。触角 8 节。雄成虫体长 5 ～ 6mm，翅展约 10mm。体紫红色，头胸淡黑色，1 对复眼黑色。前翅淡黑色，有许多伪横脉；后翅为平衡棒，末端有 4 个曲钩。触角 10 节，黑色丝状；第 3 ～ 9 节各有 2 处缢缩形成 3 处膨大，其上各有 1 圈刚毛。腹部末端有 4 根树根状突起。

卵：椭圆形。初产黄白色渐呈赤黄色，产于白色绵状的卵囊内。

若虫：体形略小于雌成虫。各龄触角节数不同，1 龄 5 节，2 龄 6 节，3 龄 7 节。

蛹：预蛹褐色圆筒形，长约 5mm。蛹体长约 4mm，触角可见 10 节；翅芽明显。茧白色长椭圆形，蜡质絮状。

草履蚧雌成虫（麻栎）　　（王传珍 摄）

【生活史及习性】1 年发生 1 代，以卵或若虫在卵囊内于枯叶下或表土中越冬，翌年 2 月上旬至 3 月上旬孵化。2 月中旬后，随气温升高，若虫开始出土上树，2 月底达盛期，3 月中旬基本结束。初龄若虫不活泼，喜在树洞或树杈等处隐蔽群居。若虫于 3 月底至 4 月初第 1 次蜕皮。4 月中下旬第 2 次蜕皮，雄若虫不再取食，潜伏于树缝、皮下或土缝、杂草等处，分泌大量蜡丝缠绕化蛹。蛹期 10d 左右，4 月底至 5 月上旬羽化为成虫。雄成虫不取食，白天活动量小，傍晚大量活动，飞或爬至树上寻找雌虫交尾，阴天整日活动，寿命 3d 左右，雄虫有趋光性。4 月下旬至 5 月上旬雌若虫第 3 次蜕皮后变为雌成虫，并与羽化的雄成虫交尾。5 月中旬为交尾盛期，雄虫交尾后死去。雌虫交尾后仍需吸食危害，至 6 月中下旬开始下树，钻入树干周围石块下、土缝等处，分泌白色绵状卵囊，产卵其中。雌虫产卵时，先分泌白色蜡质物附着尾端，形成卵囊外围，产卵一层，多为 20 ～ 30 粒，陆续分泌一层蜡质绵絮再产一层卵，依次重叠，一般 5 ～ 8 层。雌虫产卵量与取食时间长短有关，时间长，产卵量大，一般为 100 ～ 180 粒，最多达 261 粒。产卵期 4 ～ 6d，产卵结束后雌虫体逐渐干瘪死亡。土壤含水量对雌虫产卵亦有影响，极度干燥的表土层使雌虫很快死亡。卵囊初形成时为白色，后转淡黄至土色，卵囊内绵质物亦由疏松到消失，所以夏季土中卵囊明显可见，到冬季则不易找到。越冬后孵化的若虫，耐饥、耐干燥能力极强。

草履蚧雄成虫 （曹亮明 摄）

草履蚧待产雌虫 （王传珍 摄）

【防治】草履蚧生活隐蔽较难防治，应采取防治综合措施才能达到减轻或消除虫害的目的。①物理防治。冬季早春剪除虫枝，疏剪枝叶，改善林间通透性，注意林间卫生。落叶季清除枯木树缝内的卵囊，清除虫源以减少虫量。环涂粘虫胶，阻止若虫上树。②化学防治。树上发现草履蚧，及时采取化学防治措施，注意防治时期：2 月中下旬至 3 月中上旬初孵 1 龄若虫上树时期，结合环涂粘虫胶或阻虫带的方法，对被阻若虫喷施 40% 杀扑磷 1000 倍液，1 周后结合被阻虫量进行第 2 次防治，连喷 2 ～ 3 次，喷药时，必须使药液充分接触虫体，以取得良好的防治效果。③生物防治。草履蚧有许多天敌寄生或捕食，如红缘瓢虫、赤眼蜂等，可通过保护和利用天敌，或引种人工释放天敌，达到控制草履蚧危害的目的。（崔建新、曹亮明）

黄伊缘蝽 *Rhopalus maculatus* (Fieber)

分类地位：半翅目 Hemiptera 缘蝽科 Coreidae 伊缘蝽属 *Aeschyntelus*

分　　布：浙江、河北、北京、黑龙江、吉林、天津、河南、江苏、上海、安徽、湖北、江西、贵州、广东、四川、云南。

寄主植物：农作物、松、菊花、栗、杂草等。

【主要特征】成虫：体长 6.8 ～ 8.1mm，宽 2.5 ～ 2.8mm。长椭圆形，浅橙黄色。触角红色，基部 3 节色较浅。头三角形，中叶长于侧叶，披白色绒毛。前胸背板胝区有 1 横隆线，前端细缩似短颈状；侧角处散生较多红色点；背板和小盾片上刻点褐色；前翅革质部散生黑褐色斑点，膜片浅橘红色，透明。腹部侧接缘红色，上有1列褐色小圆点。腹部腹面两侧各具1列黑色斑点，第3、4、5腹节前缘中央有黑色斑纹。5龄若虫体长4.6～4.9mm。头、胸和翅芽有黑褐色颗粒状毛瘤。前翅芽基部橙黄，端部紫黑，达第4腹节前缘。腹侧具毛瘤和长刺6枚。

黄伊缘蝽成虫 （张培毅 摄）

卵：长0.92～0.95mm，宽0.40～0.43mm，似肾形，横置，正面隆起，中央凹陷处两侧各有1向内弯曲的“<”形紫褐色纹。初产时乳白色，中期金黄色，后期黄褐色。

若虫：1龄若虫体长1.2mm，卵形，头、胸初孵时红色，后变紫褐，腹部黄绿色，全身生有褐色绒毛。头顶中央两侧各具1枚长刺，腹部第4节背面中央有1赤黄色斑纹。5龄若虫体长4.6～4.9mm。头、胸褐色，腹部橙黄色或黄绿色。头、胸和翅芽有黑褐色颗粒状毛瘤。

【防治】①营林措施。结合秋季清洁田园，认真清除田间杂草，集中处理。②保护天敌。控制虫量，一般情况下可不防治。③在危害较重时，可结合防治其他害虫时兼治。在低龄若虫期喷2.5%功夫乳油2000～5000倍液、2.5%敌杀死（溴氰菊酯）乳油2000倍液、10%吡虫啉可湿性粉剂1500倍液。（任雪毓、王鸿斌）

稻棘缘蝽 *Cletus punctiger* (Dallas)

分类地位： 半翅目 Hemiptera 缘蝽科 Coreidae 棘缘蝽属 *Cletus*

分　　布： 北京、河北、山东、浙江、湖南、湖北、江西、广东、西藏；印度。

寄主植物： 板栗、禾本科植物。

【主要特征】成虫，体长9.5～11.0mm，宽2.8～3.5mm。体黄褐色，狭长，密布刻点。头顶中央有短纵沟，头顶及前胸背板前缘具黑色小颗粒。触角第 1 节较粗，向外略弯，明显长于第 3 节；第 4 节纺锤形。前胸背板侧角细长，略向上翘，末端黑，稍向前指。前翅革片近顶缘的翅室内有 1 浅色斑点。腹部背面橘红色。各胸侧板中央有 1 黑色小斑点，腹板每节后缘有明显的 6 个黑点列成 1 横排。

稻棘缘蝽成虫 （李国宏 摄）

【生活史及习性】在安徽 1 年发生 2～4 代，第 5 代为不完全代，世代重叠。仅以成虫在干燥的枯枝落叶下或土缝中越冬。成虫能否越冬主要取决于羽化时间，在 8、9 月份早羽化的成虫，因大量产卵繁殖而耗尽营养，抗寒力差，难以越冬；而 10 月下旬以后羽化的成虫营养积累不足，也难以越冬；唯有 10 月上中旬羽化且尚未产卵的成虫，经足够营养积累后，方可能越冬。

【防治】①结合秋季清洁田园，认真清除田间杂草，集中处理。②在低龄若虫期喷 50% 马拉硫磷乳油 1000 倍液或 2.5% 功夫乳油 2000～5000 倍液、2.5% 敌杀死（溴氰菊酯）乳油 2000 倍液、10% 吡虫啉可湿性粉剂 1500 倍液，每亩喷兑好的药液 50L。防治 1 次或 2 次。（李国宏）

黑门娇异蝽 *Urostylis weatwoodi* Scott

分类地位： 半翅目 Hemiptera 异蝽科 Urostylidae 娇异蝽属 *Urostylis*

分　　布： 辽宁、河北、山西、山东、浙江、湖北、湖南、四川、甘肃、内蒙古；日本、朝鲜。

寄主植物： 麻栎、栓皮栎、辽东栎、蒙古栎、栗。

【主要特征】成虫，体长 12 ～ 14mm，宽 4.8 ～ 5.0mm，草绿色，略带棕色。前胸背板基部略带黄色，侧缘及革片前缘黄色，侧角有褐色圆斑。身体背面有棕色刻点，前胸背板底部、小盾片基部刻点赭色，分布稀疏，头无刻点。膜片浅赭色，半透明，内角附近有 1 褐色横椭圆形斑。足土黄色或草绿色，上有长细毛，胫节基部黑色，跗节第 3 节末端褐色。触角第 1、2 节土黄色或草绿色；第 3 节及第 4、5 节的端半部棕色，其余各部土黄色或草绿色，触角第 1 节基半部外侧有褐色条纹。

【生活史及习性】在山东 1 年 1 代，以卵在树干皮缝中越冬。翌年 2 月下旬开始孵化，3 月下旬至 4 月上旬为孵化盛期，4 月中旬为孵化末期。5 月上旬若虫开始羽化为成虫。10 月上旬成虫开始交尾产卵，10 月下旬至 11 月上旬为产卵盛期。如在冬季将卵置于室内，室温在 12℃以上时，卵没有滞育期。在林间若虫和成虫的发生期不整齐。

【防治】①春季在卵的孵化盛期，对树干喷 40% 的氧化乐果 1000 ～ 2000 倍液可杀死若虫，并兼有杀卵作用；②在成、若虫危害期，用 80% 的敌敌畏乳油 1000 ～ 1500 倍液或 40% 的乐果乳油 1000 倍液对树冠进行喷雾，杀虫效果均达 95% 以上。（李国宏）

黑门娇异蝽成虫和若虫　（李国宏 摄）

金绿宽盾蝽 *Poecilocoris lewisi* (Distant)

分类地位： 半翅目 Hemiptera 盾蝽科 Scutelleridae 宽盾蝽属 *Poecilocoris*

分　　布： 北京、河北、黑龙江、吉林、辽宁、山西、陕西、河南、山东、江苏、安徽、江西、湖南、湖北、四川、台湾、广东、贵州、云南；日本。

寄主植物： 侧柏、栎、葡萄等。

【主要特征】 成虫，体长 13.5 ～ 16.0mm，宽 9 ～ 10mm。金绿色，具赭红色斑纹。头中叶稍长于侧叶，触角蓝黑，第 1 节基黄褐。前胸背板具横置的“日”字形纹，前侧缘稍内凹，侧角远遁。小盾片具中断的“T”形纹，中、后部各有“一”状宽纹，两纹的前后稍纵向延伸。前翅革质部基部外露，蓝黑色，膜片淡黄褐。侧接缘外露，蓝黑色。节缝处具赭红色小斑点。足金蓝绿色。腹节腹面两侧各具 2 个蓝黑色大斑。

金绿宽盾蝽成虫　　（张培毅 摄）

【生活史及习性】 除主要危害侧柏外，也可危害栎、葡萄等。北京 1 年 1 代，以 5 龄若虫在侧柏附近的落叶和石块下越冬，翌年 4 月上中旬陆续从越冬处爬出，取食侧柏嫩叶。5 月中旬 5 龄若虫开始羽化，6 月初为羽化高峰期，6 月中下旬羽化期结束，5—8 月为成虫期，7 月底至 8 月中旬交配产卵，8、9 月份若虫由 1 龄发育至 5 龄，9 月中下旬为 5 龄若虫高峰期，11 月 5 龄若虫开始转移越冬。不同虫期寄主植物转移现象明显。（王鸿斌）

金绿宽盾蝽若虫　　（李国宏 摄）

栗红蚧 *Kermes nawae* Kuwana

分类地位： 半翅目 Hemiptera 红蚧科 Kermesidae 红蚧属 *Kermes*
分　　布： 浙江、江苏、安徽、湖南、湖北、贵州、四川、江西、河南、北京。
寄主植物： 板栗、锥栗、茅栗、栓皮栎等。

【主要特征】 雌虫，体近球形，黄褐色，宽 4.5 ～ 6.5mm。背面有 5 ～ 7 条黑色横带，前 3 条较宽，横带前中部各有 1 对黑色圆斑。腹面与臀部分泌有白色絮状物。1 龄若虫扁椭圆形，淡红褐色，触角和足淡橘黄色；2 龄雄若虫卵圆形，黄褐色，触角 7 节，2 龄雌若虫纺锤形，背面凸起，暗红褐色，被有蜡质刚毛，触角 6 节；3 龄雌若虫卵圆形，红褐色。

栗红蚧雌成虫　（李国宏 摄）

【生活史及习性】 在河南 1 年发生 1 代，以 2 龄若虫在枝条芽基或伤疤处越冬。3 月初日平均气温 10℃以上时，越冬雄若虫迁移至虫枝基部附近的皮缝、伤口等隐蔽处聚集结茧化蛹，越冬雌若虫则原处固定取食，蜕皮进入 3 龄期。3 月下旬成虫开始羽化，雄成虫交尾后死亡，雌虫受精后发育很快，背面凸起呈球形。5 月上旬气温 25℃以上时为产卵孵化盛期，初孵若虫爬行寻找合适部位定居。5 月下旬开始蜕第 1 次皮，定居在叶柄芽基的若虫发育为雌虫，寄生枝上的发育为雄虫。

【防治】 ①人工防治。在春季，当虫体膨大明显可见时，可用旧抹布或戴上帆布手套捋虫枝，消灭虫林。②诱杀。利用雄若虫寻找隐蔽处结茧化蛹的习性，于月中旬在栗树树干或枝杈下方，用杂草或破布、棉、纸等废弃物缠绕树干、树枝，诱杀雄虫。③药剂防治。栗红蚧卵期比较集中，若虫孵化期比较一致（5 月中下旬），喷洗衣粉 800 ～ 1000 倍液。（李国宏）

蚱蝉 *Cryptotympana atrata* (Fabricius)

分类地位：半翅目 Hemiptera 蝉科 Cicadidae 蚱蝉属 *Cryptotympana*

分　　布：北京、河北、福建、广东、江西、浙江、江苏、湖北、四川、陕西、山东、河南、台湾、广西、安徽、上海、湖南、内蒙古。

寄主植物：杨、柳、苦楝、栎、国槐、刺槐、白蜡、枫杨、榆、桑、水杉、悬铃木、女贞、苹果、梨、杏、桃、李、樱桃、葡萄。

【主要特征】成虫，体长 40 ～ 45mm，前翅长 58 ～ 65mm。体黑色，密被金黄色细短毛，但前胸和中胸背板中央部分毛少光滑。中胸背面后部有“×”形突起，突起部分黄褐色，翅脉基半部黄褐色至黑褐色。翅基部约 1/4 部分的脉间黑色。足黄褐色，有黑斑，前足腿节内侧的 2 根刺黑色。

【生活史及习性】陕西蚱蝉每 5 年 1 代，以卵和若虫分别在被害枝木质部和土壤中越冬。老熟若虫 7 月初开始出土羽化，7 月中旬至 8 月上中旬达盛期。成虫于 7 月中下旬开始产卵，8 月上旬至下旬为盛期，9 月中下旬产卵结束。越冬卵于 6 月中下旬孵化，7 月初结束，若虫孵化后即落入土，11 月上旬越冬。

【防治】①营林技术措施。a. 增强树木生长势；b. 选育抗性品种。②化学防治。选用低毒高效农药。③人工防治。a. 结合果园冬季修枝，剪除产卵枝条，集中烧毁，是最根本的措施，应每年进行 1 次。b. 成虫羽化期，21 时至 23 时组织群众于树干和杂草上人工捕捉出土若虫，既可食用，又能消灭大量成虫。c. 在成虫活动期，每晚组织群众在林内堆火，并摇动树干，可诱集大量成虫。在有 2 ～ 3 级风的夜晚，这种诱集效果更佳。（李国宏）

蚱蝉成虫　（张培毅 摄）

云管尾犁胸蝉 *Darthula hardwickii* (Gray)

分类地位： 半翅目 Hemiptera 犁胸蝉科 Aetalionidae 管尾犁胸蝉属 *Darthula*
分　　布： 云南；印度、缅甸、尼泊尔。
寄主植物： 曼青冈、云南柳、栎类。

【**主要特征**】成虫，体长 17 ～ 18mm，肩角间宽 5.0 ～ 5.5mm，腹末尾管长 10 ～ 13mm。体背面红褐色，头隐于前胸背板前下缘，黄褐色，单眼大，复眼近球形，红色。前胸背板半球形，两侧有明显的黑色斑纹，中脊高而呈圆弧形隆起。前翅基部暗褐色，其余褐色，2/3 处中间色稍淡，翅脉黄色，密网状。腹部末端背面黑色，马鞍状，后端有 1 圆形开口，上后角略尖出，下方伸出 1 对细长的突起，合并成 1 圆柱形长管，被黄褐色长毛，管的基半部紫红色，逐渐变得带黑色。（李国宏）

云管尾犁胸蝉成虫　（张培毅 摄）

白带尖胸沫蝉 *Aphrophora intermedia* Uhler

分类地位： 半翅目 Hemiptera 沫蝉科 Cercopidae 尖胸沫蝉属 *Aphrophora*
分　　布： 河北、黑龙江、陕西、浙江、四川、湖南、湖北、江西、福建、贵州、云南；日本。
寄主植物： 桑、桃、梨、樱桃、枣、苹果、葡萄、杨树、蒙古栎。

【**主要特征**】成虫，体长 11 ～ 12mm。体灰褐色，颜面较平，有明显的中脊，横沟暗褐色；冠短阔，有明显的中脊。复眼长卵形，单眼红色。喙长，端节黑色，伸达后足基节。前胸背板长宽略相等，有中脊；前缘尖出，前侧缘短于后侧缘，后缘弧形凹入。前翅褐色，基部1/3处有明显的白色斜带，白色两侧黑褐色，端部1/3处灰白色。后翅灰褐色，透明。足黄褐色，腿节有纵的褐色条纹，前、中足胫节有褐斑，爪黑色。腹部腹面黑褐色。（王鸿斌）

白带尖胸沫蝉若虫 （张培毅 摄）

白带尖胸沫蝉成虫 （李国宏 摄）

碧蛾蜡蝉 *Geisha distinctissima* (Walker)

分类地位： 半翅目 Hemiptera 蛾蜡蝉科 Flatidae 碧蛾蜡蝉属 *Geisha*

分　　布： 山东、江苏、浙江、台湾、福建、江西、湖南、云南、四川、广东和东北地区；日本。

寄主植物： 柑橘、刺枣、柿、桑、桃、李、杏、苹果、梨、梅、杨梅、葡萄、无花果、茶、栗、白蜡、甘蔗、花生、菊。

【主要特征】 成虫，体长7mm左右，翅展20～22mm。体为鲜艳的黄绿色。顶短，略向前突出，侧缘脊状，带褐色；额长大于宽，具中脊，侧缘脊状带褐色；前胸背板短，前缘中部呈弧形突出达复眼前沿，后缘弧形凹入，具淡褐色纵带2条；中胸背板很长，中域平坦，具互相平行的纵脊3条及淡褐色纵带2条。腹部淡黄褐色，被白粉。前翅宽阔，外缘平直，有1条红色细纹绕过顶角经过外缘伸达后缘爪片末端，翅脉黄色。后翅灰白色，翅脉淡黄褐色。足胫节和跗节色略深。

【生活史及习性】 渐变态发育，在福建1年1代，而在广西则1年2代，第

1代成虫发生在6、7月，第2代在10月下旬至11月。若虫在3、4月开始发生，直至11月下旬，通常以卵越冬。

【防治】①改善植物通风透光条件，合理修剪，秋冬季节剪去枯枝和有虫枝条并销毁，以降低虫口密度和杀灭虫卵。②人工捕杀。③利用频振式杀虫灯诱杀。④化学防治以吡虫啉为首选药剂，具有低毒高效的特点。（李国宏）

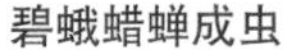

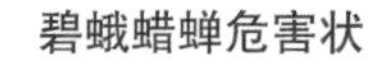

碧蛾蜡蝉成虫　（李国宏 摄）

碧蛾蜡蝉危害状　（张培毅 摄）

斑衣蜡蝉 *Lycorma delicatula* (White)

分类地位： 半翅目 Hemiptera 蜡蝉科 Fulgoridae

分　　布： 北京、河北、陕西、四川、浙江、江苏、河南、山东、广东、台湾。

寄主植物： 臭椿、香椿、刺槐、苦楝、楸、榆、青桐、白桐、悬铃木、三角枫、五角枫、栎、女贞、合欢、杨、化香、珍珠梅、杏、李、桃、海棠、葡萄、黄杨、麻。

【主要特征】成虫，雌体长18～22mm，翅展50～52mm；雄体长14～17mm，翅展40～45mm。头小，头顶前方与额相连接处呈锐角。触角在复眼下方，鲜红色，柄节短圆柱形，梗节膨大成卵形，鞭节极细小，长仅为梗节的1/2。前翅长卵形，基部2/3淡褐色，上布黑色斑点10～20余个，端部1/3黑色，脉纹白色。后翅膜质，扇形，基部1/2红色，有黑色斑6～7个，翅中有倒三角形的白色区，翅端及脉纹为黑色。（王梅）

斑衣蜡蝉若虫（李国宏 摄）

斑衣蜡蝉成虫（王鸿斌 摄）

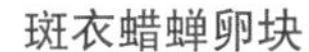

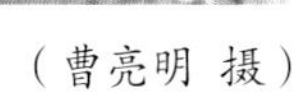

斑衣蜡蝉卵块（曹亮明 摄）

柿广翅蜡蝉 *Ricania sublimata* Jacobi

分类地位： 半翅目 Hemiptera 广翅蜡蝉科 Ricaniidae 广翅蜡蝉属 *Ricania*

分　　布： 河北、湖南、黑龙江、山东、江西、湖北、台湾、福建、广东、广西。

寄主植物： 栓皮栎、柿、山楂、柑橘、猕猴桃、葡萄、苹果、梨、桃、李、女贞、黄杨、樟树、油橄榄、栀子、咖啡、桑树、国槐、合欢、马褂木、枣树、银杏、广玉兰、苦楝、盐肤木、吴茱萸等。

【主要特征】成虫，体长 8～10mm，翅展 29～32mm。头及胸背黑褐色，额黑色，复眼红褐色。中脊明显，前胸背板有中脊，中胸盾片有 3 条中脊。腹部灰褐色，肛节色较深。足棕褐色。翅黑褐色，不透明；前翅三角形，端缘比爪缘短，前缘基部略突出；前缘斑白色三角形。

【生活史及习性】陕西杨凌地区的 1 年发生 2 代，以卵越冬。越冬代卵 4 月下旬开始孵化，5 月中旬为孵化盛期。第 1 代若虫发生于 5 月上旬至 7 月中旬，成虫发生于 6 月中旬至 10 月上旬，6 月中旬成虫陆续出现，6 月下旬至 7 月中旬为羽化盛期，成虫寿命为 30～45d。6 月底至 7 月初成虫开始交尾，7 月上旬至 7 月中旬为雌虫产卵期，卵聚产。卵发育为 1 龄若虫需要 17～25d。第 2 代若虫发生于 7 月中旬至 9 月中旬，成虫发生于 9 月上旬至 10 月中旬，9 月上旬至 10 月上旬交配，10 月上中旬产卵，以卵滞育越冬，自然条件下翌年 5 月上旬开始孵化。（王鸿斌）

柿广翅蜡蝉成虫 （张培毅 摄）

东北丽蜡蝉 *Limois kikuchi* Kato

分类地位： 半翅目 Hemiptera 蜡蝉科 Fulgoridae 丽蜡蝉属 *Limois*

分　　布： 北京、河北、内蒙古、山西和东北地区。

寄主植物： 栎类（寄主植物新纪录）、杨柳、桦树。

【主要特征】成虫，中型蜡蝉，成虫体长 10mm，翅展 33mm；头、胸青灰褐色，分布大小不等的黑斑；头细小，前缘与额部相连处向后上方呈尖头角；额端角状，两侧有脊线，中域有脊 3 条；喙细长，伸达腹末；前胸背板肩有圆形黑斑，中胸背板侧脊线外有大黑斑 1 个；腹背线黄色，各腹节前缘有黑横带 1 条；前翅近基部 1/3 处米黄色或具浅粉色，散生褐斑，外侧有不规则大型斜纹褐斑，其余部分透明。后翅透明，基部 1/2 橘红色；后足胫节有 5 刺。

东北丽蜡蝉成虫 （唐冠忠 摄）

【生活史及习性】1 年 1 代，以卵越冬。成虫和幼虫吸食寄主植物汁液。北京、河北承德 8—9 月见成虫活动，常见于林间树木枝干上，有趋光性。

【防治】药剂防治，幼虫期喷施 10% 吡虫啉乳油 1500 倍液。成虫期人工捕杀或喷洒 5% 氟铃脲乳油 2000 倍液。（唐冠忠）

延安红脊角蝉 *Machaerotypus yan-anensis* Chou et Yuan

分类地位： 半翅目 Hemiptera 角蝉科 Membracidae 脊角蝉属 *Machaerotypus*
分　　布： 北京、河北、陕西。
寄主植物： 板栗、胡桃、栓皮栎、杨树、苹果、杏、柳、小叶锦鸡。

【主要特征】成虫，体长 6.8 ～ 7.6mm；体黑色，复眼、前胸背板侧脊及后突起橘红色；前胸背板上的橘红色“Y”字形侧臂较细，远细于两臂之间的黑色区域。

【生活史及习性】以成虫越冬。北京、河北承德 3—5 月见成虫活动。（唐冠忠）

延安红脊角蝉成虫　（唐冠忠 摄）

大青叶蝉 *Cicadella viridis* (Linnaeus)

分类地位： 半翅目 Hemiptera 叶蝉科 Cicadellidae 叶蝉属 *Cicadella*

分　布： 河北、黑龙江、吉林、辽宁、内蒙古、河南、山东、山西、陕西、青海、新疆、湖北、湖南、四川、江西、安徽、江苏、浙江、福建、台湾；朝鲜、日本、俄罗斯、加拿大、欧洲。

寄主植物： 高粱、玉米、粟、小麦、稻、甘蔗、麻、落花生、豆类、蔬菜、桑、梨、桃、栎、苹果、杨、柳、洋槐等多种禾本科、豆科、十字花科、杨柳科、蔷薇科植物，共 39 科 160 多种。

【主要特征】成虫，体长 7.2 ～ 10.1mm，青绿色。头部颜面淡褐色，后唇基的侧缘、中间的纵条及每侧一组弯曲的横纹黄色，颊区在近唇基缝处有 1 小黑斑，触角窝上方有黑斑 1 块；头冠部淡黄绿色，前部左右各有 1 组淡褐色弯曲横纹，近后缘处有 1 对不规则的多边形黑斑。前胸背板淡黄绿色，后半深青绿；小盾板淡黄绿色，中间横刻痕较短；前翅绿色带有青蓝色泽，前缘淡白色，端部透明，翅脉为青黄色，具有狭窄的淡黑色边缘；后翅烟黑色，半透明。胸足橙黄色，跗爪及后足胫节内侧的细小条纹黑色，后足胫节刺列的刺基部黑色。

【生活史及习性】在吉林 1 年 2 代，以卵在果树林木 2 ～ 3 年生幼嫩枝条或幼树枝干表皮层下越冬。第1代若虫4月下旬至5月中旬孵化。若虫共5龄，历期30～45d，6月上旬至7月上旬陆续羽化为第1代成虫，经20～30d补充营养，第2代卵多于7月上中旬产在禾本科作物和杂草的茎秆、叶鞘或叶片主脉内。第2代若虫高峰出现在8月中旬左右，第2代成虫多在8月下旬至9月中旬羽化，9月下旬至10月上中旬成虫则陆续转移到附近果树和林木上产卵越冬。

【**防治**】因地制宜，夏季搞好清洁田园，铲除杂草，剪除卵枝，枝干喷刷涂白剂，以及在若虫孵化盛期或初孵若虫集中在矮小植物上时进行药剂防治。也可在秋季结合防治秋菜上的菜蚜进行兼治，这对减轻对果林的危害有较大作用，但用药种类需选用低毒、低残留的品种。一般可将秋季成虫迁回果林后，但尚未产卵前作为化学防治的关键时期，即北方大多数地区于9月下旬至10月中旬，喷施合成菊酯类乳油4000～5000倍稀释液或40%氧化乐果乳油1000～1500倍稀释液，因其成虫、若虫活泼好动，能飞善跳，化学防治应尽力大面积同时进行，喷药时间以早晚或气温较低时为宜。同时还要注意搞好综合防治，例如可结合其他害虫的防治设置黑光灯、高压汞灯等诱杀成虫。（李国宏）

大青叶蝉成虫（李国宏 摄）

4

食根害虫

Root-feeding insect pests

大地老虎 *Agrotis tokionis* Butler

分类地位：鳞翅目 Lepidoptera 夜蛾科 Noctuidae 地夜蛾属 *Agrotis*
分　　布：江西、江苏。
寄主植物：栎、蔬菜、果树幼苗。

【**主要特征**】成虫：体长 20 ～ 22mm，翅展 52 ～ 62mm，赭褐色。前翅褐色，前缘自基部至 2/3 处黑褐色；肾状纹、环状纹、楔状纹明显，周缘均围以黑褐色边，肾纹外方有黑色条斑；后翅淡褐色，外缘具很宽的黑褐色边。

卵：半球形，长 1.8mm，高 1.5mm，初淡黄色，后渐变黄褐色，孵化前灰褐色。

幼虫：老熟幼虫体长 41 ～ 61mm，黄褐色，体表皱纹多。各腹节体背前后 2 个毛片，大小相似。臀板除末端 2 根刚毛附近为黄褐色外，几乎全为深褐色，且全布满龟裂状皱纹。

蛹：体长 23 ～ 29mm，黄褐色。腹部第 4 ～ 7 节前缘有圆形刻点，背面中央的刻点较大，腹端具臀棘 1 对。

【**生活史及习性**】1 年发生 1 代，以低龄幼虫在表土层或草丛根茎部越冬。翌年 3 月开始活动。幼虫咬断苗根、茎，啮食幼苗嫩茎或苗木生长点，常造成缺苗断垄，影响生产。5—6 月钻入土层深处筑土室越夏，8 月化蛹，9 月成虫羽化后产卵于表土层，10 月中旬幼虫入土越冬。

幼虫除主要啃食蔬菜、果树根部外，也可啃食栎树幼苗根部。

（任雪毓）

大地老虎成虫　　（张培毅 摄）

黄地老虎 *Agrotis segetum* (Denis et Schiffermüller)

分类地位： 鳞翅目 Lepidoptera 夜蛾科 Noctuidae 地夜蛾属 *Agrotis*
分　　布： 西北、西南、东北、华北、中南地区；欧洲、亚洲。
寄主植物： 栎、蔬菜、果树幼苗。

【主要特征】成虫：体长 15 ～ 18mm，翅展 32 ～ 43mm。全体黄褐色。前翅基线，内、外横线及中横线多不明显，肾状纹、环状纹、棒状纹则很明显。

卵：高 0.44 ～ 0.49mm，宽 0.69 ～ 0.73mm。扁圆形，顶部较隆起，底部较平，黄褐色。

幼虫：体长 35 ～ 45mm，宽 5 ～ 6mm，黄色，腹部末节硬皮板中央有黄色纵纹，两侧各有 1 个黄褐色大斑。初产乳白色，半球形，直径 0.5mm，卵壳表面有纵脊纹，以后渐现淡红色波纹，孵化前变为黑色。幼虫与小地老虎相似，其区别为：老熟幼虫体长 33 ～ 43mm，体黄褐色，体表颗粒不明显，有光泽，多皱纹。腹部背面各节有 4 个毛片，前方 2 个与后方 2 个大小相似。臀板中央有黄色纵纹，两侧各有 1 个黄褐色大斑。腹足趾钩 12 ～ 21 个。蛹体长 16 ～ 19mm，红褐色，腹部末节有臀刺 1 对，腹部背面第 5 ～ 7 节刻点小而多。

【生活史及习性】此虫在新疆北部 1 年发生 2 代，河北、内蒙古、陕西、甘肃河西及新疆南部、黄淮地区 3 代，山东 3 ～ 4 代。以蛹及老熟幼虫在土中约 10cm 深处越冬。在新疆北部调查 89.2% 以老熟幼虫，少数以 4 ～ 5 龄幼虫在田埂上越冬。在内蒙古、山东危害盛期为 5—6 月，在新疆则在春季秋季两度严重危害。

此虫的生活习性与小地老虎相似。每头雌蛾可产卵 300 ～ 600 粒。产卵量也与补充营养的状况有关。产卵期约 3 ～ 4d。喜在土质疏松，植株稀少处产卵。一般 1 个叶片 3 ～ 4 粒，至 10 余粒不等，最多可达 30 余粒。卵通常在叶背面，也有少数产在叶正面，或嫩尖，幼茎上。成虫

黄地老虎成虫　　（李国宏 摄）

有趋光性，对糖醋液也很喜好。

初孵幼虫有食卵壳习性，常食去一半以上的卵壳。1 龄幼虫一般咬食叶肉，留下表皮，也可聚于嫩尖咬食。2 龄幼虫咬食叶肉，也可咬断嫩尖，造成断头。3 龄幼虫常咬断嫩茎。4 龄以上幼虫在近地面将幼茎咬断。6 龄幼虫食量剧增，一般一夜可危害 1 ～ 3 株幼苗，多达 4 ～ 5 株，茎干较硬化时，仍可在近地面处将茎干啃食成环状，使整株蔫萎而死。

幼虫除可啃食作物、果树根部外，也可啃食栎树幼苗根部。（李国宏）

黄斑短突花金龟 *Glycyphana fulvistemma* Motschulsky

分类地位： 鞘翅目 Coleoptera 花金龟科 Cetoniidae 短突花金龟属 *Glycyphana*
分　　布： 河北、山西、湖南、云南、西藏、内蒙古、山东、江西、福建、广西和东北地区；朝鲜、日本。
寄主植物： 柑橘、油桐、苹果、梨、桃、杨、栎、柳、棉花等植物的花。

【**主要特征**】成虫，体长 10 ～ 14mm，宽 6.0 ～ 7.5mm。体黑色，体上被天鹅绒般黑色薄层和黄色绒斑，鞘翅中后部的外侧有 1 横向边缘不整齐的黄色大斑。唇基前缘有较深中凹，两侧边框较平行。触角较短，深褐色。前胸背板短宽；近椭圆形，密布较浅刻点，盘区有 4 个黄绒斑。小盾片为长三角形，末端较钝。鞘翅近椭圆形，每翅有 5 条由弧形皱纹组成的刻点形，近侧缘的刻点较密。臀板短宽，散布横向皱纹，两侧近基角各有 1 圆形黄绒斑，中间有的有 1 小斑。中胸腹突短宽。前缘弧形，近前缘有 1 横向小沟。后胸腹板两侧密布皱纹和黄色绒毛。腹部光滑，散布粗疏弧形皱纹和短绒毛。前足胫节外缘 3 齿，跗节稍细长。（李国宏）

黄斑短突花金龟成虫　（李国宏 摄）

斑青花金龟 *Oxycetonia bealiae* (Gory et Percheron)

分类地位： 鞘翅目 Coleoptera 花金龟科 Cetoniidae 青花金龟属 *Oxycetonia*

分　　布： 江苏、安徽、浙江、湖北、江西、湖南、福建、广东、海南、广西、四川、云南、西藏；印度、越南。

寄主植物： 白蜡、柑橘、栎类、女贞等。

【主要特征】成虫，体长 13 ～ 17mm，宽 6 ～ 10mm。本种与小青花金龟近似，但体型较宽大，前胸背板和鞘翅上各有 2 个大斑，有时前胸背板无斑；鞘翅常有明显刻点行，无毛或几无绒毛；体色为黑色或暗绿色，体背除了大斑外还有较多小绒斑，但有些绒斑较少。唇基前面强烈收狭，前缘稍上翘，中凹较深；背面密布小刻点，两复眼之间密布长绒毛。前胸背板近于椭圆形，后角圆；背面微鼓，盘区刻点较稀，两侧密布粗大刻点和皱纹，中间 2 个斑为黑色或暗绿色，前胸背板是褐黄色，大斑近于三角形，通常大斑的中央有 1 浅黄色小绒斑，但前胸背板上无大斑的类型也有小绒斑。小盾片平，几无刻点。鞘翅表面的褐黄色大斑几乎占据了每个翅总面积的 1/3，大斑的后外侧有 1 横向、近于三角形绒斑，有些还有不规则小绒斑。臀板中部横排 4 个浅黄色绒斑。中胸后侧片、后胸前侧片、后足基节外侧和腹部第 1 ～ 4 节的两侧都有不同形状的浅黄色绒斑。（李国宏）

斑青花金龟成虫 （李国宏 摄）

小青花金龟 *Oxycetonia jucunda*（Faldermann）

分类地位： 鞘翅目 Coleoptera 花金龟科 Cetoniidae 青花金龟属 *Oxycetonia*

分　　布： 东北、西北、华北、华中、华东、华南、西南地区；俄罗斯、朝鲜、日本、尼泊尔、印度、孟加拉国、北美洲。

寄主植物： 棉花、板栗、桃、杏、苹果、梨、李、柞树、栎类等。

【**主要特征**】成虫，体长 11 ～ 16mm，宽 6 ～ 8mm。体色变化很大，绿色、黑色、暗红色、褐色等，散布较多各种形状的斑纹；唇基狭长，前部强烈变窄，前缘中凹较深；背面密布小刻点，头部密被长绒毛。前胸背板稍短宽，近于椭圆形，密布小刻点和长绒毛，两侧的刻点和皱纹较密粗，盘区两侧各有 1 个白绒斑，近边缘的斑点较分散，有些前后相连接，但也有些无斑。小盾片狭长，末端钝。鞘翅稍狭长，肩部最宽，表面遍布稀疏弧形刻点和浅黄色长绒毛，并散布较多白绒斑。通常外侧和近翅缝各有 3 个，其中外侧的中部和顶端 2 个较大，肩突内侧常有 1 个或几个小斑。臀板略短宽，密布粗糙横向皱纹，近基部横排 4 个圆形白绒斑。腹部光滑，散布稀疏刻点和长绒毛，1 ～ 4 节两侧各有 1 个白绒斑。

【**生活史及习性**】华北 1 年发生 1 代，以成虫土中越冬。第 2 年 4—5 月出土活动；成虫喜食花器，卵散产在土中、杂草或落叶下。尤喜产卵于腐殖质多的场所。幼虫孵化后以腐殖质为食，长大后危害根部，老熟后化蛹于浅土层。

小青花金龟成虫 （张培毅 摄）

【**防治**】成虫趋光诱杀、化学农药浇根、拌土等。（李国宏）

白星花金龟 *Protaetia brevitarsis* (Lewis)

分类地位： 鞘翅目 Coleoptera 花金龟科 Cetoniidae 星花金龟属 *Protaetia*

分　　布： 河北、山西、河南、湖南、湖北、台湾、四川、云南、西藏和东北、西北、华东地区；俄罗斯、朝鲜、日本、蒙古。

寄主植物： 苹果、桃、梨、李、杏、榆、栗、栎类、海棠、樱桃、玉米、高粱、大麻等。

【**主要特征**】成虫，体长 17～24mm，宽 9～12mm。古铜色或青铜色，体表光亮，散布许多不规则白绒斑。唇基近方形，前缘上卷，具中凹，两侧有边框。前胸背板稍短宽，侧缘外弧，背面常有 2～3 对排列不规则的白绒斑。两侧具白斑或沿边框有白绒带。鞘翅长大，遍布粗糙刻纹，鞘翅白斑中后部较密集。臀板短宽，密布皱纹和黄茸毛，每侧有 3 个白绒斑。前足胫节外缘 3 齿，后足基节后外端角尖锐。

白星花金龟成虫　（张培毅 摄）

【**生活史及习性**】新疆、河南、山东、吉林等地区均 1 年发生 1 代，1 代幼虫在土壤中越冬。成虫出现于 5 月，羽化盛期在 6—7 月；一般卵期始于 6 月下旬，终于 10 月上旬；幼虫期自 7 月中旬至翌年 4 月上旬，蛹期为 3 月下旬至 5 月下旬。白星花金龟卵期平均 10d 左右，幼虫期平均为 180d 左右，在野外成虫寿命 90～130d 左右，完成 1 代共需要 319～359d。

【**防治**】利用糖醋液及腐烂果品、性引诱剂诱杀白星花金龟成虫进行防治。（李国宏）

铜绿异丽金龟 *Anomala corpulenta* Motschulsky

分类地位： 鞘翅目 Coleoptera 丽金龟科 Rutelidae 异丽金龟属 *Anomala*

分　　布： 黑龙江、辽宁、山西、河北、内蒙古、河南、山东、宁夏、陕西、安徽、江苏、江西、湖南、湖北、浙江、四川；朝鲜、日本。

寄主植物： 杨、柳、榆、松、杉、栎、油桐、油茶、乌桕、板栗、核桃、柏、枫杨、苹果、沙果、花红、海棠、葡萄、丁香、杜梨、梨、桃、杏、樱桃。

【**主要特征**】成虫：体长 15 ～ 18mm，宽 8 ～ 10mm。背面铜绿色，有光泽。头部较大，深铜绿色，唇基褐绿色，前缘向上卷。复眼黑色大而圆。触角 9 节，黄褐色。前胸背板前缘呈弧状内弯，侧缘和后缘呈弧形外弯，前角锐，后脚钝，背板为闪光绿色，密布刻点，两侧有 1mm 宽的黄边，前缘有膜状缘。鞘翅为黄铜绿色，有光泽，有不甚明显的隆起带，会合处隆起带较明显。胸部腹板黄褐色有细毛。腿节黄褐色，胫节、跗节深褐色，前胫节外侧具 2 齿，对面生 1 棘刺，跗节 5 节，端部生 2 个不等大的爪。前、中足大爪端部分叉，小爪不分叉；后足大爪不分叉。腹部米黄色，有光泽，臀板三角形，上常有 1 个近三角形黑斑。雌虫腹面乳白色，末节为棕黄色横带；雄虫腹面棕黄色。雄性外生殖器的基片、中片和阳基侧突三部几相等，阳基侧突左右不对称。

卵：白色，初产时为长椭圆形，长 1.65 ～ 1.94mm，宽 1.30 ～ 1.45mm，以后逐渐膨大至近球形，长 2.34mm，宽 2.16mm，卵壳表面平滑。

幼虫：3 龄幼虫平均头宽 4.8mm。头部暗黄色，近圆形，头部前顶毛两侧各为 8 根，排 1 纵列；后顶毛 10 ～ 14 根，额中侧毛两侧各 2 ～ 4 根。下颚叶愈合。前爪大，后爪小。腹部末端 2 节自背面观，为褐色且带有微蓝色。臀部腹面具刺毛列，每列多由 13 ～ 14 根长锥刺组成，2 列刺尖相交或相遇，其后端稍向外岔开，钩状毛分布在刺毛列周围。

蛹：椭圆形，长约 18mm，宽约 9.5mm，略扁，土黄色，末端圆平。腹部背面有 6 对发音器。雌蛹末节腹面平坦且有 1 细小的飞鸟形皱纹，雄蛹末节腹面中央阳基呈乳头状突起。

【**生活史及习性**】此虫 1 年发生 1 代，以 3 龄幼虫在土中越冬。翌年春季，越冬幼虫开始活动、取食危害。华北地区一般 4 月中下旬开始活动，5 月份开始化蛹，成虫的出现南方略早于北方，一般在 6 月中下旬至 7 月上旬为高峰期，适宜活动温度 23 ~ 25℃。到 8 月下旬终止，9 月上旬绝迹。成虫高峰期开始见卵，幼虫于 8 月出现，11 月进入越冬期。

成虫羽化出土与 5、6 月份降雨量有密切关系，如 5、6 月份雨量充沛，出土较早，盛发期提前。成虫白天隐伏于灌木丛、草皮或表土内，黄昏时分出土活动，活动适宜气温为 25℃以上，相对湿度为 70% ~ 80%，低温和降雨天气成虫很少活动，闷热无雨的夜晚活动最盛。

铜绿异丽金龟成虫　　（李国宏 摄）

成虫食性杂，食量大，群集危害发生较多的年份，林木果树的叶片常被吃光，尤其对小树幼林危害严重，被害叶呈孔洞缺刻状。

成虫有假死性和强烈的趋光性，对黑光灯尤其敏感，能从远处慕光而来，并在灯下反复短距离起飞，拥集在光亮处。成虫交尾多在寄主树上进行，每晚先交尾后取食，夜间 21 时至 22 时为活动高峰，后半夜逐渐减少，凌晨潜回土中。雌雄成虫趋光性比，几乎各半，前期雄虫多些，后期雌虫多些。

成虫傍晚从果园周围飞向果树，整夜取食，次日黎明前飞离树冠，中途如遇到高大的杨树防护林带，有猛然落地潜土习性。

成虫一生交尾多次，平均寿命为 30d，产卵多选在果树下 5 ~ 6cm 深土壤中或附近农作物根系附近土中，卵散产，每头雌虫平均产卵 40 粒，卵期 10d，在土壤含水量适宜情况下，孵化率几乎为 100%。

幼虫主要危害林、果根系和农作物地下部分，1、2 龄幼虫多出现在 7、8 月份，食量较小，9 月份后大部分变为 3 龄，食量猛增，越冬后又继续危害到 5 月。幼虫一般在清晨和黄昏由深处爬到表层，咬食苗木近地面的茎部、主根和侧根。被害严重时，根茎弯曲、枯死，叶子枯黄。幼虫 1 龄历期 25d，头宽 1.79mm；2 龄 23.1d，头宽 3mm；3 龄 27.9d，头宽 4.79mm。老熟幼虫于 5 月下旬至 6 月上旬进入蛹期，化蛹前先做 1 个土室。预蛹期 13d，蛹期 9d。羽化前蛹的前胸背板和翅芽、足先变为绿色。

【防治】①营林措施。选择抗虫品种，加强栽培管理，增强树势，提高植株抗性。结合冬、春季深耕翻土，捕杀幼虫、蛹和成虫，降低害虫基数。农家肥、土杂肥等一定要充分腐熟方可施用。清园除去杂草、杂物、落叶等，降低铜绿丽金龟幼虫、蛹等越冬数量。在周边种植铜绿丽金龟喜食而又能使其中毒的蓖麻，让其食叶中毒死亡。②物理措施。人工捕捉。一般6—7月傍晚雨后为铜绿丽金龟羽化期，常集中飞出，觅偶、交配、取食等。此时可人工捕捉，捡拾喂鸡或做其他处理。③灯光诱杀。利用铜绿丽金龟成虫趋光性，于夜间悬挂黑光灯、紫光灯、频振式杀虫灯等诱杀成虫，集中处理。④糖醋酒液诱杀。利用铜绿丽金龟的趋化性，在果园每隔50m悬挂糖醋酒液罐诱杀，糖醋酒比例为糖：醋：酒：水=5:1:1:100。⑤化学措施。通过灌根、地表喷雾等处理效果明显。毒死蜱、辛硫磷、吡虫啉、氯虫苯甲酰胺、噻虫嗪、溴氰虫酰胺等。⑥生物措施。利用100亿/g孢子含量乳状芽孢杆菌，每亩用菌粉150g均匀撒入土中，可使铜绿丽金龟幼虫（蛴螬）感病致死，达到理想防治效果。利用昆虫病原线虫通过撒施、泼浇、喷雾等方法处理，可起到一定的防治效果。（任雪毓、王鸿斌）

蒙古异丽金龟 *Anomala mongolica* Faldermann

分类地位：鞘翅目 Coleoptera 丽金龟科 Rutelidae 异丽金龟属 *Anomala*
分　　布：吉林（白山、吉林、延边）、黑龙江、辽宁、内蒙古、河北、山东；俄罗斯。
寄主植物：栎类、大豆、刺槐、葡萄、苹果、杨、柳等的叶子，幼虫危害大豆、玉米的根。

【**主要特征**】成虫，体长15～25mm，宽8.6～12.0mm。体中到大型，长椭圆形，全体深绿到墨绿，有铜黄色金属光泽，腹面有紫色泛光，同时有全体靛蓝或茄紫色个体，背面不被毛。前胸背板相当隆拱，前缘有透明角质饰边，侧缘前段显著靠拢，最阔点后于中点，接近基部，侧缘疏列长毛，中纵可见微弱光滑纵带。体背面均匀密布有粗大圆深刻点。唇基梯形，前缘微弧形，头前部密布深大刻点，后头布

蒙古异丽金龟成虫　（王鸿斌 摄）

细密刻点。前足胫节外缘端部 2 齿，端齿前指尖锐，基齿钝；前足、中足大爪端部分裂为二。触角 9 节，鳃片部雄长雌短。小盾片呈三角形，宽略大于长，侧缘缓弧形，端钝，中央有深大刻点，侧缘及端部光滑。（任雪毓）

斑喙丽金龟 *Adoretus tenuimaculatus* Waterhouse

分类地位： 鞘翅目 Coleoptera 丽金龟科 Rutelinae 喙丽金龟属 *Adoretus*

分　　布： 广东、台湾、福建、浙江、江苏、江西、安徽、湖南、湖北、广西、四川、云南、河北、山东、河南、陕西、辽宁；日本、朝鲜、俄罗斯。

寄主植物： 刺槐、梧桐、油桐、栎类、板栗、茶、核桃、柿子、枣、苹果、梨、桉树、乌桕、黄檀、杨、柳、木槿、杏、棉花、大豆、向日葵。

【主要特征】成虫：长椭圆形。体长 10.0 ～ 11.5mm，宽 4.5 ～ 5.2mm。茶褐色，全身密生黄褐色鳞毛。唇基半圆形，前缘上卷。复眼较大。前胸背板侧缘呈弧状外突，后侧角钝角形。小盾片三角形。鞘翅上有 4 条纵线，并夹杂有较明显的灰白色毛斑。腹面栗褐色，具鳞毛。前足胫节外缘 3 齿，内侧具 1 个内缘距。后足胫节外缘有 1 个齿突。雄性外生殖器阳基侧突侧面观窄长形，钢笔尖状。

卵：长椭圆形。长 1.7 ～ 1.9mm，宽 1.0 ～ 1.7mm，乳白色。

幼虫：体长 13 ～ 16mm，乳白色，头部黄褐色。臀节腹面钩状毛稀少，散生，且不规则，数目为 21 ～ 35 根。

蛹：长 10mm 左右，前圆后尖。

【生活史及习性】此虫 1 年发生 2 代，以幼虫越冬。4 月下旬至 5 月上旬老熟幼虫开始化蛹，5 月中下旬出现成虫，6 月为越冬代成虫盛发期，并陆续产卵，6 月中旬至 7 月中旬为第 1 代幼虫期，7 月下旬至 8 月初化蛹，8 月为第 1 代成虫盛发期，8 月中旬见卵，8 月中下旬幼虫孵化，10 月下旬开始越冬。

成虫白天潜伏于土中，傍晚出来飞向寄主植物取食，黎明前全部飞走。阴天与大风天气对成虫出土数量和飞翔能力有较大影响。成虫可以取食多种植物，食量较大，有假死和群集危害习性，在短时间内可将叶片吃光，只留叶脉，呈丝络状。每头雌虫可产卵 20 ～ 40 粒，产卵厚 3 ～ 5d 死去。产卵场所以菜园、丘陵黄土以及粘壤性质的田埂内为最多。幼虫危害苗木根部，活动深度与季节有关，活动危害期以 3.3cm 左右的草皮下较多，遇天气干旱，入土较深，化蛹前先筑 1 个土室，化蛹深度一般为 10 ～ 15cm。

斑喙丽金龟成虫（张培毅 摄）

【**防治**】①人工捕捉。在成虫大量出土活动期，利用其假死性，于夜晚捕捉。②灯火诱杀。利用成虫的趋光性，于成虫盛发期，在周围空地设诱虫灯，或隔一定距离设火堆诱杀，同时结合人工捕捉。③中耕治虫。适时进行耕作，破坏幼虫和蛹的适生环境或直接杀死部分虫蛹，降低虫口数量，减轻危害。④药杀成虫。在成虫盛发期，于 19 时后喷施 80% 敌敌畏乳油 600 倍液，或 98% 巴丹可溶性粉剂 1000 倍液防治。（任雪毓、王鸿斌）

5 造瘿害虫

Gall-forming insect pests

栎空腔瘿蜂 *Trichagalma acutissimae* (Monzen)

分类地位：膜翅目 Hymenoptera 瘿蜂科 Cynipidae 瘿蜂亚科 Cynipinae 空腔瘿蜂属 *Trichagalma*
分　　布：河南、浙江、江苏、安徽、陕西等；日本。
寄主植物：麻栎、栓皮栎。

【危害状】危害栓皮栎的雄花及叶片，有性世代在花序危害，使栓皮栎柔荑花序的苞叶发育异常，并在其苞叶上形成直径 1.2 ～ 2.0mm 的椭球形虫瘿；无性世代在叶片叶脉上形成直径 0.5 ～ 0.8cm 的球形虫瘿。

【主要特征】成虫：体小型，黑色，雌虫 1.83 ～ 1.86mm，雄虫 1.90 ～ 1.91mm。触角棕色，雌虫 14 节，雄虫 15 节，长于头与胸之和。头部，具有均匀一致白毛，下颜面光滑且有光泽。额和头顶革质（雄虫额具有许多不明显的皱褶）。背面观头长约为宽的 2 倍，前观高为宽的 1.2 倍（雄虫约为 1.3 倍），雌虫头比胸稍窄（0.9∶1.0），雄虫头比胸稍宽（28.3∶27.5）。颊革质，稍微宽过复眼，颊宽度与复眼直径比例为 6.5∶10.1（雄虫不宽过后眼，比复眼直径短）。颊皮质，复眼高为长 0.3 倍（雄虫为 0.16 倍），颊沟缺失，POL 为 OOL 的 1.44 倍（雄虫为 1.56 倍），OOL 为侧单眼直径 2 倍（雄虫 1.73 倍），为 LOL 的 1.73 倍（雄虫为 1.61 倍）；后单眼与前单眼圆形，大小均等。触角窝直径相等，触角窝与复眼距离比触角窝直径稍短，下颜面具有从唇基发出的辐射状细沟，但不到达复眼。唇基长方形，平坦，革质；有深的前幕骨陷、口上沟、唇侧沟、唇基颊下线存

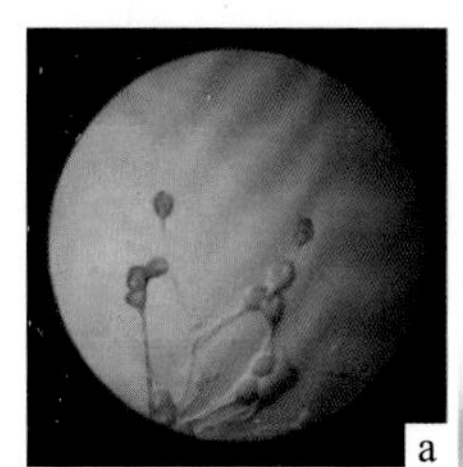
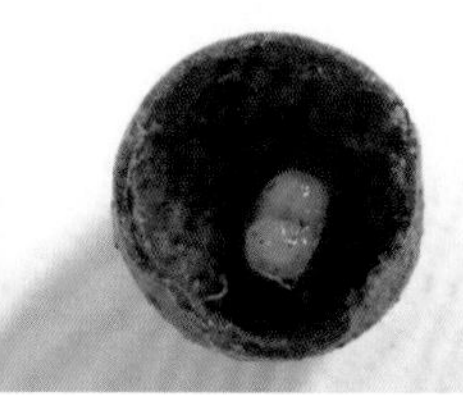

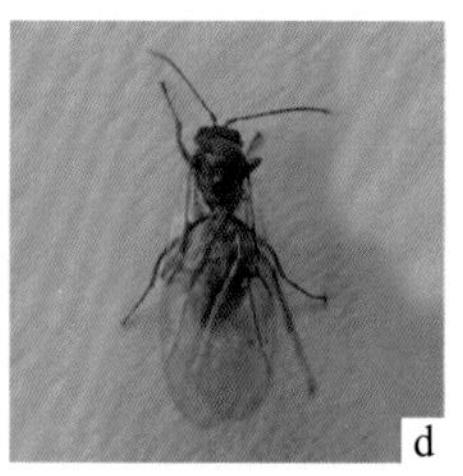

栎空腔瘿蜂无性代：a. 卵；b. 幼虫；c. 蛹；d. 成虫　　　　（薛爽 摄）

在。前侧突起，无中间刻纹，在单眼中间下方的额光滑亮泽，雄虫则具有网皱。头顶钝且具光泽（雄虫光滑），单眼之间区域稍隆起。胸部，侧面观，长大于高，背和侧无毛，并胸腹节有软毛，前胸背板弱皮质，并有不规则皱褶，在其边缘有明显的沟。中胸盾片光滑到皮质，无刺，沿着盾纵沟方向有很少的刚毛，宽大于长。盾纵沟浅，明显，不完全，至少到达中胸盾片一半。中线、前平行线、小盾片线消失。横裂缝缺失。中胸小盾片近圆形，约为中胸盾片长度的 0.6 倍，皮质并有光泽，两侧有网状纹，侧面观，伸到后胸背板。盾片凹缺失，前面有光滑窄凹陷（雄虫稍宽）。中胸侧板光滑，亮泽，中部具有不显著褶皱。中胸侧板三角区有横纹并生有少量白刚毛（雄虫无刚毛）。后胸侧板沟到达中胸侧板 1/3 高度以上，腋区有细小网状脊及少量刚毛，后腋区窄，光滑亮泽。后胸背板具有细小褶皱，后胸背板槽大，光滑亮泽，无刚毛。并胸腹节侧脊消失，有一些短的纵脊。并胸腹节侧区皮质多毛。翅，前翅长于身体，翅面多毛，并有缘毛，翅面没有黑色眼斑，径室开放型，径室长为宽的 3.6 倍（雄虫 3.4 倍），翅脉间隙大，三角形，Rs+M 脉到达翅基脉的 1/3。后翅具有浓密刚毛，R+Sc 翅脉旁具有 3 个翅钩。足，爪简单，无基齿。腹，短于头、胸长度之和，侧面观几乎等于其高度。光滑亮泽，无毛，第 2 腹板具少量白毛，侧缘中间凸起，侧面观，雌虫占腹部总长 1/3，雄虫占 3/5。肛下生殖节的腹刺突短，具浓密长毛并超过腹刺突顶端。产卵器，第 3 产卵瓣背部有 6 个小齿，第 1、2 产卵瓣在第 3 产卵瓣下方结合紧密，近端部有 2 个小齿。阳茎，阳茎基侧突基表面光滑，亮泽，端部有

栎空腔瘿蜂有性世代成虫：a. 雌；b. 雄 （薛爽 摄）

有性世代虫瘿 （薛爽 摄）

少量毛，背部有3个硬化的小齿，阳基腹铗基纵脊光滑，亮泽。

卵：0.2mm左右，乳白色，卵圆形。末端有1根细长的丝，约为卵长的3倍左右。卵表面具有1层较厚的卵鞘，淡灰色。

幼虫：无足型，乳白色，身体略成“C”型，中间略膨大。口器退化，仅剩有1对呈褐色的发达上颚。老熟幼虫复眼暗红色，体长2mm。

蛹：体长2.5mm，初蛹白色，近羽化时，蛹体逐渐变黑。

虫瘿，单室虫瘿位于栓皮栎柔荑花序雄花苞片上，椭球或近球形，虫瘿具毛，长径2.0mm，短径1.2mm。虫瘿浅黄色。虫瘿构造简单，外部为瘿壁，厚约0.1mm。

【生活史及习性】在河南林州1年发生2代，以卵在栓皮栎花芽内越冬，翌年4月上旬，在栓皮栎雄花序上形成虫瘿。有性成虫在4月中旬羽化出孔，雌成虫交尾后，产卵于栓皮栎嫩叶侧脉，5月中旬在叶片侧脉处形成球形虫瘿，幼虫在虫瘿内取食危害，9月上旬开始化蛹，11月上旬成虫羽化出孔，12月下旬羽化结束，历期长达1个多月。有性成虫羽化历期较短，主要集中在4月12—24日之间，有性成虫日出瘿高峰为4时至8时，无性成虫日出瘿高峰为8时至12时。有性成虫喜欢在有光照及静风下活动，8时至10时和16时至17时为成虫活动高峰，无性成虫在晴天10时至14时为活动高峰。

无性世代虫瘿（薛爽 摄）

【防治】在栎空腔瘿蜂有性世代成虫发生期间，喷洒有机磷类杀虫剂效果较好。利用成虫脱瘿规律来预报防治适期，若拟喷药2次，第1次应在成虫脱出20%时喷药，间隔7d喷进行第2次喷药。（薛爽）

库伯氏光背瘿蜂 *Cerroneuroterus vonkuenburgi* (Dettmer)

分类地位： 膜翅目 Hymenoptera 瘿蜂科 Cynipidae 瘿蜂亚科 Cynipinae
光背瘿蜂属 *Cerroneuroterus*

分　　布： 河南、台湾；日本、韩国。

寄主植物： 栓皮栎、麻栎。

【危害状】 有性世代虫瘿生长发育，使花序变形成如圆形棉花糖状、有许多白色细毛掺杂些许红色细毛的虫瘿，虫瘿直径可达 2.5 ～ 3.0cm，瘿内包含多个幼虫室，1 虫室含 1 个体。

【主要特征】 成虫，有性世代雄虫体色污黄色，头顶、盾纵沟围起之区域与小盾片深褐色，后躯背板上半部深褐色；雌虫头与中躯污黄色，后躯黑褐色，头顶至小盾片之间的深色区域与雄虫相同；触角总长的下半段污黄色，上半段褐色，雄虫触角长度略长于体长，雌虫触角长度略长于头加上中躯的长度；足皆为污黄色。雌雄虫体长相近，1.9 ～ 2.1mm。无性世代雌虫体色深褐色至黑色，脸部下方、颊、前胸背板与中胸侧片近后躯端色泽较浅；触角深褐色；足黄褐色，基节与跗节末节颜色较深；体型较有性世代个体硕大，体长 2.2 ～ 4.0mm。

有性世代虫瘿　（薛爽 摄）

【生活史及习性】 无性世代雌虫于冬季（12—1 月）陆续离瘿，在寄主植物的越冬花芽内产下产生有性世代个体的卵，有性世代虫瘿于 2 月底至 3 月初持续生长，使花序变形成如圆形棉花糖状、有许多白色细毛掺杂些许红色细毛的虫瘿，虫瘿直径可达 2.5 ～ 3.0cm，瘿内包含多个幼虫室，1 虫室含 1 个体。有性世代成虫于3月中旬至4月陆续离瘿，雌虫交尾后于当年新叶叶背产卵，产生无性世代幼虫，虫瘿雏形于 7 月在叶背形成，之后虫瘿持续成长至 11 月底才成熟，成熟虫瘿呈球形，外表披覆红褐色细毛，直径 5.0 ～ 8.0mm。成熟虫瘿大多自叶背脱落，或随寄主植物冬季落叶而一起掉落至地面落叶堆中，在瘿内化蛹、羽化并离瘿，成虫再度产卵于越冬花芽内，完成一年的世代循环。（薛爽）

盛冈纹瘿蜂 *Andricus moriokae* Tang & Melika

分类地位： 膜翅目 Hymenoptera 瘿蜂科 Cynipidae 瘿蜂亚科 Cynipinae 纹瘿蜂属 *Andricus*
分　　布： 河南；日本。
寄主植物： 槲栎、短柄枹栎。

【危害状】 有性世代在槲栎的叶片危害，使槲栎的新生叶片发育异常，并在其嫩叶上形成直径 1.4 ～ 5.3mm 的椭球形虫瘿。

【主要特征】 成虫，有性世代成虫体色深褐色；触角及足浅褐色，后足基节色泽较深；雌虫触角 13 节，略长于头加上中躯的长度；雄虫触角 15 节，略长于体长。雌虫体长 2.1 ～ 2.4mm，雄虫体长 2.1 ～ 2.3mm。头皮质，光滑发亮，具稀疏白毛，低颜面具密短毛。前观，宽为高的 1.4 倍。复眼后颊革质，未见其宽于复眼。低颜面皮质至革质具密短白毛，中央隆起区域革质，其横向间距为复眼高的 1.1 倍；唇基方形，长宽略相等，具较深的前幕骨坑，唇基横沟和侧沟明显。眼颚缝缺失，其长度为复眼高的 0.4 倍，唇基至复眼间具线条刻纹，

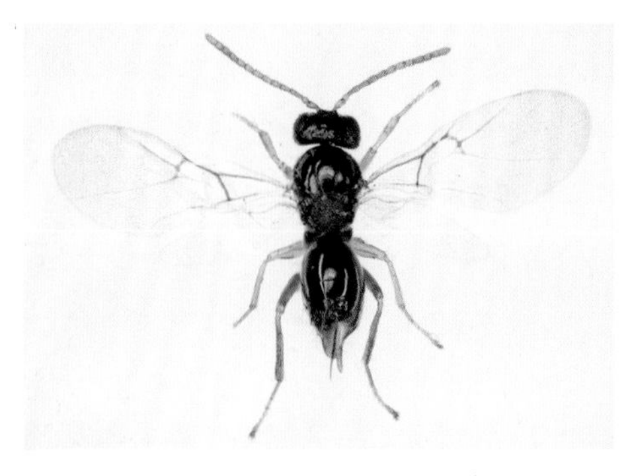
有性世代雌虫　（曹亮明 摄）

有性世代虫瘿　（薛爽 摄）

但线条刻纹未达到复眼内缘；触角槽直径长于触角槽间距，短于触角槽与复眼内缘间距。背观，头宽为中间长的 2.0 倍；后单眼间距为单复眼间距的 1.5 倍，侧单眼间距为侧单眼直径的 2.1 倍。单眼三角区凹陷、皮质、具细微网状刻点。

雌虫前胸背板中间光滑、皮质、无毛，前胸侧板具强烈刻纹和密白毛。侧观，胸部长略大于高；中胸背板皮质，中央区域光滑、光亮，盾纵沟完整，其沟顶端两侧具密长白毛，盾纵沟基部趋于汇合且沟较深，沟内光滑。中胸背板前平行沟、中沟、侧沟均缺失；中胸侧板光滑、光亮，无微弱横向刻纹。小盾片圆钝，长略大于宽，两侧凹陷，皮质，整个小盾片具强烈褶皱和稀疏长白毛；凹陷窝横向、卵形、深、光滑、光亮，无绒毛，相互由发达的窄脊分离，后端界限明显。并胸腹节侧脊明显，自中至后端向外强烈弯曲，细微皮质，中央区域具皮质，无绒毛，并胸腹节侧区具稀疏长白毛。后胸背板中央革质，侧具脊和毛；后胸背板槽皮质，腹缘凹陷，光滑、光亮，无皱褶。翅，前翅长于体，前翅翅缘具长缨毛。径室长为宽的 3.9 倍，Rs 脉直，到达翅边缘；翅脉 R_1 短，未到达翅缘；三角室存在，大且关闭；Rs+M 脉下端模糊不可见。腹长于胸；腹背板均光滑发亮无刻点；第 2 腹背板侧具 1 簇长毛；背观第 2 腹背板占总长的 2/3。肛下生殖节的腹刺突相对较粗且长，两侧具稀疏短毛，突出部分长为宽的 3 倍。

本种与台湾纹瘿蜂 *A. formosanus* 危害状相似，但触角节数不一。

无性世代成虫暂未可知。

【生活史及习性】有性世代发生于 3—4 月，3 月初可见幼虫在槲栎新生叶片群集造瘿，虫瘿内包含 1 虫室与 1 幼虫，经常数十个虫瘿聚生在一起使叶片呈现大面积的肿胀，3 月中旬至 4 月为成虫离瘿活动期。(薛爽)

汤川瘿蜂 *Cerroneuroterus yukawamasudai* Pujade-Villar et Melika

分类地位：膜翅目 Hymenoptera 瘿蜂科 Cynipidae 瘿蜂亚科 Cynipinae
似凹瘿峰属 *Cerroneuroterus*

分　　布：山东、江苏；韩国、日本。

寄主植物：麻栎和栓皮栎。

【危害状】无性世代在麻栎和栓皮栎的叶片上危害，在叶正面和背面形成直径 3.0 ~ 5.5mm，高 2.0 ~ 3.0mm 的扁圆形虫瘿。

【主要特征】成虫，无性世代雌虫体长 2.3 ~ 3.0mm。体黑色；触角、足、肛下板深棕色。触角细长，具 12 个鞭小节。头皮革质，头顶革质，无毛；低颜面具稀疏棕色短毛。正面观，宽为高的 1.4 倍。翅，透明，前翅长于体，无斑，边缘具长纤毛，R_1 直，接近翅缘；2r 弯曲，Rs 脉直，到达翅缘；三角室大；Rs+M 弯曲，达到基脉中高以下。

有性世代成虫暂未可知。

无性世代虫瘿　（薛爽 摄）

【生活史及习性】无性世代发生于 9—12 月，虫瘿内包含 1 虫室与 1 幼虫，经常数十个至几十个虫瘿聚生在一起，11 月为虫瘿发育成熟，从叶片掉落，以蛹越冬，至第 2 年 3 月化蛹。（薛爽）

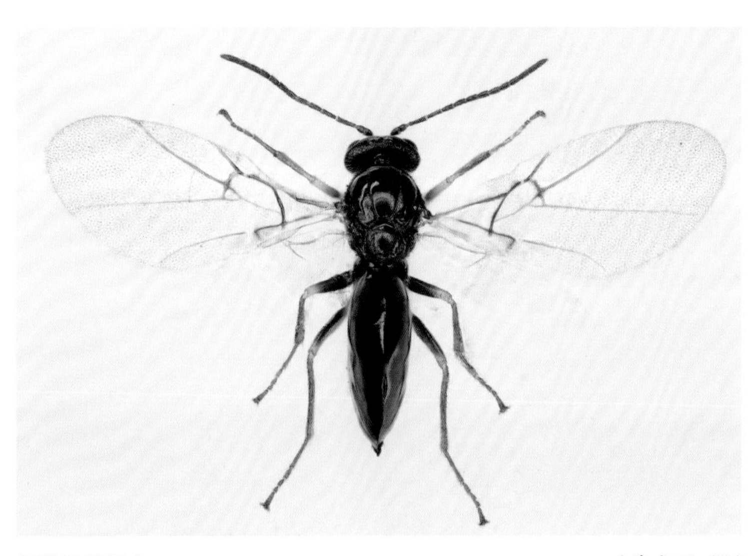

无性世代雌虫　（曹亮明 摄）

栎二叉瘿蜂 *Latuspina* sp.

分类地位：膜翅目 Hymenoptera 瘿蜂科 Cynipidae 二叉瘿蜂属 *Latuspina*
分　　布：河南（安阳、新乡等）。
寄主植物：栓皮栎。

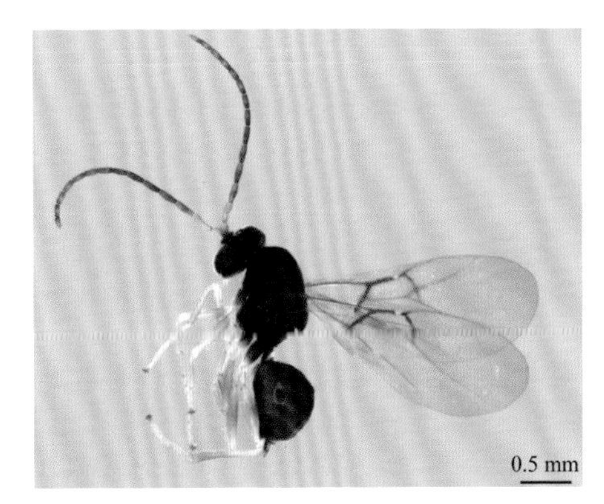

有性世代雄虫　（薛爽 摄）

【主要特征】有性世代在栓皮栎的叶片上危害，在新叶背面形成直径3.5～6.0mm的扁圆形虫瘿，引起叶片皱缩。

成虫：有性世代成虫体色黑色；触角淡黄色；足黄色。翅膜质，翅脉褐色。雌虫体长1.8～2.1mm，触角14节，长于头胸之和，梗节长与宽基本相等呈球形，具12个鞭小节，柄节至第3鞭小节淡黄色；雄虫体长1.7～2.0mm，触角15节，鞭小节13个，第1鞭小节略呈纺锤形，柄节至第1鞭小节淡黄色。

【生活史及习性】有性世代发生于3月底，成虫于4月中下旬陆续离瘿活动。

【防治】参见其他瘿蜂。（薛爽）

有性世代虫瘿　（薛爽 摄）

黑似凹瘿蜂 *Cerroneuroteros vonkuenburgi* (Dettmer)

分类地位： 膜翅目 Hymenoptera 瘿蜂科 Cynipidae 似凹瘿蜂属 *Cerroneuroterus*
分　　布： 江苏、台湾；日本。
寄主植物： 栓皮栎。

【危害状】 虫瘿位于叶背面，无性世代虫瘿每年 4 月底出现，10 月底虫瘿发育成熟，直径 0.7 ～ 0.9mm。

【生活史及习性】 在实验室条件下，11 月底至 12 月出瘿。

【防治】 同其他瘿蜂。（薛爽）

无性世代虫瘿　　（薛爽 摄）

台湾毛瘿蜂 *Trichagalma formosana* Melika et Tang

分类地位： 膜翅目 Hymenoptera 瘿蜂科 Cynipidae 毛瘿蜂属 *Trichagalma*
分　　布： 河南、台湾；日本。
寄主植物： 栓皮栎。

【**危害状**】在寄主植物枝条上形成球形虫瘿，表面光滑，未成熟虫瘿白色至嫩绿色，老熟虫瘿红褐色，多年虫瘿呈枯黄色；虫瘿直径 0.5 ～ 22.0mm。

【**主要特征**】成虫，雌虫体长 4.4 ～ 5.4mm，褐色。触角柄节、梗节及第 1、2 鞭小节褐色，第 3 鞭小节至末节黑色。翅黑褐色，具黑色斑纹。

【**生活史及习性**】本种为 2 年生。无性世代虫瘿最早于每年 7 月在栓皮栎枝条上出现，直径 0.5mm 左右，颜色白色，随着栎树的生长，虫瘿逐渐变绿膨大，至第 2 年 6 月转变为红色，瘿蜂在 11 月底至 12 月羽化。

【**防治**】羽化之前剪下带虫瘿的枝条。（薛爽）

无性世代成熟虫瘿　（薛爽 摄）

无性世代未成熟虫瘿　（薛爽 摄）

6
叶部病害
Leaf diseases

栎属炭疽病

病 原 菌： 胶孢炭疽菌 *Colletotrichum gloeosporioides* (Penz.) Penz. & Sacc. 1884

分类地位： 真菌界 Fungi 子囊菌门 Ascomycota 盘菌亚门 Pezizomycotina 粪壳菌纲 Sordariomycetes 肉座菌亚纲 Hypocreomycetidae 小丛壳目 Glomerellales 小丛壳科 Glomerellaceae 炭疽菌属 *Colletotrichum*

分　　布： 全球各地分布广泛。

寄主植物： 寄主范围非常广，除了栎属植物，还可以危害几百种植物。

【危害症状】 *C. gloeosporioides* 主要危害各种植物的果实、叶片和枝干等。叶片染病时产生黄褐色近圆形病斑，上生小黑粒。

【主要特征】 在 PDA 培养基上，菌落圆形，初期为白色，后期逐渐变为灰黑色；培养 5 ～ 6d 后，肉眼可见菌落中间出现粉红色分生孢子团；分生孢子长圆形或圆桶形，单孢，无色，大小均匀，大小为 1.5 ～ 2μm × 5 ～ 7μm。*C. gloeosporioides* 可以生活在生物营养和腐生的生活方式之间。病原体更喜欢活的宿主，但是一旦宿主组织死亡，或者病原体发现自己在没有宿主的土壤中存活，它可以切换到腐生的生活方式，以死去的植物残体为食。

栎属炭疽病危害状　　（李永 摄）

【发病规律】 病原菌以菌丝体或分生孢子在病部越冬，翌年在温湿度适宜时产生分生孢子，这些分生孢子通过雨溅或风传播到新的感染区，如叶片、枝干、或花。病原体在生长中继续产生分生孢子，导致多循环病害。

【防治】施用广谱杀菌剂，如百菌清或代森锰锌等，可在生长季节开始时施用，以防止感染。（边丹然）

栎属斑点病

病 原 菌： 果生炭疽菌 *Colletotrichum fructicola* Prihast., L. Cai & K. D. Hyde 2009

分类地位： 真菌界 Fungi 子囊菌门 Ascomycota 盘菌亚门 Pezizomycotina 粪壳菌纲 Sordariomycetes 肉座菌亚纲 Hypocreomycetidae 小丛壳目 Glomerellales 小丛壳科 Glomerellaceae 炭疽菌属 *Colletotrichum*

分　　布： 全球各地分布广泛。

寄主植物： 栎属植物，寄主范围广。

【危害症状】主要侵染各种植物的叶片等，叶片染病时产生灰白色圆形病斑。

栎属斑点病　　（李永 摄）

【主要特征】菌丝为透明、分隔、分枝状，无刚毛。培养7d后，在短小的分生孢子梗上产生大量分生孢子。分生孢子透明，圆柱形，直，末端纯圆形。分生孢子萌发时，从末端或偶尔从侧面产生1或2条长的圆形透明芽管。附着体为椭圆形至梭形，边缘光滑，不裂，棕色至深褐色，含有灰色颗粒。子囊，棍棒状至伞形，每个子囊孢子有8个透明的点状纺锤形至稍弯曲的子囊孢子，末端呈圆形。分生孢子平均长11.8～14.1μm，宽4.3～6.0μm，子囊孢子长17.2～20.8μm，宽4.9～5.6μm，不同菌株间分生孢子或子囊孢子的长度和宽度有显著差异（$p<0.001$）。

【防治】广谱杀菌剂，如百菌清或代森锰锌等，可在生长季节开始时施用，以防止感染。（边丹然）

青冈叶水疱病

病 原 菌： 栎缩叶病菌 *Taphrina caerulescens* (Desm. & Mont.) Tul. 1866

分类地位： 真菌界 Fungi 子囊菌门 Ascomycota 外囊菌亚门 Taphrinomycotina
外囊菌纲 Taphrinomycetes 外囊菌亚纲 Taphrinomycetidae 外囊菌目 Taphrinales
外囊菌科 Taphrinaceae 外囊菌属 *Taphrina*

分　　布： 中国江西、云南；美国南部。

寄主植物： 青冈。

【危害症状】受感染的叶片在早春出现隆起、不规则的病变，叶组织后期坏死。在美国南部，橡树叶水疱会导致各种橡树的落叶，有时甚至死亡。

【主要特征】*Taphrina caerulescens* 是一种既寄生又腐生的子囊菌，具有不同的形态。在寄生期，病原菌在叶芽萌发时就感染了叶片。感染刺激寄主植物肥大和畸形，产生水疱样过度生长，并在叶片表面形成一层子囊。芽生孢子，通常称为分生孢子，在子囊内直接从子囊孢子萌发。这些子囊孢子被强力排出，可以重新感染宿主或产生腐生阶段，在这个阶段真菌以类似酵母的形式生长。其中一些体细胞在嫩枝上或芽鳞间越冬，并在春季引起新的感染。（李永）

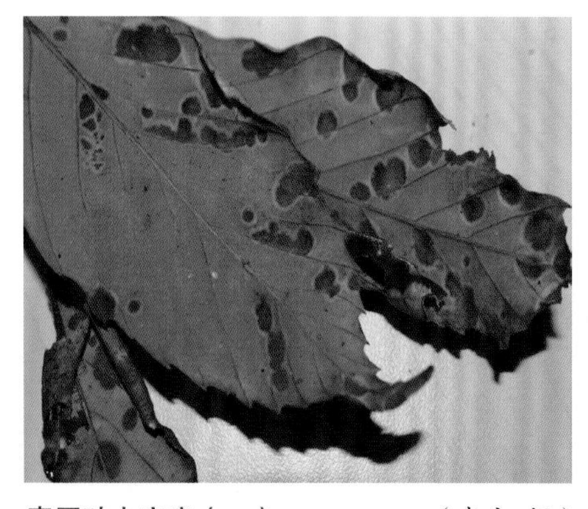

青冈叶水疱病（一）　（李永 摄）

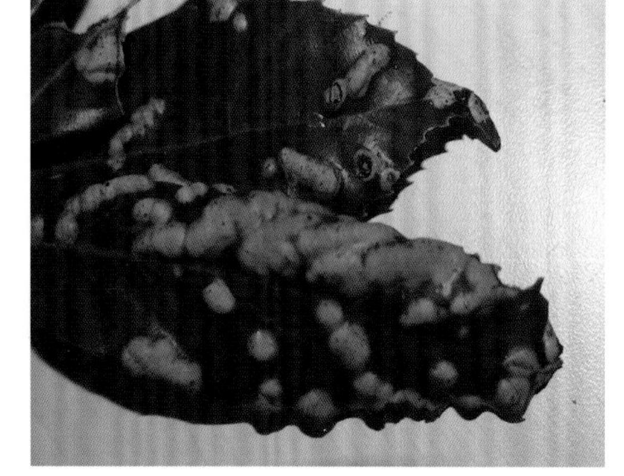

青冈叶水疱病（二）　（李永 摄）

栓皮栎黑斑病

病 原 菌： 干孢盾壳椿启介菌 *Tubakia dryina*（Sacc.）B. Sutton 1973

分类地位： 真菌界 Fungi 子囊菌门 Ascomycota 盘菌亚门 Pezizomycotina 粪壳菌纲 Sordariomycetes 间座壳亚纲 Diaporthomycetidae 间座壳菌目 Diaporthales 椿启介菌属 *Tubakia*

分　　布： 中国、美国东部、韩国、日本、意大利等。

寄主植物： 栓皮栎、麻栎（韩国）。

【**危害症状**】在栎属植物的叶片上，形成圆形的，褐色至深红棕色的斑点，直径 1 ～ 15mm。小斑点可以合并形成大的不规则斑点。

【**主要特征**】在新鲜叶片上产生明显的斑点，分生孢子器常生长在叶片的表面，极少生于叶背，不均匀的散开、聚集至簇生，有时联合在一起，橘棕色、黑色至棕黑色，边缘不规则近似圆形、钟形至凸起，中心平坦或下凹，凸起或下凹呈脐状，由盾片和柄组成，不成熟的分生孢子器边缘与寄主植物表皮相连，随着大量分生孢子在盾片下发育的压力而使盾片弯曲或形成弓形；盾片是由厚壁烟棕色至橄榄棕色的菌丝组成，菌丝自中心细胞辐射状生长出，有隔，1 ～ 3 个分叉。柄单细胞，通过基部纤细的菌丝与叶片内菌丝相连。柄的上部靠近中心细胞的位置为繁殖组织，分生孢子梗着生在繁殖组织的边缘，棍棒状，逐渐变细，末端窄具颈，芽殖。分生孢子顶生，椭圆体至卵形，在一些分离物中还有些分生孢子近圆柱形，双壁，乌黑，黑褐色。（边丹然）

栓皮栎黑斑病　　（边丹然 摄）

栎叶斑病

病 原 菌： *Tubakia subglobosa* (T. Yokoy. & Tubaki) B. Sutton 1973

分类地位： 真菌界 Fungi 子囊菌门 Ascomycota 盘菌亚门 Pezizomycotina 粪壳菌纲 Sordariomycetes 间座壳亚纲 Diaporthomycetidae 间座壳菌目 Diaporthales 椿启介菌科 Tubakiaceae 椿启介菌属 *Tubakia*

分　　布： 中国、韩国、日本。

寄主植物： 蒙古栎、栓皮栎。

【危害症状】发病初期为小的、深棕色的斑点，症状随着时间的推移而扩大，成为独特的骺端病变与坏死边缘。皮损周围产生小的、褐色的、盘状的，由鳞茎和分生孢子组成的壳状分生孢子，类似于尘埃颗粒。在树叶（凋落物）表面形成壳状分生孢子；在活叶和落叶上形成叶斑，形状不规则，边缘明显。

栎叶斑病　　（李永 摄）

【主要特征】在 MEA 培养基上，形成乳白色、肉桂色的菌落，有同心圆的空中菌丝环，边缘扇形。分生孢子近球形，透明状至红褐色，大小 10 ～ 13μm × 9 ～ 11μm。菌丝体内部和外部，形成透明、分枝的细胞内和细胞间的菌丝，外部菌丝观察在叶的下部表面，淡褐色，分枝。分生孢子叶生，很少垂体，星散到或多或少群居，点状，浅，易移除，从上面看时轮廓近圆形，直径 50 ～ 150μm，几乎黑色，棕色至暗褐色，盾片，通过中心柱子固定在叶表面。盾片凸起至扁平，边缘常下弯，膜质，周边致密至疏松，有时随年龄裂开，轮廓不规则，近圆形，中央透明盘，直径 6 ～ 10μm，被小细胞包围，轮廓近圆形至角形，直径 3 ～ 6μm，由长圆形菌丝束放射状组成，细胞大小 7 ～ 22μm × 3.5 ～ 6.5μm，淡至中棕色，模糊，光滑。

【发病规律】病菌通过人为伤口和自然伤口侵入植株，降水丰富会加速侵染。连续高湿会导致发病率上升。（李永）

锐齿栎叶斑病

病 原 菌： *Tubakia seoraksanensis* H. Y. Yun 2011

分类地位： 真菌界 Fungi 子囊菌门 Ascomycota 盘菌亚门 Pezizomycotina 粪壳菌纲 Sordariomycetes 间座壳亚纲 Diaporthomycetidae 间座壳菌目 Diaporthales 椿启介菌科 Tubakiaceae 椿启介菌属 *Tubakia*

分　　布： 陕西；韩国。

寄主植物： 锐齿栎、蒙古栎。

【危害症状】在叶片上引起叶斑，主要在叶正面危害，形成圆形至宽椭圆形病斑，淡褐色，边缘不规则，深褐色。

【主要特征】在25℃的条件下，MEA培养基上培养10d后，菌落直径32～44mm，低绒毛至绒毛状，边缘生长不均匀，白色至淡黄色，中心较暗，向边缘逐渐变浅，橄榄褐色，浅橄榄棕色至黄色，边缘白色，无孢子形成。菌丝体分枝，有隔膜，直径3.2～4.8μm，透明或稍带褐色，一些菌丝在侧枝上形成短卷。（李永）

锐齿栎叶斑病　　（李永 摄）

栓皮栎白粉病

病 原 菌： *Erysiphe epigena* S. Takam. & U. Braun 2007

分类地位： 真菌界 Fungi 子囊菌门 Ascomycota 盘菌亚门 Pezizomycotina 锤舌菌纲 Leotiomycetes 锤舌菌亚纲 Leotiomycetidae 柔膜菌目 Helotiales 白粉菌科 Erysiphaceae 白粉菌属 *Erysiphe*

分　　布： 中国、日本。

寄主植物： 栓皮栎、麻栎。

【危害症状】主要危害叶部，形成白色粉状病斑。

【主要特征】菌丝白色，菌丝少，分叉，宽2～8μm，有隔膜，透明，光滑。附着胞单生或对生，直径4～10μm。分生孢子长40～80μm，直圆柱形，大小20～50μm×7～10μm。分生孢子单生，初生分生孢子宽倒卵球形，次级分生孢子椭圆形，（20）25～35μm×（12）15～20μm。（李永）

栓皮栎白粉病（李永 摄）

蒙古栎白粉病

病 原 菌： 粉状叉丝壳 *Microsphaera alphitoides* Griffon & Maubl. 1912

分类地位： 真菌界 Fungi 子囊菌门 Ascomycota 盘菌亚门 Pezizomycotina 锤舌菌纲 Leotiomycetes 锤舌菌亚纲 Leotiomycetidae 柔膜菌目 Helotiales 白粉菌科 Erysiphaceae 叉丝壳属 *Microsphaera*

分 布： 河北、北京、吉林。

寄主植物： 蒙古栎、麻栎、锐齿栎、白栎。

【危害症状】主要危害叶部，在叶两面形成白粉层，菌丝会覆盖叶片，幼叶坏死、变形，植株生长缓慢，甚至叶片脱落。

【主要特征】菌丝体叶的两面生，叶面上的存留，叶背上的近存留，展生，最后形成斑片；子囊果聚生或散生，暗褐色，扁球形，直径70～150（平均102.9）μm，壁细胞12.5～17.5μm×7.5～12.5μm；附属丝4～27根，常为6～18根，长72～150μm，为子囊果直径的0.7～2.5倍，常为0.8～1.2倍，多与子囊直径等长，基部粗5～10μm，平滑或下部稍粗糙，无隔膜或具1隔膜，极少具2隔膜；无色或基部特别是隔膜下为浅褐色，顶部3～7次双分叉，常为4～6次，末枝顶端指状或钝圆，平截或其他各种形状，多不反卷；子囊2～14个，多为4～9个，卵形或亚球形，具短柄，44～74μm×29～54μm；

子囊孢子 4 ～ 8 个，常为 7 ～ 8 个，罕为 4 或 5 个，椭圆形或矩圆形，13.8 ～ 22.5μm × 8.8 ～ 14.4μm。

【防治】发病初期喷施 20% 三唑酮、43% 戊唑醇。（李永）

蒙古栎白粉病　（淮稳霞 摄）

英国栎白粉病

病 原 菌： *Erysiphe alphitoides*（Griffon & Maubl.）U. Braun & S. Takam. 2000

分类地位： 真菌界 Fungi 子囊菌门 Ascomycota 盘菌亚门 Pezizomycotina 锤舌菌纲 Leotiomycetes 锤舌菌亚纲 Leotiomycetidae 柔膜菌目 Helotiales 白粉菌科 Erysiphaceae 白粉菌属 *Erysiphe*

分　　布： 在亚洲、欧洲、非洲、澳洲均有分布，如中国、格鲁吉亚、印度、伊朗、伊拉克、以色列、日本、哈萨克斯坦、韩国、黎巴嫩、尼泊尔、俄罗斯、斯里兰卡、土耳其、土库曼斯坦、埃塞俄比亚、摩洛哥、新西兰等国家。

寄主植物： 英国栎、槲栎、锐齿栎。

【危害症状】*E. alphitoides* 主要危害叶部，叶正面比叶背面受害更重，症状起初表现为不规则坏死斑，后形成白粉层，上面会有灰色粉状肿块，菌丝会覆盖在叶片上并在寄主植物体内吸收养分，导致寄主植物光合作用和蒸腾作用减少，幼叶坏死、变形，植株生长缓慢，甚至叶片脱落，危害严重时会导致幼树的死亡。病害一般在幼树上发生，造成幼树生长缓慢严重时致死，成林受害时会导致树木衰弱。

【**主要特征**】菌丝两生，主要为附生，在白色斑块中，宿存在叶正面。菌丝分枝，具隔膜，宽3～7μm，透明，薄壁，光滑或几乎光滑；附着胞单生或对生，直径6～10μm；分生孢子梗起源于母细胞的末端，大多在中央，直立，很少弯曲或弯曲，在下叶表面通常较长，足细胞圆柱形，15～40μm×6～10μm，随后是1～3个较短的细胞；分生孢子单生，初生分生孢子倒卵球形或椭圆形，顶端圆形，基部近截形，次生分生孢子成熟时为圆锥形，末端截形或近截形，未成熟的有时为椭圆形、圆柱形；子囊，宽椭圆形或卵球形，近无柄或具短柄，内含6～8个孢子；子囊孢子宽椭圆形，无色。

英国栎白粉病（李永 摄）

【**发病规律**】白粉病发生于春秋两季，一般秋季危害较重，在高温高湿的环境下白粉病的发生会更加严重。

【**防治**】消灭越冬的病原菌，及时清除病枝落叶，并进行集中焚毁。加强栽培管理，注意施肥期和氮磷钾的比例，控制浇灌，防止植物徒长。采用化学药剂如：粉锈宁、福美双、石硫合剂等。（李永）

枹栎白粉病

病 原 菌: *Erysiphe hypophylla* (Nevod.) U. Braun & Cunningt. 2003

分类地位: 真菌界 Fungi 子囊菌门 Ascomycota 盘菌亚门 Pezizomycotina 锤舌菌纲 Leotiomycetes 锤舌菌亚纲 Leotiomycetidae 柔膜菌目 Helotiales 白粉菌科 Erysiphaceae 白粉菌属 *Erysiphe*

分　　布: 贵州、江西。

寄主植物: 枹栎。

【**危害症状**】主要危害叶部，形成一层白粉层覆盖在叶片表面，可以导致叶片脱落，危害严重时会导致幼树的死亡。

【**主要特征**】菌丝体呈薄片或疏展状，白色，但是很快消失。菌丝由直到弯曲，有点膝曲波状，以或多或少的直角分枝，通常靠近隔膜，菌丝室（25）45 ～ 50（60）μm × 3 ～ 6μm。附着体浅裂，直径 5 ～ 10μm。无性型细胞发育不良或不发育，分生孢子梗直立，长 40 ～ 110μm，宽 6 ～ 10μm，足细胞圆柱形，长 20 ～ 60μm，后有 1、2 个较短的细胞或长度大致相同的细胞。分生孢子单生，圆柱形、近圆柱形或椭球体圆柱形，25 ～ 45（60）μm × 10.0 ～ 18.5μm，

枹栎白粉病　　（李永 摄）

长宽比 1.9 ～ 3.5。表周细胞轮廓不规则，直径 10 ～ 30mm。附着胞或多或少位于中线，壁几乎光滑或者具小瘤，无色，全部厚壁或下面厚壁和上面较薄，无隔或具单个基部隔膜，通常无色，偶尔在基部着色，顶端（3）4 ～ 6（8）次规则且多数浓密分枝，分枝部分 50 ～ 80μm×40 ～ 60μm，主枝有时拉长。很少深半裂，末级小枝的端部在成熟时具钩至环状。子囊 4 ～ 12 个，宽椭圆形、卵球形（近球形），囊状，近无柄到短柄，（40）50 ～ 70（80）μm×（25）30 ～ 50（55）μm，子囊的薄壁顶端部分不太明显，直径 10 ～ 20μm，6 ～ 8 个孢子。子囊孢子宽椭圆形卵球形，无色，13 ～ 25（30）μm×9 ～ 15μm。

【**发病规律**】白粉病发生于春秋两季，一般秋季危害较重，在高温高湿的环境下白粉病的发生会更加严重。

【**防治**】进行抗病品种的选育。消灭越冬的病原菌，及时清除病枝落叶，并进行集中焚毁。加强栽培管理，注意施肥期和氮磷钾的比例，控制浇灌，防止植物徒长。采用化学药剂如：粉锈宁、福美双、石硫合剂等。（李永）

槲栎白粉病

病 原 菌： 中国叉丝壳 *Microsphaera sinensis* Y. N. Yu 1982

分类地位： 真菌界 Fungi 子囊菌门 Ascomycota 盘菌亚门 Pezizomycotina 锤舌菌纲 Leotiomycetes 锤舌菌亚纲 Leotiomycetidae 柔膜菌目 Helotiales 白粉菌科 Erysiphaceae 叉丝壳属 *Microsphaera*

分　　布： 河南、贵州、云南（昆明）、四川。

寄主植物： 槲栎、板栗、高山栲。

【**危害症状**】主要危害叶部，在叶部上下两面形成白粉层覆盖在叶片，幼叶坏死、变形，植株生长缓慢，甚至叶片脱落。

【**主要特征**】菌丝体叶的两面生，表面较多，存留，展生或形成斑块；子囊果聚生或由散生到聚生，扁球形，暗褐色，直径 70 ～ 115（平均 88.1）μm，壁细胞 10.0 ～ 17.5μm×7.5 ～ 15.0μm；附属丝 4 ～ 13 根，多为 5 ～ 10 根，长 65 ～ 145μm，为子囊果直径的 0.7 ～ 1.6 倍，常为 0.8 ～ 1.1 倍，约与子囊果直径近等长，基部粗 7.5μm，上下近等粗，或基部稍粗，平滑或粗糙，多数无色，无隔膜，偶尔基部浅褐色并具 1 隔膜，顶部 3 ～ 7 次双分叉，常为 4 ～ 5 次，第1次分叉角度常较大（120°～180°），末枝多反卷，少数不反卷，顶部指状、平截或钝圆；子囊2～6个，多为3～4个，卵形、椭圆形或亚球形，具短柄或无柄，43～63μm×34～54μm；子囊孢子7～8个，多为8个，椭圆形或长卵形，12.5～23.8μm×8.4～15.0μm。

【发病规律】白粉病发生于春秋两季，一般秋季危害较重，在高温高湿的环境下白粉病的发生会更加严重。

【防治】抗病品种的选育。消灭越冬的病原菌，及时清除病枝落叶，集中焚毁。加强栽培管理，注意施肥期和氮磷钾的比例，控制浇灌，防止植物徒长。采用化学药剂如：粉锈宁、福美双、石硫合剂等。（李永）

槲栎白粉病　（边丹然 摄）

松栎锈病（松瘤锈病）

病 原 菌：松栎柱锈菌 *Cronartium quercuum*（Berk.）Miyabe ex Shirai 1899

分类地位：真菌界 Fungi 担子菌门 Basidiomycota 柄锈菌亚门 Pucciniomycotina 柱锈菌纲 Pucciniomycetes 柱锈菌目 Pucciniales 柱锈菌科 Cronartiaceae 柱锈菌属 *Cronartium*

分　　布：陕西、黑龙江、四川、河南、湖北、安徽、江西、浙江、广西、云南等地。

寄主植物：该菌为转主寄生菌，危害松属（二针松、三针松）植物（樟子松、湿地松、油松、马尾松、黄山松、黑松、云南松等），栎属和栗属植物（栓皮栎、麻栎、板栗、锐齿栎、蒙古栎）等。

【危害症状】受害松树在主干、侧枝等部位形成肿瘤，每年都会在瘤上开裂形成黄色锈孢子器，破裂处当年生出新的皮层，来年再破裂，导致肿瘤不断变大，最终皮层完全脱落，露出松的木质部，其颜色变深，瘿瘤上部的枝条或树干枯死或风折。

受害栎（栗）属植物上最初出现褪绿色斑，然后上面出现橘黄色粉堆（夏孢子堆），随着病害的发展，会在病斑上生出许多褐色至暗褐色的毛状物，即冬孢子柱。

松栎锈病　　（苏胜荣 摄）

【主要特征】菌丝多年生，有隔，单核。性孢子无色棒状或者长条形两端宽窄不一；锈孢子橘黄色，串生，椭圆形或卵圆形，有4～6个油球；夏孢子橘黄色，圆形、卵圆形或椭圆形，表面有锥刺；冬孢子黄褐色，梭形，壁光滑；担孢子圆形，无色，光滑。

【发病规律】这是一种长循环型的转主寄生菌，其性孢子和锈孢子在松树的病枝干上产生，夏孢子和冬孢子则产生在栎和栗属植物的叶片上。担孢子通过风雨传播，落在松树枝干上后便萌发生成芽管自伤口或气孔侵入皮层中。病害潜育期一般为2～3年。当瘿瘤形成后，每年2月在瘿瘤的皮层下产生性孢子器，4月产生黄色的锈孢子器，成熟后锈孢子器散出锈孢子，随风传播到栎树的叶上，萌发后由气孔侵入，5—6月产生夏孢子堆，进行重复侵染，7—8月产生冬孢子柱，8—9月冬孢子萌发产生担子和担孢子，侵染松树。病菌菌丝体为多年生，每年在肿瘤中越冬，通过产生新的性孢子和锈孢子刺激瘿瘤逐年增大。

【防治】①清除病原。结合林木抚育工作，剪除病瘤或者砍伐重病株。②营林措施。尽量不要营造松栎混交林，及时修枝、疏伐保证成林的疏密度。③药剂防治。利用1%波尔多液、65%代森锌WP500倍液或65%福美锌WP300倍液。（苏胜荣）

毛叶青冈叶斑病

病 原 菌： 小孢盘多毛孢 *Pestalotiopsis microspora*（Speg.）Bat. & Peres 1966

分类地位： 真菌界 Fungi 子囊菌门 Ascomycota 盘菌亚门 Pezizomycotina 粪壳菌纲 Sordariomycetes 炭角菌目 Xylariomycetidae 拟盘多毛孢科 Pestalotiopsidaceae 拟盘多毛孢属 *Pestalotiopsis*

分　　布： 海南。

寄主植物： 毛叶青冈。

【**危害症状**】主要危害植株叶片，叶片染病后，叶缘或叶尖常产生黄褐色至灰褐色椭圆形或不规则病斑，大小 0.3 ～ 1.4cm × 0.2 ～ 0.5cm，无晕圈，病斑逐渐扩大。发病后期，叶片病斑连片成大枯斑，部分病斑上产生黑色小粒点，常枯死或提早脱落；也偶有危害嫩茎，嫩茎则出现顶端枯死。

【**主要特征**】分生孢子异色，上部 2 个孢子的颜色为茶黄褐色或煤烟黑色，下部 1 个孢子的颜色为橄榄褐色，大小 15 ～ 30μm，顶端附属丝 2 ～ 5 根，多以 3 根为主，少数的以 2 根为主，长 10 ～ 50μm。

【**发病规律**】每年 8—11 月是该病高发时期。（李永）

毛叶青冈叶斑病　（李永 摄）

7 根部及果实病害

Root and nut diseases

青冈栎丛枝病

病 原 菌： 类立克次氏体（Rickettsiae-like organism）
分类地位： 细菌域 Bacteria 变形菌门 Proteobacteria α-变形菌纲 Alphaproteobacteria 生丝微菌目 Hyphomicrobiales 根瘤菌科 Rhizobiaceae
分　　布： 河南（南阳）。
寄主植物： 青冈。

【危害症状】危害树梢，树梢呈现丛枝症状。

【主要特征】一类与引起动物和人体疾病的立克次氏体类似的微生物，被称为类立克次氏体（Rcketsia-like organisms）或类立克次氏细菌（Rickestia-like Bacteria），简称为 RLO 和 RLB。至今已在 30 种左右的植株中检出类立克次氏体。我国也有类立克次氏体（小麦黄化条纹病、黄化卷叶病和黄条矮缩病病原）的报道。

青冈栎丛枝病　　（李永 摄）

在寄主植物中的分布：类立克次氏体是细胞内寄生的病原菌，按其在寄主植物中的分布可分2类，即在木质部者和韧皮部者。虽然有些病害在两者中都可检出，但通常只存在于某一种组织中。有些类立克次氏体也侵染分生组织和幼嫩的分化组织。

类立克次氏体一般宽0.2～0.5μm，长10～40μm，但其大小不一。类立克次氏体具多形性，通常为棒形，有坚实细胞壁和原生质膜包围。细胞壁和原生质膜都是3层膜结构，中间为一层厚度为5～15μm的透明区带，内外两层膜厚度为8μm左右。细胞壁的厚度一般为20～30μm，呈周期性的山脊状或波浪状突起。类立克次氏体细胞内，DNA和RNA二者兼有，它含有自己的核籍体，类似DNA的核质区组分等，没有固定化的细胞核，核糖体在细胞边缘分布最多。

传播：类立克次氏体可以嫁接传播，菟丝子传播和种子传播，它的主要传播方式是通过媒介昆虫，绝大部分类立克次氏体都由叶蝉类、木虱等昆虫传播。

【防治】①农业防治。及时清理病树，减少传播源。②化学防治。对四环素和青霉素都敏感，青霉素对类立克次氏体具更强抑制作用。（李永）

栎树根腐病

病 原 菌： 菜豆壳球孢 *Macrophomina phaseoli*（Maubl.）S. F. Ashby 1927

分类地位： 真菌界 Fungi 子囊菌门 Ascomycota 盘菌亚门 Pezizomycotina
座囊菌纲 Dothideomycetes 葡萄座腔菌目 Botryosphaeriales
葡萄座腔菌科 Botryosphaeriaceae 壳球孢属 *Macrophomina*

分　　布： 中国、欧洲、美洲。

寄主植物： 栎属。

【危害症状】幼苗患病初期，茎基部接近地面处皮层组织变褐色，呈水浸状，顶叶失绿发黄，稍向下垂，顶芽枯死。随之病斑发展蔓延包围茎基，并向上部扩展，叶片黄萎下垂，但不脱落，最终导致全株枯死。

【主要特征】菌核黑褐色，球形或椭圆形，细小而多，如粉末状，表面光滑。分生孢子器生于病茎表皮的角质层下，暗褐色，近球形；分生孢子长椭圆形，无色，单胞，尖端稍弯曲。分生孢子梗细长，不分枝，无色。病菌比较喜高温，生长最适宜温度为 30 ～ 32℃，而对酸碱度要求不严，在 pH 值 4 ～ 9 之间均能很好生长，但以 pH 值 4 ～ 7 更为适宜。

【发病规律】 *Macrophomina phaseoli* 菌丝细胞聚集，在寄主植物的主根和茎中形成微菌核，微菌核在土壤和作物残体中越冬，是春季侵染的主要来源，它们可在土壤中存活长达 3 年。它们呈黑色、球形或椭圆形的结构，使得该菌在恶劣条件下能够存活。然而，在潮湿的土壤中，微菌核存活明显较低，通常存活不超过 7 ～ 8 周，菌丝存活不超过 7d。此外，受感染的种子可以在它们的种皮中携带该菌，这些被感染的种子要么不发芽，要么在发芽后很快死亡。

【防治】 常用杀菌剂有以下几种药物：福美双、异菌脲、多菌灵、唑菌胺酯、甲苯氟磺胺、甲霜灵、氟唑菌苯胺和肟菌酯等。土壤日晒和有机改良也可防止病害发生。土壤日晒是一种利用太阳能控制土壤中病原体的方法，方法是在土壤上覆盖一层大的，通常是透明的聚乙烯防水布来吸收太阳能并加热土壤。轮作也是一种有效的防治方法，可以减少土壤中的水分，使环境对病原体不利。（李永）

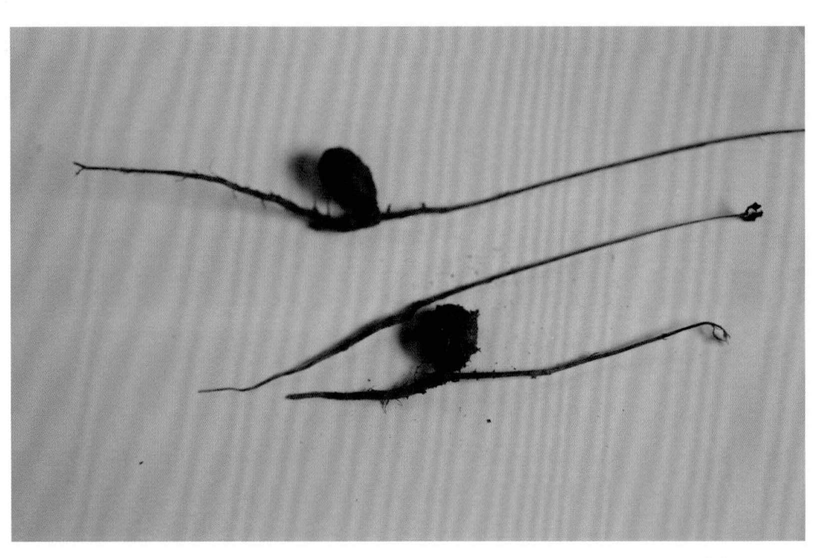

栎树根腐病　（李永 摄）

栎果实腐烂病

病 原 菌： 腐皮镰刀菌 *Fusarium solani* (Mart.) Sacc. 1881

分类地位： 真菌界 Fungi 子囊菌门 Ascomycota 盘菌亚门 Pezizomycotina
粪壳菌纲 Sordario-mycetes 肉座菌目 Hypocreales 从赤壳科 Nectriaceae
镰刀菌属 *Fusarium*

分　　布： 分布广泛。

寄主植物： 寄主极其广泛。

【**危害症状**】果实染病后，初期表现为灰色病斑，后期病斑扩大变为灰色无规则病斑，有的附着灰色菌丝。

【**主要特征**】在 PDA 培养基上为白色棉花状的菌落，中心呈绿色或蓝褐色。在底部呈茶褐色或红棕色，也有蓝绿色或墨蓝色。具有气生菌丝，可在侧面产生分生孢子。分生孢子分枝成细长的分生孢子梗，产生分生孢子。由 *F. solani* 产生的大分生孢子稍弯曲、透明、宽，通常聚集成束。典型的大分生孢子有 3 个隔，有的多达 4 ～ 5 个。小分生孢子有加厚的基底细胞和逐渐变细的圆形顶端细胞。小分生孢子椭圆形或圆柱形，透明，光滑。一些小分生孢子可能是弯曲的，小分生孢子通常没有间隔，在生长条件不佳的情况下也常形成厚垣孢子，厚垣孢子球形，数量多，单生或对生，直径 6 ～ 11μm。（李永）

栎果实腐烂病　　（李永 摄）

栎果实炭疽病

病 原 菌： 胶孢炭疽菌 *Colletotrichum gloeosporioides* (Penz.) Penz. & Sacc. 1884

分类地位： 真菌界 Fungi 子囊菌门 Ascomycota 盘菌亚门 Pezizomycotina
粪壳菌纲 Sordariomycetes 肉座菌亚纲 Hypocreomycetidae 小丛壳目 Glomerellales
小丛壳科 Glom-erellaceae 炭疽菌属 *Colletotrichum*

分　　布： 分布广泛。

寄主植物： 栎属等几百种植物。

【危害症状】果实染病后，初期表现为小黑点，后期病斑扩大变为黑色无规则病斑。

【主要特征】在 PDA 上的菌落呈灰白色至深灰色，可见成束的气生菌丝体。分生孢子单细胞，透明，直，圆柱形，末端圆形或一端稍窄，大小 14.0 ～ 21.5μm × 4.0 ～ 6.5μm。附着孢为棕色至深棕色，卵形、倒卵形、棒状，有时分裂，大小 7.0 ～ 17.5μm × 5.0 ～ 12.5μm。在 PDA 培养下产生的有性型子囊壳近球形。子囊纺锤形至圆柱形，8 个孢子，大小 52.5 ～ 102.5μm × 7.5 ～ 12.5μm。子囊孢子单生，无色，大小 12.5 ～ 25.0μm × 3.5 ～ 5.5μm。（李永）

栎果实炭疽病　　　　（李永 摄）

果腐病

病 原 菌： *Gnomoniopsis smithogilvyi* L. A. Shuttlew.，E. C. Y. Liew & D. I. Guest 2012

分类地位： 真菌界 Fungi 子囊菌门 Ascomycota 子囊菌亚门 Pezizomycotina
粪壳菌纲 Sordariomycetes 间座壳目 Diaporthales 日规壳科 Gnomoniaceae
日规壳属 *Gnomoniopsis*

分　　布： 中国（陕西）、新西兰、澳大利亚、法国、意大利、瑞士和印度。

寄主植物： 栎属、栗属植物。

【**危害症状**】感染后的果实上出现浅、中、深褐色的病斑，形成褐色腐烂。

【**主要特征**】分生孢子透明，具有多孔偶尔有单孔或者双孔，黑色至棕灰色，椭圆形或倒卵球形。子囊壳埋生或者半埋生于子座中，单生或者群生，黑色，球形至近球形，干燥时大多凸起，有时在侧面或顶端凹陷，有颈或无颈，颈位于中央，直或弯曲，先端有时半透明。子囊孢子具隔膜，梨形，直或稍弯曲，末端圆形较宽。

【**发病规律**】该菌为内生菌，据相关报道该菌存在于1～2年生的嫩枝、坏死的叶子上、病斑中，在无症状的花、叶和茎以及腐烂的果实中越冬。越冬后通过风或昆虫带到花上，在侵染部位进行潜伏，当栗果成熟时开始发病。（李永）

果腐病　（李永 摄）

8

树干病害

Trunk diseases

栎类溃疡病

病　　原： *Botryosphaeria dothidea*（Moug.）Ces. & De Not. 1863
分类地位： 真菌界 Fungi 子囊菌门 Ascomycota 盘菌亚门 Pezizomycotina
座囊菌纲 Dothideomycetes 葡萄座腔菌目 Botryosphaeriales
葡萄座腔菌科 Botryosphaeriaceaee 葡萄座腔菌属 *Botryosphaeria*
分　　布： 陕西。
寄主植物： 栎属、杨属等植物，寄主广泛。

【危害症状】 表现为枝和茎溃烂，尖端和枝枯死，树干发病表皮浸出黑色汁液，树皮内部变褐色，危害严重时会导致整株死亡。

【主要特征】 在 PDA 培养基上，菌落初期呈白色，后期逐渐变成灰色，最后变成黑色。子囊腔球形或近球形，直径 161 ～ 202μm，黑褐色，顶端有拟孔口。子囊长棍棒形，大小 72 ～ 90μm×14 ～ 18μm。子囊孢子椭圆形或纺锤形，单孢，无色，大小 20 ～ 23μm×7.8 ～ 8.0μm。分生孢子器球形或近球形，直径 162 ～ 196μm，分生孢子无色，单孢，纺锤形，大小 13.5 ～ 27.0μm×4.0 ～ 7.2μm。

栎类溃疡病　（李永 摄）

【发病规律】 可以通过伤口感染宿主或通过皮孔侵染宿主。

【防治】 清除病皮，烧毁，50% 退菌特 100X、50% 多菌灵等药剂涂抹病部。（李永）

栎属细菌性溃疡病

病 原 菌: *Lonsdalea quercina*（Hildebrand and Schroth 1967）Brady et al. 2012
分类地位: 细菌域 Bacteria 变形菌门 Proteobacteria γ-变形菌纲 Gammaproteobacteria 肠杆菌目 Enterobacterales 果胶杆菌科 Pectobacteriaceae 属 *Lonsdalea*
分　　布: 中国、美国。
寄主植物: 麻栎、蒙古栎。

【危害症状】Hilderbrand 和 Schroth（1967）第一次描述了 2 种栎树上发生溃疡病的情况。在美国，*L. quercina* 侵害栎树坚果后从其中渗出黏液，使果实败育。而在西班牙，栎树上除了果实上的症状外，还引起栎树干部溃疡病，发病部位形成裂缝，有白色液体流出，树皮以内坏死。流出的白色液体中含有大量的病原菌。

【主要特征】病菌是革兰氏阴性，短棒状（0.5～1.0μm×1.0～2.0μm），单生或群生。靠周生鞭毛运动。兼性厌氧，氧化酶阴性，过氧化氢酶阳性。生长的最佳温度是 28～30℃。在 TSA 培养基上呈圆形，表面光滑凸起，具全缘的白色或奶白色菌落。β-半乳糖苷酶、精氨酸二水解酶、赖氨酸脱羧酶、鸟氨酸脱羧酶和色氨酸脱氨酶活性。利用柠檬酸，但不产生 H_2S、脲酶、吲哚或明胶酶。硝酸盐不能还原为亚硝酸盐。主要脂肪酸有 $C_{14:0}$, $C_{16:0}$, $C_{18:1}$ $\omega 7c$, $C_{17:0}$ cyclo, iso-$C_{16:1}$and/or $C_{14:0}$ 3-OH 和 $C_{16:1}\omega 7c$ and/or iso-$C_{15:0}$2-OH. DNA G+C 含量为 54.5mol%～55.1mol%。（边丹然）

细菌性溃疡病　　（李永 摄）

栓皮栎溃疡病

病 原 菌： *Diplodia corticola*（无性型）、A. J. L. Phillips，A. Alves & J. Luque 2004

分类地位： 真菌界 Fungi 子囊菌门 Ascomycota 盘菌亚门 Pezizomycotina
座囊菌纲 Dothideomycetes 葡萄球菌目 Botryosphaeriales
葡萄座腔菌科 Botryosphaeriaceae 色二孢属 *Diplodia*

分　　布： 中国（陕西）、西班牙（东北部）、葡萄牙、意大利、法国、摩洛哥。

寄主植物： 栓皮栎、冬青栎。

【**危害症状**】树木躯干表面形成坏死、变色。感染一年后，坏死的区域会变成凹陷的溃疡病，树皮可以很容易地从树干上移除。腐烂会导致软木产量和质量的下降。

【**主要特征**】子囊，160 ～ 250μm × 30 ～ 33μm，棒状，有柄，双囊壁。子囊孢子不规则形，无色，大小（28.2）33.6 ～ 34.7（40.6）μm ×（12.0）14.6 ～ 15.3（18.8）μm。分生孢子单生，卵圆形，无色，大小 12 ～ 19（24）μm × 4 ～ 6μm。分生孢子绝大多数透明无隔，但极少见到淡褐色和 1 ～ 2 个隔的分生孢子。

【**发病规律**】病菌一般从伤口或自然孔口侵入林木组织。

【**防治**】保障树木的健康生长是溃疡病防治的根本途径，适量施用针对性杀菌剂：苯菌灵、多菌灵、嘧啶 + 氟二恶唑、噻菌灵和甲基托布津。（王成彬）

栓皮栎溃疡病　（李永 摄）

锐齿栎溃疡病

病 原 菌： *Cryphonectria quercus* C. M. Tian & N. Jiang 2018

分类地位： 真菌界 Fungi 子囊菌门 Ascomycota 盘菌亚门 Pezizomycotina
粪壳菌纲 Sordariomycetes 间座壳菌目 Diaporthales
隐丛赤壳科 Cryphonectriaceae 丛赤壳属 *Cryphonectria*

分　　布： 陕西。

寄主植物： 锐齿栎。

【**危害症状**】在树干上表现出凹陷的溃烂，边缘肿大，随后外层树皮破裂。

【**主要特征**】分生孢子假子座，垫状，分开发生，橙色至深橙色，半浸在树皮里，高 400 ～ 600μm，直径 800 ～ 1200μm，子房室通常缠绕，几个角突（多为 2 ～ 6）。分生孢子梗圆柱形，隔开，分枝，透明，光滑，长（6.5）12 ～ 20（30）μm，宽 1.5 ～ 2.0μm。分生孢子（3.2）4 ～ 5（5.4）μm ×（1.4）1.6 ～ 1.8（2.1）μm，透明，圆柱形，无隔，橙色液滴状渗出。（朱雅荃）

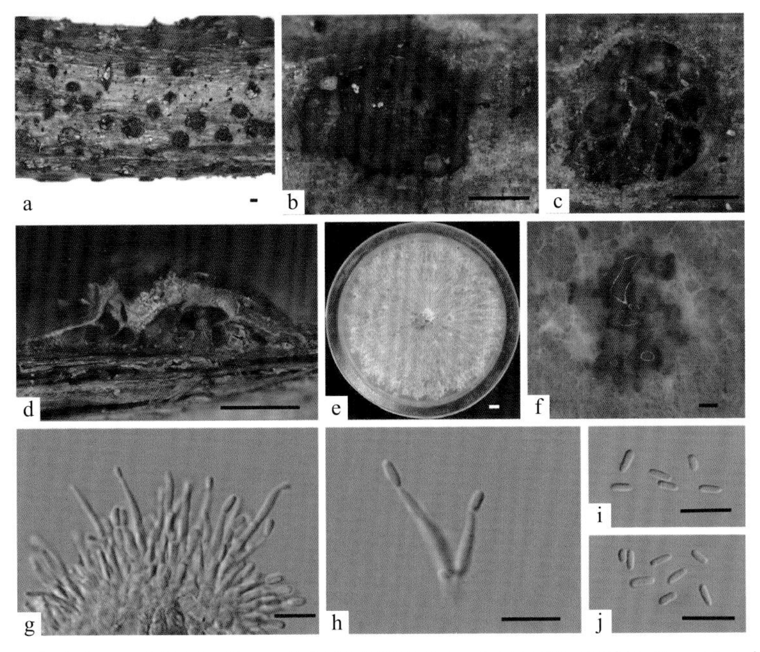

a. 病害症状；b. 分生孢子器；c. 分生孢子器横切面；d. 分生孢子器纵切面；e. PDA 培养皿上的菌落；f. PDA 培养基上产的分生孢子器；g, h. 产孢细胞；i, j. 分生孢子

锐齿栎溃疡病　　（田呈明、姜宁 摄）

辽东栎溃疡病

病 原 菌：*Cryphonectria quercicola* C. M. Tian & N. Jiang 2018

分类地位：真菌界 Fungi 子囊菌门 Ascomycota 盘菌亚门 Pezizomycotina 粪壳菌纲 Sordariomycetes 间座壳菌目 Diaporthales 科 Cryphonectriaceae 丛赤壳属 *Cryphonectria*

分　　布：山西。

寄主植物：辽东栎。

【危害症状】病原菌可引起苗期辽东栎短期内死亡，导致茎干溃疡，并引起树皮开裂和木质部坏死。

【主要特征】无性型，分生孢子假子座，球状，垫状，独立生长，深橙色，半进入在树皮里，高 400 ～ 600μm，直径 500 ～ 900μm，子房室通常缠绕在一起，几个耳垂（多为 6 ～ 10 个）。分生孢子圆柱形，有分支，透明光滑，长（10）15 ～ 30（40）μm，宽 2 ～ 3μm。（李永）

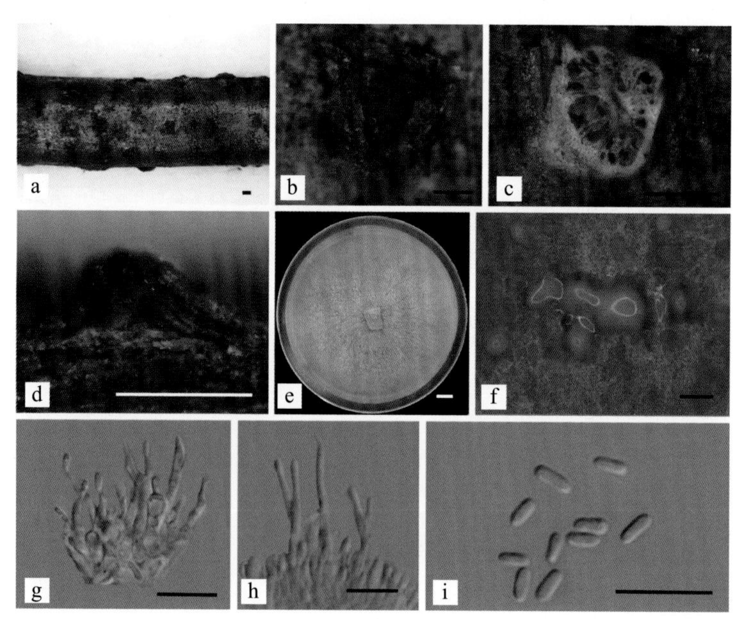

a. 病害症状；b. 分生孢子器；c. 分生孢子器横切面；d. 分生孢子器纵切面；e. PDA 培养皿上的菌落；f. PDA 培养基上产的分生孢子器；g, h. 产孢细胞；i. 分生孢子

辽东栎溃疡病　（田呈明、姜宁 摄）

毛栓菌

病 原 菌： 毛栓菌 *Trametes hirsuta*（Wulfen）Lloyd 1924

分类地位： 真菌界 Fungi 担子菌门 Basidiomycota 伞菌亚门 Agaricomycotina 伞菌纲 Agaricomycetes 多孔菌目 Polyporales 多孔菌科 Polyporaceae 栓菌属 *Trametes*

分　　布： 河北、山西、内蒙古、吉林、黑龙江、陕西、甘肃、青海、新疆、江苏、浙江、安徽、江西、福建、台湾、河南、湖北、湖南、广东、广西、海南、四川、贵州、云南、西藏。

寄主植物： 槭、赤杨、桦木、樟树、核桃、杨、栎、柳、椴、榆及女贞等阔叶树上，稀生于针叶树上，是危害阔叶树木严重的腐朽菌。

【**危害症状**】栓孔菌是最常见的木材腐朽菌之一，能腐生在多种阔叶树储木、桥梁木、坑木、桩木、堤坝木、栅栏木和薪炭木上，造成木材海绵状白色腐朽。

【**主要特征**】子实体，担子果1年生，有时可存活2年，无柄盖形，单生或覆瓦状叠生，新鲜时韧革质，无嗅无味，干后革质，重量明显减轻；菌盖扁平，半圆形或扇形，有时近圆形，单个菌盖长达4cm，宽达10cm，中部厚达8mm；菌盖表面新鲜时乳白色，干后奶油色、浅棕黄色、灰色、灰褐色，被硬毛和厚绒毛，有明显同心环带和环沟，表面常被绿色藻类；边缘锐，黄褐色；孔口表面初期乳白色，后期浅乳黄色至灰褐色，具折光反应；不育边缘明显或不明显，奶油色，宽约1mm；孔口多角形，每毫米3～4个；管口边缘初期较厚，后期薄，全缘；菌肉乳白色，新鲜时革质，干后木栓质，无环区，厚达5mm；菌管奶油色或乳黄色，靠近孔口表面处深褐色，新鲜时革质，干后木栓质，长达8mm。

菌丝结构：菌丝系统三体系；生殖菌丝具锁状联合；所有菌丝在Melzer和棉蓝试剂中均无变色反应；菌丝组织在KOH试剂中无变化。

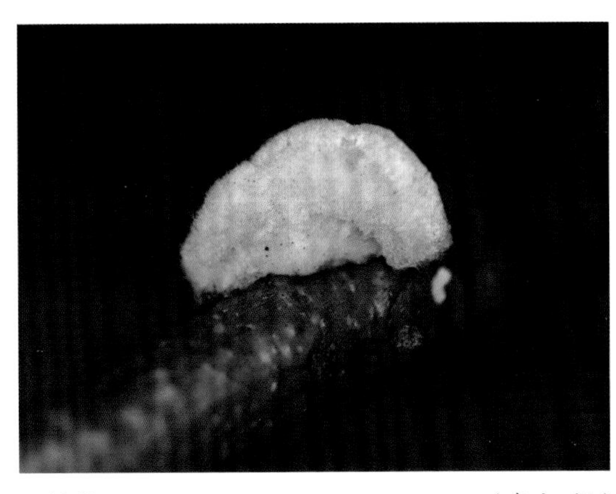

毛栓菌　（李永 摄）

菌肉生殖：菌丝稀少，无色，薄壁，极少分枝；骨架菌丝占多数，无色至淡黄色，厚壁，具1宽或窄的内腔，有时实心，极少分枝，交织排列。

孢子：担孢子圆柱形，无色，薄壁，光滑，在 Melzer 和棉蓝试剂中均无变色反应，大小 4.2 ～ 5.7μm × 1.8 ～ 2.2μm。（李永）

云芝

病 原 菌： 云芝 *Trametes versicolor*（L.）Lloyd 1921

分类地位： 真菌界 Fungi 担子菌门 Basidiomycetes 伞菌纲 Agaricomycetes 多孔菌目 Polyporales 多孔菌科 Polyporaceae 栓菌属 *Trametes*

分　　布： 世界各地森林中均有分布。

寄主植物： 云芝可以生长于各种树木的枯树干、树桩、倒木上，以阔叶树为主，如栎、榉树、杨树、柳树、桦树，少量生于针叶树上，如松树。

【危害症状】云芝会分泌很多酶，分解吸收木质素、纤维素、半纤维素等有机物，引起木材白色腐朽。

【主要特征】子实体1年生，无柄，通常覆瓦状叠生，有时成百上千个菌盖聚生，新鲜时革质，香味淡，干后木栓质；菌盖云形、扇形、半圆形或贝壳形，云芝的名称也由此而来。菌盖直径1～12cm，宽1～10cm，厚度1～8mm，基部厚度3～9mm；菌盖颜色多样，有褐色、淡黄色、白色、黄棕色、紫灰色等，在北美被称为“火鸡尾”，其种名 *versicolor* 应该就是由此而来。根据菌盖颜色和纹路，云芝还可分为14个型；菌盖上有明显的同心环纹，呈带状，表面近中心颜色深，越往边缘颜色越浅；菌盖表面布满细密的绒毛；边缘锐，淡黄色至浅黄褐色；孔口表面奶油色至烟灰色，无折光反应；边缘锐，整齐或不整齐。菌肉新鲜白色，干后木

云芝　（李永 摄）

色。菌管白色至灰褐色，长约2mm。管口幼时全缘，老后呈撕裂状。孢子无色，光滑，柱状，大小4.0～5.5μm×1.5～2.5μm。不同生活环境下的云芝子实体的具体形态会有所不同，表现为菌盖颜色、纹路、菌盖厚度、数量等。

【发病规律】野生云芝成熟后会产生许多担孢子，担孢子随风吹到树木上，经由树木表面侵袭至内部，随后开始在木质部萌发、繁殖直至长出一个或多个子实体。（王成彬）

菱色黑孔菌

病 原 菌： 菱色黑孔菌 *Nigroporus aratus*（Berk.）Teng 1963

分类地位： 真菌界 Fungi 担子菌门 Basidiomycota 伞菌亚门 Agaricomycotina 伞菌纲 Agaricomycetes 多孔菌目 Polyporales 裂褶菌科 Steccherinaceae 黑孔菌属 *Nigroporus*

分　　布： 广东等地。

寄主植物： 生于栎属植物、落叶松、松、云杉、铁杉、桦木等倒木、枯立木、木桩及原木上。

【危害症状】木材褐色腐朽。

【主要特征】子实体中等大，菌盖直径5～8cm，宽3.5～5.5cm，厚0.5～1.2cm，半圆形，扁平，表面菱色至浅褐黄色，或浅肉色，具色调深淡的环带和环棱，光滑或后侧粗糙，边缘薄或稍钝，无菌柄，质地紧密，柔硬，菌肉木栓质，菌管同色，管口浅烟色或暗褐青色，圆形，每毫米3个，菌丝褐色，分枝有横隔。孢子椭圆形，大小4～5μm×2.0～2.5μm。（李永）

菱色黑孔菌　（李永 摄）

裂褶菌

病 原 菌： 裂褶菌 *Schizophyllum commune* Fr. 1815

分类地位： 真菌界 Fungi 担子菌门 Basidiomycota 伞菌纲 Agaricomycetes 伞菌目 Agaricales 裂褶菌科 Schizophyllaceae 裂褶菌属 *Schizophyllum*

分　　布： 黑龙江、吉林、辽宁、内蒙古、河北、北京、天津、河南、山东、四川、西藏；俄罗斯、白俄罗斯、芬兰、瑞典、挪威、丹麦、爱沙尼亚、拉脱维亚、法国、德国、英国、比利时、荷兰、西班牙、葡萄牙、乌克兰、波兰、捷克、斯洛伐克、保加利亚、意大利、瑞士、罗马尼亚、美国、加拿大、日本、印度、韩国。

寄主植物： 栎属、针叶、阔叶等倒木、枯立木、木桩及原木上。

【危害症状】造成栎属植物、李属植物、樱桃等苗木边材白色腐朽。

【主要特征】子实体，担子果为侧耳状，无柄盖形，或有 1 柄状基部，通常覆瓦状叠生，或左右连生；新鲜时肉革质，干后革质，重量中度变轻。菌盖扇形，肾形或掌状，长 1.0 ～ 3.5cm，宽 0.8 ～ 3.0cm，厚 1 ～ 3mm。菌盖上表面灰白色至黄棕色，被绒毛或粗毛；边缘有条纹，多瓣裂，内卷。子实层体假褶状，假菌褶白色至黄棕色，每厘米 14 ～ 26 片，不等长，沿中部纵裂成深沟纹，不育的边缘几乎没有；褶缘钝且宽，锯齿状。菌肉乳白色，干后韧革质，厚约 1mm。

裂褶菌　　（李永 摄）

菌丝结构：菌丝系统二体系；生殖菌丝有锁状联合；所有菌丝在 Melzer 试剂中无变色反应；在棉蓝试剂中菌丝壁无嗜蓝反应；在 KOH 试剂中菌丝组织无变化。

菌肉：生殖菌丝无色，薄壁，常分枝并具锁状联合，弯曲，直径 2.5 ~ 3.0μm；骨架菌丝无色，厚壁，不分枝，具 1 宽的内腔，有时被微小的结晶体，规则排列，直径 4 ~ 6μm；上表层绒毛菌丝黄褐色，厚壁，不分枝，直径 4 ~ 5μm；菌丝间有时有菱形结晶体存在。

菌褶：菌髓生殖菌丝无色，薄壁，多分枝，非常频繁分隔，具锁状联合，弯曲，直径 2.2 ~ 3.0μm；骨架菌丝无色，厚壁，不分枝，具 1 宽的内腔，有时被微小的结晶体，平行于菌褶排列，直径 3 ~ 5μm。子实层中无囊状体；担子近棍棒状，具 4 小梗并在基部具 1 锁状联合，大小 18 ~ 22μm × 4.0 ~ 4.5μm；拟担子的形状与担子相似，但略小。

担孢子圆柱形至腊肠形，无色，薄壁，光滑，无液泡，在 Melzer 及棉蓝试剂中均无变色反应，大小 4 ~ 6μm × 1.5 ~ 2.5μm。（王成彬）

褐芝小孔菌

病 原 菌： 褐芝小孔菌 *Microporus affinis*（Blume & T. Nees）Kuntze 1898

分类地位： 真菌界 Fungi 担子菌门 Basidiomycota 伞菌亚门 Agaricomycotina
伞菌纲 Agaricomycetes 多孔菌目 Polyporales 多孔菌科 Polyporaceae
小孔菌属 *Microporus*

分　　布： 分布于热带和亚热带，在中国、越南、马来西亚均有分布。我国分布于福建、广西、贵州、海南、云南、湖南、四川等地。

寄主植物： 多种阔叶树植物如：锥属植物。存在于腐木、储木、桥梁木、坑木、桩木、仓库木、堤坝木、栅栏木和薪炭木上。

【危害症状】 主要造成木材白色腐朽，在表面可见子实体结构。*M. affinis* 是一个常见的木腐菌，在阔叶林中大多出现在木材分解的早期阶段，它具有极强分解纤维素能力，可以在木材早期占据优势地位，在腐烂早期占比大，菌丝会出现在截面上，并不断扩大，引起木材腐烂加剧。

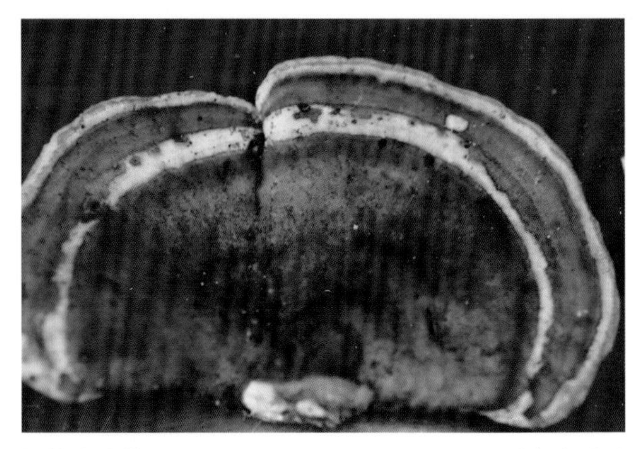
褐芝小孔菌 （李永 摄）

【主要特征】担子果1年生，有侧生柄，革质。菌盖单生或成簇，近圆形或扇形，有时半圆形，从基部向边缘逐渐变薄，新鲜时候表面光滑，红褐色、暗红褐色、褐色或近红黑色，有纵皱和不明显的同心环带；边缘薄而锐，波浪状，干后微向内卷变化不大，与菌盖同色。菌肉新鲜时近白色至奶油色，干后淡黄色；担子棍棒形，具有4个担孢子梗；担孢子短圆柱形，透明，薄壁，平滑。菌丝系统三体型；生殖菌丝无色，薄壁，有锁状联合，直径2.0～4.5μm；骨架菌丝无色或有点淡黄色，厚壁到实心，直径3～5μm；缠绕菌丝无色，厚壁，分枝，直径1～2μm。

【防治】①加强抚育管理，促进林木早日成材。②合理利用腐朽木，减少损失。③及时清理枯枝、倒木等，注意营林卫生。④对于桥梁木、坑木、桩木、仓库木等可以采用杂酚油等多种化学防腐剂防止木材腐烂的发生。（李永）

树舌灵芝

病 原 菌： 树舌灵芝 *Ganoderma applanatum*（Pers.）Pat. 1887

分类地位： 真菌界 Fungi 担子菌门 Basidiomycota 伞菌亚门 Agaricomycotina 伞菌纲 Agaricomycetes 多孔菌目 Polyporales 多孔菌科 Polyporaceae 灵芝属 *Ganoderma*

分　　布： 国内分布于河北、内蒙古、辽宁、吉林、黑龙江、江苏、浙江、安徽、福建、江西、河南、湖北、湖南、广东、海南、广西、四川、贵州、云南、西藏等；国外分布于日本、德国、澳大利亚、印度、尼泊尔、巴基斯坦。

寄主植物： 侵染多种阔叶树主干和基部，如栎、夹竹桃、胡杨、新疆杨、红皮杨和桑树等。

【危害症状】典型症状为干基部杂斑状白色腐朽，造成栎树衰弱。

【主要特征】该菌子实体大或巨大，无柄或几乎无柄。菌盖半圆形、扁半球形或肾形，基部常下延 5 ～ 35cm × 10 ～ 50cm，厚 1 ～ 12cm，上表面灰白色，渐变褐色或污白褐色，有同心环纹棱，有瘤，皮质胶角质，边缘较薄。菌肉木质浅栗色，有时近皮壳处先白色，后变暗褐色，孔口圆形，1mm，4 ～ 5 个，受伤时呈现暗褐色。孢子双层壁，外壁无色，内壁褐色、黄褐色，有刺，卵圆形，一端近平截，大小 7.5 ～ 10.0μm × 4.5 ～ 6.5μm。菌丝体白色，气生菌丝较少，紧贴培养基生长，尖端分支明显，不整齐。在显微镜下，菌丝双核无色透明，直径 1 ～ 3μm，有分支，分隔及锁状联合。

【防治】①对阔叶树如杨、栎树尽量采用种子育苗。②对森林进行合理抚育，及时剪除林木衰退的下枝、感病树干及立木上的子实体。③合理规划采伐年龄和加强林区卫生。④集材场和贮木场设置在通风排水良好的地方，清除场内外杂草、腐朽木屑等。（王成彬）

树舌灵芝（李永 摄）

齿耳菌

病 原 菌：齿耳菌 *Steccherinum bourdotii* Saliba & A. David 1988

分类地位：真菌界 Fungi 担子菌门 Basidiomycota 伞菌亚门 Agaricomycotina
伞菌纲 Agarico-mycetes 多孔菌目 Polyporales 齿菌科 Steccherinaceae
齿耳属 *Steccherinum*

分　　布：国内分布于北京、山东；国外分布于北半球，大多出现于欧洲地区，如俄罗斯、爱沙尼亚、芬兰、比利时、德国、意大利、马其顿、波兰、瑞士、乌克兰、英国、法国、奥地利等国家，在南美洲的阿根廷和亚洲的土耳其、印度也存在着相关的报道。

寄主植物：分布在潮湿阔叶林中，以栎、椴、白杨为主，也会危害核桃、欧李、刺槐和榆树等植物。

【危害症状】典型症状为木材白色腐烂，在表面可以看到明显的子实体。

S. bourdotii 存在于阔叶树的腐木、枝干和掉落的木枝、树皮上。

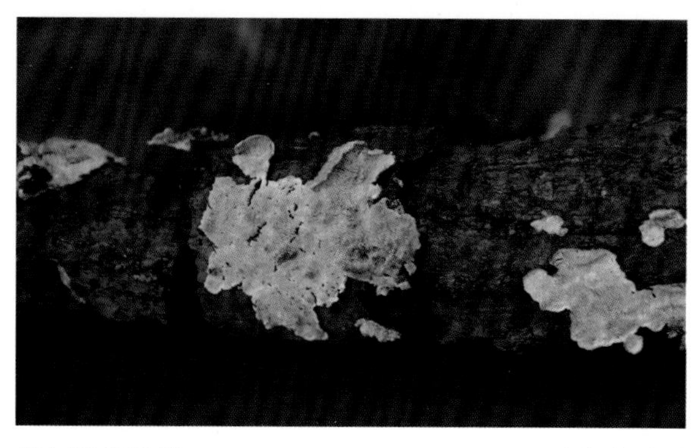
齿尔菌危害状　（李永 摄）

【主要特征】担子果1～2年生，上表面乳状，被绒毛覆盖，带状不明显，边缘锋利。新鲜时为淡橙色至橙红色，膨大，干燥后为棕橙色，边缘发白，变薄；子实层边缘有纤维褶皱，菌刺圆柱形，奶油色或橙色和微红色（非赭色）；担子近棒状，有4个小茎和基部钳；担孢子近球形或椭圆形，薄壁，光滑，偶有锯齿状，通常有1个油滴。菌丝系统二体型，生殖菌丝分枝，钳形，薄壁；骨架菌丝无分枝，壁厚，无钳。

【发病规律】担子果可以越冬，子实体产生并释放大量的担孢子，随着风雨或者空气传播。

【防治】①减少侵染源。及时清除子实体、枯枝落叶和腐木。②合理营林措施。减少树木的损伤，同时通过修枝、间伐合理控制林分密度。（王成彬）

烟管菌（黑管菌）

病 原 菌： 烟管菌 *Bjerkandera adusta*（Willd.）P. Karst. 1879

分类地位： 真菌界 Fungi 担子菌门 Basidiomycota 伞菌亚门 Agaricomycotina 伞菌纲 Agaricomycetes 多孔菌目 Polyporales 科 Phanerochaetaceae 烟管菌属 *Bjerkandera*

分　　布： 国内分布于北京、山西、吉林、黑龙江、陕西、甘肃、宁夏、青海、新疆、江苏、浙江、江西、福建、河南、湖北、广西、四川、贵州、云南、西藏等；国外分布于北半球（欧亚大陆及北美）温带地区，个别可到达南温带，但分布中心在北温带。

寄主植物： 生于阔叶树立木、枯立木、倒木、伐桩上和木材上，如槭属、桤木、桦木、杨、栎、柳、椴属、枫等。

【危害症状】黑管孔菌能腐生在多种阔叶树储木、建筑木、栅栏木和薪炭木上，造成木材白色腐朽。

【主要特征】子实体，担子果 1 年生，无柄盖形，通常覆瓦状叠生，菌盖通常左右联生，有时平伏，新鲜时革质至软木栓质，无嗅无味，干后木栓质，重量明显减轻；菌盖半圆形，长可达 6cm，宽可达 4cm，基部厚可达 3mm；菌盖表面初期乳白色，后期浅棕黄色或黄褐色，无环带，有时有疣突，有细绒毛；边缘乳白色，锐，干后内卷；孔口表面新鲜时烟灰色，手触后变为褐色，干后黑灰色；孔口多角形，每毫米 6 ～ 8 个；管口边缘薄，全缘；菌肉乳白色至浅棕黄色，新鲜时革质，干后硬革质或木栓质，无环区，厚可达 2mm；菌管灰褐色，比菌肉颜色深，与孔口表面颜色近似，木栓质，长达 1mm。

菌丝结构：菌丝系统一体系；生殖菌丝具锁状联合，在 Melzer 试剂中无变色反应，在棉蓝试剂中具弱嗜蓝反应；菌丝组织在 KOH 试剂中无变化。

菌肉：菌肉菌丝无色，薄壁至厚壁或明显厚壁，具宽的内腔，偶尔分枝，锁状联合频繁，疏松交织排列，直径 3.2 ～ 5.7m。

菌管：菌髓菌丝无色，薄壁，多分枝，疏松交织排列，直径 2.5 ～ 3.8μm；子实层中无囊状体和拟囊状体；担子近棍棒状，具 4 个担孢子梗，基部具 1 锁状联合，大小 12 ～ 15μm × 3.8 ～ 4.8μm；拟担子的形状与担子相似，但略小。

孢子：担孢子窄椭圆形，无色，薄壁，光滑，在 Melzer 和棉蓝试剂中无变色反应，大小 3.5 ～ 5.0μm × 2 ～ 3μm，平均长 4.11μm，平均宽 2.37μm，长宽比 1.74（n=30/1）。

【发病规律】通常在阔叶树的枯木上融合成团重叠，一般生长于 6—10 月。（李永）

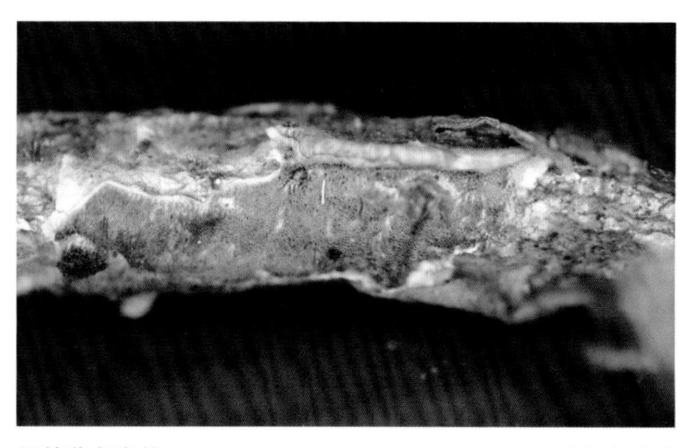

烟管菌危害状　　（李永 摄）

白囊耙齿菌

病 原 菌： 白囊耙齿菌 *Irpex lacteus* (Fr.) Fr. 1828

分类地位： 真菌界 Fungi 担子菌门 Basidiomycota 伞菌亚门 Agaricomycotina
伞菌纲 Agaricomycetes 多孔菌目 Polyporales 耙齿菌科 Irpicaceae 耙齿菌属 *Irpex*

分　　布： 北京、福建、湖北、广西、云南、陕西；美国。

寄主植物： 阔叶树，如柳、杨、椴、栎、李、桔及洋槐等。偶尔生于针叶树上。

【**危害症状**】木材白色腐朽。

【**主要特征**】担子果1年生，平展至反卷，有时平伏，近革质。菌盖8～15mm×9～20mm，厚1.5～3.0mm，常左右相连，有时覆瓦状，表面白色，有细长毛或绒毛，无环纹或有不明显的环纹；边缘薄而锐。菌肉白色，厚0.5～1.5mm。菌管长1～2mm。孔面白色或淡黄白色；管口每毫米约2个，常裂为齿状。菌丝系统二体型，生殖菌丝透明，薄壁、少分枝，具简单隔膜，直径3～4μm；骨架菌丝无色，厚壁实心，直径3～5μm。囊状体显著，厚壁，通常棍棒状，被结晶，大小30～50μm×6～8μm。担孢子长椭圆形至圆柱形，透明，平滑，大小4.5～6.0μm×2.5～3.0μm。（王成彬）

白囊耙齿菌（李永 摄）

栎类腐朽病

病 原 菌： *Sistotrema brinkmannii*（Bres.）J. Erikss. 1948

分类地位： 真菌界 Fungi 担子菌门 Basidiomycota 伞菌亚门 *Agaricomycotina*
伞菌纲 *Agaricomycetes* 鸡油菌目 Cantharellales 齿菌科 Hydnaceae 属 *Sistotrema*

分　　布： 北京。

寄主植物： 栓皮栎。

【**危害症状**】木材白色腐朽。

【**主要特征**】在 25℃和 4℃条件下均能生长，在 PDA 和 CMA 两种琼脂平板上均能生长较快。在 25℃条件下培养 7d 后，菌落在 CMA 上直径 39 ～ 41mm，在 PDA 上直径 63 ～ 64mm。菌落在 PDA 上是疏生絮状，白色，背面通常淡黄白色。菌丝透明，白色，宽 2 ～ 5μm，分支，有隔膜。（朱雅荃）

栎类腐朽病　　（李永 摄）

有柄树舌灵芝

病 原 菌： 有柄灵芝 *Ganoderma gibbosum*（Blume & T. Nees）Pat. 1897

分类地位： 真菌界 Fungi 担子菌门 Basidiomycota 伞菌亚门 Agaricomycotina
伞菌纲 Agaricomycete 多孔菌目 Polyporales 多孔菌科 Polyporaceae 灵芝属 *Ganoderma*

分　　布： 国内分布于河北、黑龙江、江苏、浙江、湖北、海南、广东、广西、贵州、云南等省份；国外分布于印度尼西亚、巴西。

寄主植物： 生于阔叶林中腐木上。

【**危害症状**】杂斑状白色腐朽，在木材上可以看到子实体，子实体的形态、颜色与寄主植物种类、天气和地理环境有关系。

【**主要特征**】担子果多年生，有短柄，木栓质到木质。菌盖半圆形或近扇形，上表面锈褐色、灰褐色，无似漆样光泽，具较稠密的同心环带；菌盖边缘较薄、圆钝，有时用手指即可压碎，有时又龟裂无光泽；菌肉呈深褐色或深棕褐色，厚 0.5 ～ 1.0cm；菌管深褐色，长 0.5 ～ 1.0cm；孔面污白色或褐色；管口近圆形，每毫米 4 ～ 5 个。菌柄短而粗，侧生，长 4 ～ 8cm，粗 1 ～ 3cm，基部更粗，与菌盖同色。

菌丝系统三体型，生殖菌丝透明，薄壁，有隔膜；骨架菌丝淡红褐色，厚壁，具树状分枝或呈针状，分枝末端形成鞭毛状；缠绕菌丝无色至稍带淡褐色，厚壁，分枝。（李永）

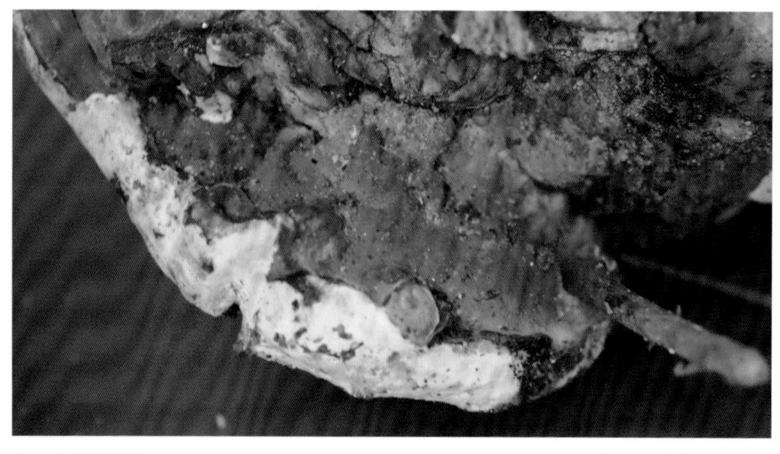

有柄树舌灵芝　　（李永 摄）

血痕韧革菌

病 原 菌：血痕韧革菌 *Stereum sanguinolentum*（Alb. & Schwein.）Fr. 1838

分类地位：真菌界 Fungi 担子菌门 Basidiomycota 伞菌亚门 Agaricomycotina 伞菌纲 Agaricomycetes 红菇目 Russulales 韧革菌科 Stereaceae 韧革菌属 *Stereum*

分　　布：国内分布于山西、福建、湖南、江西等地；国外于北美洲、亚洲、欧洲、南美洲均有分布，如法国、德国、美国、瑞士、波兰、俄罗斯等国家。

寄主植物：云杉属、落叶松属、松属植物的主干上或倒木上，偶尔在栎属等阔叶树树皮、腐木或掉落枝上也存在。

【危害症状】造成心材白色腐朽，可能会侵染活木或者倒立木。侵染活树后，引起树势衰弱，易风折；侵染腐木时，在其表面可以看到子实体。木材起初变色位于心材的中心部分，并会向边材向外扩展，受到侵染的树皮容易从边材开始脱落，内部呈现白色斑驳，长时间感染后，内部树皮几乎是一团白色的组织，在腐烂后期，腐朽木材会变得更软，但不会表现出褐腐病那种柔软、易碎的质地。

【主要特征】子实体，革质，薄片状，平伏后反卷，其反卷部分为半圆形的菌盖，边缘全缘或波状，较薄，表面有平贴的细毛或绒毛，淡青灰色至淡褐色，有光滑的血红色和褐色相间的环带，干后变成橙黄色至黄褐色，边缘内卷。

菌丝特征：菌丝透明，简单分隔，偶尔在分枝上形成大的锁状联合，直径 2.0 ～ 6.0μm；壁上有突起状的菌丝；囊状体有或无，是菌丝扩大的末端细胞，厚壁，具内含物，直径 4.5 ～ 7.5μm；孢子无色光滑，椭圆形，稍弯曲。

血痕韧革菌（李永 摄）

【发病规律】*S. sanguinolentum*

自伤口侵入，植株在伤口出现的第1年更容易受到侵染，伤口的面积会对发病率有很大的影响，在大伤口（$80cm^2$）上的发病率要显著大于小伤口（$10cm^2$）上的发病率。*S. sanguinolentum* 一般侵染距地面1.0～1.5m处的伤口，产生子实体后散发担孢子通过空气传播，在阴凉和潮湿的密林中更容易出现。

【**防治**】①尽量避免林木机械损伤的出现。②清除病腐木，剪除子实体，及时进行间伐，保证适宜的林分密度。（李永）

白蜡多年菌

病 原 菌：白蜡多年菌 *Vanderbylia fraxinea*（Bull.）D. A. Reid 1973
分类地位：真菌界 Fungi 担子菌门 Basidiomycota 伞菌亚门 Agaricomycotina
伞菌纲 Agaricomycete 多孔菌目 Polyporales 多孔菌科 Polyporaceae
属 *Vanderbylia*
分　　布：国内分布于安徽、福建、广东、江苏、江西、云南、浙江、山东等地；国外分布于美国、加拿大、欧洲。
寄主植物：白蜡树、金链花、栎树、枫树、刺槐等阔叶树。

【**危害症状**】导致阔叶树心材白腐，常危害干基部，在腐烂截面可以看到白色的组织和菌丝体。

【**主要特征**】担子果多年生，菌盖5～7cm，无柄，平状，菌盖半圆形或扇形，菌盖上表面新鲜时从中心往菌盖边缘方向颜色逐渐变浅，从红褐色至橘黄褐色或浅黄褐色，光滑，同心环带有但不明显，常具同心或放射状沟槽。菌丝系统二体型，有生殖菌丝和骨架菌丝，生殖菌丝稀少，无色，薄壁，不

白蜡多年菌　（李永 摄）

分枝，具有锁状联合；骨架菌丝无色，厚壁，弯曲，不分枝。担子棍棒状，顶部有4个担孢子梗，基部有1锁状联合。担孢子水滴形或宽椭圆形，不平截，无色，厚壁，光滑。

【发病规律】该菌主要通过释放担孢子进行再侵染，孢子通常依靠风雨或昆虫等媒介进行传播，通过伤口侵染植株，还可以通过健康植株的根和病根之间的接触进行传播，侵染植株。

【防治】①及时清除腐木和子实体。②避免树木机械损伤。（李永）

烟黄色锈齿革菌

病 原 菌：烟黄色锈齿革菌 *Hymenochaete odontoides* S. H. He & Y. C. Dai 2012

分类地位：真菌界 Fungi 担子菌门 Basidiomycota 伞菌纲 Agaricomycetes
锈革孔菌目 Hymenochaetales 锈革孔菌科 Hymenochaetaceae 刺革菌属 *Hydnochaete*

分　　布：国内主要分布于华北地区。

寄主植物：栎属。

【危害症状】造成木材白色腐朽。

【主要特征】子实体，担子果1年生，平伏至反卷，新鲜时革质，无特殊气味；菌盖常覆瓦状叠生。菌盖扇形或半圆形，单个菌盖长可达10cm，宽2cm，基部厚3mm，菌盖表面土黄色至黑褐色，具同心环纹边缘锐利。担子果纵切面具绒毛层、皮层、菌肉层、子实层和刚毛层，刚毛大，顶端被结晶，突出子实层20～50μm。子实层，橙黄色至灰黄褐色。菌齿排列稠密，每毫米3～5个，黄褐色，多数呈扁齿形，有的呈锥形，单

烟黄色锈齿革菌　（李永 摄）

生或由 2 ～ 3 个菌齿相互连接成片状；不育边缘颜色较淡，宽达 1mm。菌肉异质，上层颜色较暗，下层颜色与菌齿相同，两层间有 1 明显的黑线，菌肉层厚达 1mm。子实层中无囊状体或拟囊状体；刚毛较少见，暗褐色，厚壁至几乎实心，顶端尖锐，不弯曲，由亚子实层中伸出，有的由菌丝鞘包裹，突出子实层达 18 ～ 40μm，多数生于菌齿的根部。菌丝系统二体型；生殖菌丝淡黄色简单分隔，薄壁至厚壁，偶尔分枝；骨架菌丝淡黄色至暗褐色，壁厚并具明显的空腔，偶尔分隔。担子：圆柱形，顶部具 4 个担孢子梗，基部具 1 简单分隔。担孢子：腊肠形或圆柱形，无色，薄壁，光滑，大小 4.6 ～ 5.2μm × 1.2 ～ 1.4μm。（李永）

膨大革孔菌

病 原 菌：膨大革孔菌 *Coriolopsis strumosa*（Fr.）Ryvarden 1976

同物异名：*Trametes strumosa*（Fr.）Zmitr.，Wasser & Ezhov 2012

分类地位：真菌界 Fungi 担子菌门 Basidiomycota 伞菌纲 Agaricomycetes 多孔菌目 Polyporales 多孔菌科 Polyporaceae 革孔菌属 *Coriolopsis*

分　　布：国内分布于广西、云南等地；国外分布于新加坡、澳大利亚、韩国、南非、新西兰等国家。

寄主植物：栎属等阔叶树枯木。

【**危害症状**】造成木材白色腐朽。

【**主要特征**】担子果 1 年生，无柄，单生至覆瓦状，韧革质。菌盖半圆形或肾形，无毛，具明显的同心环沟，有不太明显的环带，近无柄，橄榄色至浅黄褐色或棕褐色，大小 2.5 ～ 5.0cm × 3.5 ～ 9.0cm，厚 3 ～ 6mm；菌肉黄茶灰色至浅茶褐色，木栓质，厚可达 9mm。菌管暗褐色，长可达

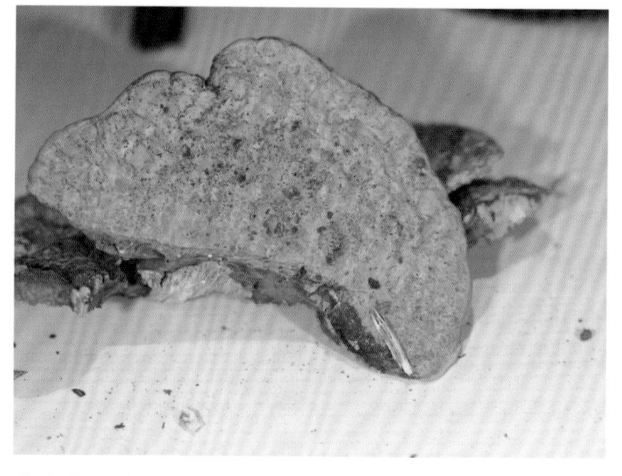

膨大革孔菌

1mm。菌丝系统三体型；生殖菌丝透明，薄壁，有锁状联合，直径2.5～5.3μm；骨架菌丝壁稍厚，透明至黄褐色，厚壁，直径3.0～4.5μm；缠绕菌丝透明微带淡黄色，厚壁。担孢子圆柱形，无色，光滑，壁薄。（李永）

浅黄趋木齿菌

病 原 菌： 浅黄趋木齿菌 *Xylodon flaviporus*（Berk. & M. A. Curtis ex Cooke）Riebesehl & Langer 2017

同物异名： *Hyphodontia flavipora*、*Poria flavipora*、*Kneiffiella flavipora*、*Schizopora flavipora*

分类地位： 真菌界 Fungi 担子菌门 Basidiomycota 伞菌纲 Agaricomycetes 锈革孔菌目 Hymenochaetales 裂孔菌科 Schizoporaceae 属 *Xylodon*

分　　布： 国内分布于全国各地；国外分布于印度、日本、德国等国家。

寄主植物： 针阔叶树腐木和落枝上，如槭树、枹栎、赤松等。

【危害症状】在针阔叶树上腐生，造成木材白色腐朽。

【主要特征】子实体1年生，乳白色至浅黄色，平伏，新鲜时肉质，干后软木栓质，不易于基物分离，长达50cm，宽达8cm，厚达2mm。

子实层：子实层体孔状，后期裂齿状，褐色具有深达2mm的孔隙，孔口表面新鲜时奶油色、浅黄色至土黄色，干后浅黄色至肉色。菌肉和菌管同为淡黄色。具有粗大的囊状体，钻形或圆柱形，壁薄。菌丝系统单体型，生殖菌丝具锁状联合，壁薄至厚壁。担孢子无色，光滑，壁薄，椭圆状或近球状。（李永）

浅黄趋木齿菌　　（李永 摄）

卵孢趋木齿菌

病 原 菌： 卵孢趋木齿菌 *Xylodon ovisporus*（Corner）Riebesehl & Langer 2017

同物异名： *Tyromyces ovisporus*、*Hyphodontia ovispora*、*Schizopora ovispora*

分类地位： 真菌界 Fungi 担子菌门 Basidiomycota 伞菌纲 Agaricomycetes 锈革孔菌目 Hymenochaetales 裂孔菌科 Schizoporaceae 趋木齿菌属 *Xylodon*

分　　布： 分布于亚洲和西太平洋地区，中国、新加坡、马来西亚和日本等国家（Fernández-López et al.，2018）。

寄主植物： 栎属。

【**危害症状**】木材腐朽。

【**主要特征**】子实体，新鲜时奶油状、粉红色奶油或淡黄色，干后破裂，边缘颜色相同或稍浅，具有深达0.2mm的孔隙。菌丝系统二体型，生殖菌丝具有锁状联合，无色；骨架菌丝，无色或黄色，壁厚，囊状体分布在子实层中，无色，钻形或圆柱形，被黄色物质包裹。担孢子近球形或椭圆形、光滑、壁薄。（李永）

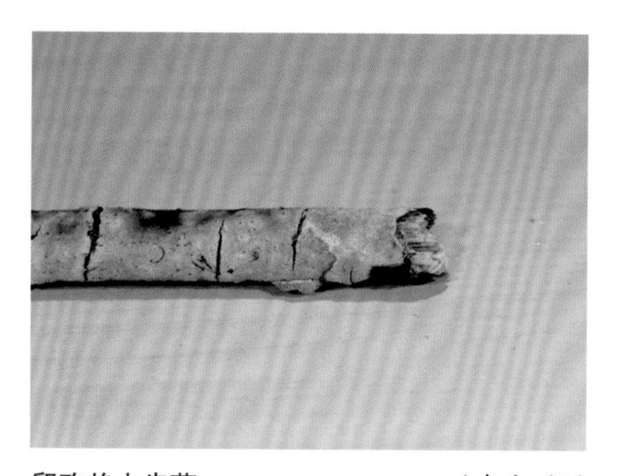

卵孢趋木齿菌　　（李永 摄）

环带小薄孔菌

病 原 菌： 环带小薄孔菌 *Antrodiella zonata*（Berk.）Ryvarden 1992

同物异名： *Cerrena zonata*、*Coriolus brevis*、*Irpex brevis*、*Polyporus japonicus*

分类地位： 真菌界 Fungi 担子菌门 Basidiomycota 伞菌纲 Agaricomycetes 多孔菌目 Polyporales 齿耳菌科 Steccherinaceae 小薄孔菌属 *Antrodiella*

分　　布： 国内分布于安徽、重庆、福建、广东、广西、贵州、河南、湖北、湖南、四川、云南、浙江、吉林等地；国外分布于澳大利亚、新西兰、阿根廷、印度、越南等国家。

寄主植物： 多种针阔叶树活木、倒木、枯木上，如栎类、云杉。

【危害症状】呈覆瓦状叠生在寄主植物上，造成木材白色腐朽。

【主要特征】子实体，担子果1年生，平伏至无柄盖形，覆瓦状叠生，新鲜时无特殊气味，革质，干燥后变为硬革质或脆革质。单个菌盖长达5cm，宽达3cm，厚达0.5cm，菌盖上表面新鲜时为橘黄色至黄褐色，手触后变为暗褐色，具有明显的同心环带，边缘锐，鲜黄色，干后内卷。孔口表面橘黄褐色至黄褐色，无折光反应，未成熟担子果及成熟担子果边缘部分的子实层体为孔状，管口近圆形，每毫米2～3个，管口边缘薄，撕裂状，成熟子实层体为裂齿状，菌齿紧密排列，每毫米2～4个。菌肉奶油色至浅黄色，革质，厚达4mm。菌丝系统二体系，生殖菌丝有锁状联合，无色，薄壁，常分枝；骨架菌丝无色至淡黄色，厚壁至几乎实心，不分枝，弯曲。担子棍棒形，着生4个担孢子梗和基部锁状联合。担孢子广椭圆形，无色，薄壁，平滑，大小4.4～6.0μm×3～4μm。（李永）

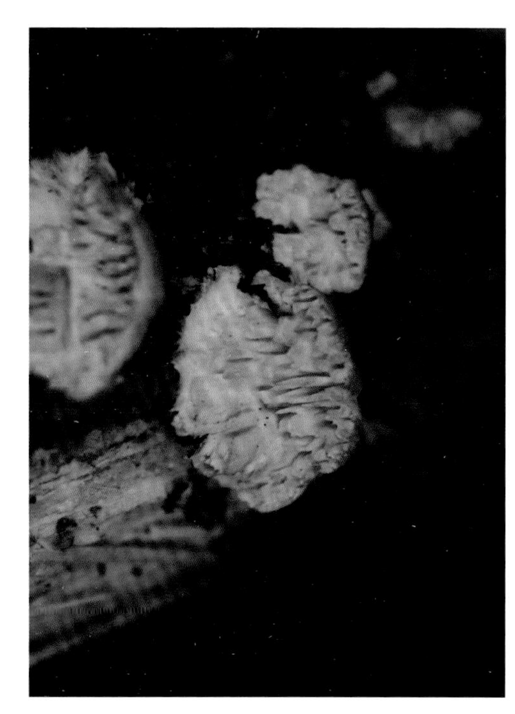
环带小薄孔菌 （李永 摄）

木蹄层孔菌

病 原 菌： 木蹄层孔菌 *Fomes fomentarius*（L.）Fr. 1849

同物异名： *Agaricus fomentarius*、*Boletus fomentarius*、*Elfvingia fomentaria*

分类地位： 真菌界 Fungi 担子菌门 Basidiomycota 伞菌纲 Agaricomycetes 多孔菌目 Polyporales 多孔菌科 Polyporaceae 层孔菌属 *Fomes*

分　　布： 国内分布于黑龙江、吉林、辽宁、内蒙古、河北、陕西、山西、甘肃、四川、西藏、新疆；国外广泛分布于北半球的寒温带阔叶林。

木蹄层孔菌　（李永 摄）

【危害症状】造成多种阔叶树心材白色腐朽。

【主要特征】子实体，担子果多年生，无柄盖形或蹄形，新鲜时木栓质，无嗅无味，干后木质，重量中等程度变轻。菌盖长达 30cm，宽达 20cm，中部厚可达 12cm。菌盖表面灰色至灰黑色，具同心环带和浅的环沟，边缘浅褐色，具窄的环区；边缘钝。孔口表面褐色，无折光反应；不育边缘明显，宽可达 5mm；孔口圆形，每毫米 3 ～ 4 个；管口边缘厚而全缘。菌肉浅黄褐色或锈褐色，硬纤维质，通常比菌管层薄，不分区，厚达 5cm，上表面有 1 明显且厚的皮壳；在菌肉中部与基质着生处有 1 明显的菌核，菌核褐色，明显比菌肉颜色深，近球形，硬木质，直径可达 4cm。菌管浅褐色，比菌肉颜色略深，木栓质，近年生菌管分层明显，老菌管分层不明显，长达 7cm；菌管层中间有时有白色的菌丝束填充。

菌丝结构：菌丝在棉蓝试剂中菌丝壁呈弱嗜蓝反应；在 KOH 试剂中菌丝组织变黑。

菌肉：骨架菌丝占多数，浅黄色至浅黄褐色，厚壁并具窄的内腔或几乎实心，常分枝，弯曲，交织排列，通常有大量的结晶体覆盖，直径 3.5 ～ 10.0μm；缠绕菌丝浅褐色，厚壁，几乎实心，弯曲，常分枝，交织排列，直径为 2.0 ～ 3.8μm；菌核菌丝褐色，厚壁，平直至略弯曲，交织排列，直径 3.0 ～ 8.4μm；皮层菌丝厚壁，几乎实心，不分枝，弯曲，交织排列，直径 3.1 ～ 8.5μm。菌管菌髓中生殖菌丝常见，无色，薄壁，常分枝并具锁状联合，通常有结晶体覆盖，直径为 1.5 ～ 3.0μm；骨架菌丝浅黄色，厚壁并具 1 狭窄的内腔，偶尔分枝，不分隔，弯曲，相互之间疏松交织排列，有结晶体覆盖，直径 2.9 ～ 8.0μm。子实层中无囊状体，拟囊状体长纺锤形，无色，薄壁，大小 21 ～ 34μm × 3.5 ～ 6.0μm；担子圆柱形，具 4 小梗并在基部具 1 锁状联合，大小 20 ～ 24μm × 7 ～ 8μm；拟担子占多数，圆柱形至梨形，多数比担子短。孢子大小 18 ～ 21μm × 5.0 ～ 5.6μm，平均长 19.35μm，平均宽 5.15μm，长宽比 3.76。（李永）

银耳

病 原 菌： 银耳 *Tremella fuciformis* Berk. 1856

分类地位： 真菌界 Fungi 担子菌门 Baisidomycota 银耳纲 Tremellomycetes 银耳目 Tremellales 银耳科 Termellaceae 银耳属 *Tremella*

分　　布： 主要分布在亚热带，在热带、温带和寒带也有分布。国内主要分布于四川、云南、贵州、湖北、陕西和安徽等地的山林地区；国外分布于印度、巴西、日本、美国、澳大利亚等地。

寄主植物： 在栎属和许多阔叶树倒木上散生或者群生。

【**危害症状**】造成木材白色腐朽，在腐朽的木材表面可以看见银耳子实体。

【**主要特征**】担子果叶状，纯白色至乳白色，胶质，呈现半透明，柔软有弹性，直径 5～16cm，厚膜质，呈耳形或者鸡冠状，由许多薄而波状卷褶的瓣片组成，下部连合，基蒂黄色至淡橘黄色，用手触破时流出乳白色的黏液；干后基本保持原状，白色或带淡黄色，基蒂黄色。成熟的子实体在其瓣片背部长出白色粉末状球形担子，有相互垂直的隔膜。子实层遍生瓣片两侧；下担子近球形至卵形，无色，“十”字形纵隔或稍斜隔；担孢子近球形，无色，有小尖，萌发产生分生孢子。

【**发病规律**】银耳不能单独在木材上生长发育，因为它没有分解木质素和纤维素的能力，银耳在自然条件下必须与另一种小型真菌共生才能形成子实体，该真菌被称为香灰菌 *Hypoxylon* sp.。

银耳是四极性异宗配合的菌类。一个银耳担子能产生 4 种不同交配型担孢子。通常银耳担孢子很难直接萌发成菌丝，一般是担孢子先反复芽殖，产生酵母状分生孢子，炼乳状，乳白色，渐变成微黄色，俗称“芽孢”，此后再萌发成单核菌丝，2 个可亲和的单核菌丝经质配形成双核菌丝，双核菌丝

银耳　（王守现 摄）

具有锁状联合结构。有香灰菌丝的参与下，双核菌丝能加快增殖，延伸、分枝，并分解和吸收基质中的营养、水分。在适宜条件下，在基质表面缠结形成菌丝，并逐渐胶质化形成银耳子实体，耳片逐渐舒展开，释放出孢子，产生新的一代，这个过程大约需要持续 50 ～ 60d。双核菌丝在培养条件不适（受热、浸水）或菌丝受伤，会形成酵母状分生孢子。酵母状分生孢子呈椭圆形，单核，以芽殖方式进行无性繁殖。

【**防治**】①及时伐去发病严重的树木，清除在发病部位的子实体。②砍下来的树木通过干存法、湿存法或水存法保存，或者涂抹化学试剂达到防腐的效果。③通过及时疏伐，清理枯枝落叶的方法，提高树势，减少病害的发生。（王成彬）

猴头菌

病 原 菌：猴头菌 *Hericium erinaceus*（Bull.）Pers. 1797

分类地位：真菌界 Fungi 担子菌门 Basidiomycota 伞菌纲 Agaricomycetes 红菇目 Russulales 猴头菌科 Hericiaceae 猴头菌属 *Hericium*

分　　布：北美、欧洲、亚洲。猴头菇在自然界中分布很广，主要分布在北温带的阔叶林或针叶、阔叶混交林中，如西欧、北美、日本、俄罗斯等地。在我国主要分布在东北大、小兴安岭，西北天山、阿尔泰山，西部的喜马拉雅山及西南横断山脉的林区，包括黑龙江、吉林、内蒙古、河北、河南、陕西、山西、甘肃、四川、湖北、湖南、广西、云南、西藏、浙江、福建等地。

寄主植物：栎属等植物。

【**危害症状**】木材白色腐朽。

【**主要特征**】猴头菇子实体头状，不分枝，白色，干猴头菇子实体色泽白中带黄。大小 5 ～ 20cm，肉质，内实，无柄。基部着生处狭窄，人工栽培猴头菇基部常因长于瓶口或塑料袋口内而呈柄状。除基部外，周体外被覆菌刺，刺下垂，状似猴子头。

猴头　　（王守现 摄）

菌刺长 1 ～ 5cm，针形，粗 1 ～ 2mm。孢子生于菌刺表面，球形，大小 5.5 ～ 7.5μm × 5 ～ 6μm，内含油滴，孢子堆白色。（朱雅荃）

裂蹄木层孔菌

病 原 菌：裂蹄木层孔菌 *Phellinus rimosus*（Berk.）Pilát 1940
同物异名：*Pyropolyporus rimosus*、*Fomes aulaxinus*
分类地位：真菌界 Fungi 担子菌门 Basidiomycota 伞菌纲 Agaricomycetes
锈革孔菌目 Hymenochaetales 锈革孔菌科 Hymenochaetaceae 针层孔菌属 *Phellinus*
分　　布：山西、江西、湖南、福建、贵州、广东、广西、新疆、西藏等。
寄主植物：只生长在阔叶树的死树和倒木上。

【**危害症状**】木材腐朽。

【**主要特征**】子实体，担子果多年生，无柄盖状，通常单生，新鲜时木质，干后硬木质；菌盖形，长达 10cm，宽达 16cm，厚达 9cm；菌盖上表面新鲜时黑褐色，干后黑色粗糙，不规则开裂，具同心环带；边缘钝，黄褐色；孔口表面新鲜时锈褐色，干后黄褐色，宽 2mm；孔口圆形，每毫米 4 ～ 5 个；管口边缘厚，全缘；菌肉色，硬木质，表面形成黑色皮壳，厚达 1cm；菌管干后黄褐色，木质，分层明显，达 8cm。

裂蹄木层孔菌　（李永 摄）

【**生长季节及采集方式**】裂蹄木层孔菌为少见种类，在春季、夏季和秋季均出现，子实体木栓质，不易腐烂，与基物着生紧密，采集时需用刀割取。（朱雅荃）

9 寄生害

Parasitic plants

栎类植物的植物寄生害主要是由茎寄生类（mistletoes）植物引起的。茎寄生类不是一个分类阶元或分类单位，而是特指檀香目（Santalales）中仅具有茎寄生（aerial）习性的专性（obligate）半寄生植物（hemiparasite）。这类寄生植物多为灌木，均寄生于木本植物（通常为乔木）的茎或枝上，在森林生态系统中呈冠层分布。国内的茎寄生植物主要包括桑寄生科（Loranthaceae）和槲寄生科（Viscaceae）的物种。此外，据文献记载，檀香科（Santalaceae）的寄生藤属（*Dendrotrophe*）也有几种可以寄生在栎属植物上，但由于其分布区较为狭窄，且危害报道较少，故在此不作为栎类的主要植物寄生害进行介绍。

茎寄生类植物在森林生态系统中的冠层分布　　（林若竹 摄）

发病规律

茎寄生类植物具有叶绿体，可以进行光合作用，但植株不能独立存活，必须依赖从寄主植物中获取水分和养分来完成自身的生长与繁殖过程。此类植物通常具有较高的电解质浓度及较强的蒸腾作用，大量汲取寄主枝干的水分，导致寄主被寄生的末端部位因缺水而干枯死亡；汲取寄主植物中大量的矿物质和碳水化合物，削弱寄主植物树势，造成寄主植物果实或蓄积量减产，影响寄主植物的经济效益及生态效益。同时，由于寄主树势的衰弱，其被病原微生物或植食性昆虫侵染的概率增大，造成一定程度的次生损害，从而增加寄主植株的死亡率。

茎寄生类植物可侵染槲栎、锐齿槲栎、辽东栎、蒙古栎等多种栎属植物以及其他壳斗目植物。其成熟果实颜色鲜亮，能够吸引鸟类觅食。鸟类取食果实后经消化道排出，完成种子的远距离传播。此外，果实具有黏胶层，成熟后自然掉落到寄主其他部位或邻近寄主的枝条上，也可使种子在较近的范围内传播。种子无休眠期，始熟果实的种子即能发芽。但由于从种子萌发、植株完全成活到逐渐扩大种群规模，需要经历较长的生长周期，因此在定植早期不易引起重视。

危害症状

茎寄生类植物以特殊的寄生器官——吸器（haustorium）与寄主植物的维管组织相连，使寄主组织异常增殖生长。吸器的类型多样，可以在寄生部位与寄主植物互相包裹形成瘤状结构，也能够以“寄生根”（epicortical root）的形态沿寄主枝条生长，在寄主枝条表面形成多个接触点。数个寄生植株集合在一起，形成一“丛”或数“丛”密集生长的植株群。被侵染的寄主枝条末端部位会逐渐干枯死亡，致使整株寄主植物的主要分枝减少，分枝变细，树势衰退，植株生长发育不良。当感染过多的寄生植物时，寄主植物将最终死亡。

北桑寄生的吸器形态 （林若竹 摄）

柳叶钝果寄生的吸器形态 （林若竹 摄）

桑寄生的植株群 （林若竹 摄）

北桑寄生危害的锐齿槲栎 （林若竹 摄）

防治

目前，国内外对茎寄生植物与寄主的互作机制、对栎树的危害等仍缺乏足够研究，栎林内茎寄生植物的防治方法也未见报道。理论上，可以对受侵染的枝条进行砍伐，去除寄生植物及含有吸器组织的寄主枝条；整株伐除受害特别严重的寄主植株，及时清除枯死木，消灭侵染源，防止寄生植物传播到健康林地。在化学防治方面，虽然没有栎类植物寄生害的相关报道，但对茎寄生植物在其他树种上的防治研究结果可作为栎类植物寄生害防治措施的参考依据。例如，有研究者利用草甘膦试剂等对人工橡胶林进行打洞埋药，使桑寄生科植物枯死，从而降低其寄生率（邱奕强和沈文海，2013），但该方法对寄主植物副作用较大，并非普遍做法。青海仙米林场的云杉林曾暴发严重的矮槲寄生害，研究者利用各种药剂进行化学防除试验，发现 20% 国光萘乙酸粉剂和 50% 国光丁酰肼可溶性粉剂可以使云杉矮槲寄生的花芽死亡，对降低其结实率有一定效果；不同稀释程度的 40% 乙烯利水剂可以促进云杉矮槲寄生脱果，明显降低了果实的成熟率；75% 百阔净乳油的水稀释液、乙烯利柴油混合剂、乙草胺乳油等也对云杉矮槲寄生有一定的防除效果（李涛等，2010；夏博等，2010）。不过应当注意的是，单一的防治措施往往效果有限，寄生害也容易复发，可以将物理防治、化学防治、群落改造等多种不同的措施相结合，通过综合防治策略来达到防除栎林植物寄生害的目的。（林若竹）

北桑寄生 *Loranthus tanakae* Franchet & Savatier

分类地位： 桑寄生科 Loranthaceae 桑寄生属 *Loranthus*

分　　布： 甘肃、河北、内蒙古、陕西、山东、山西、四川；日本、韩国。

寄主植物： 栎属、桦属、榆属、梨属、李属植物等。

【主要特征】 灌木，高约 1mm。茎常呈二歧分枝，一年生枝暗紫色，二年生枝黑色，被白色蜡被，具稀疏皮孔。叶对生，纸质，倒卵形或椭圆形，长 2.5 ～ 4.0cm，先端圆钝或微凹，基部楔形，稍下延；侧脉 3 ～ 4 对，稍明显；叶柄长 3 ～ 8mm。穗状花序顶生，长 2.5 ～ 4.0mm，具 10 ～ 20 花；花两

北桑寄生（林若竹 摄）

性，近对生，淡青色；苞片杓状；花托椭圆状，长约1.5mm；副萼环状；花冠花蕾时卵球形，花瓣（5）6，披针形，长1.5～2.0mm，开展；雄蕊生于花瓣中部，花丝短，花药4室；花盘环状；花柱柱状，通常6棱，顶端钝或偏斜，柱头稍增粗。果球形，长约8mm，橙黄色，果皮平滑。花期5—6月，果期9—10月。生长于海拔950～2000（2600）m的山地阔叶林，以及一些人工林和种植园中。（林若竹）

柳叶钝果寄生 *Taxillus delavayi* (Tieghem) Danser

分类地位：桑寄生科 Loranthaceae 钝果寄生属 *Taxillus*
分　　布：广西、贵州、云南、四川、西藏；缅甸、越南。
寄主植物：栎属、胡桃属、桦木属、槭属、柳属、杜鹃属植物等。

【**主要特征**】灌木，高0.5～1.0mm，全株无毛。二年生枝条黑色，具光泽。叶互生，有时近对生或数枚簇生于短枝上，革质，卵形、长卵形、长椭圆

开花的柳叶钝果寄生　（林若竹 摄）

柳叶钝果寄生的果实　（林若竹 摄）

形或披针形，长 3 ～ 5cm，宽 1.5 ～ 2.0cm，顶端圆钝，基部楔形，稍下延；侧脉 3 ～ 4 对，叶柄长 2 ～ 4mm。伞形花序，1 ～ 2 个腋生或生于小枝已落叶腋部，具花 2 ～ 4 朵，总花梗长 1 ～ 2mm 或几无，花梗长 4 ～ 6mm；苞片卵圆形，长约 2mm；花红色，花托椭圆状，长约 2.5mm；副萼环状，常全缘或具 4 浅齿；花冠花蕾时管状，长 2 ～ 3cm，稍弯，顶部椭圆状，裂片 4 枚，披针形，长 6 ～ 9mm，反折；花丝长约 2mm，花药长 3 ～ 4mm；花柱线状，柱头头状。果椭圆状，长 8 ～ 10mm，直径 4mm，黄色或橙色。花期 2—7 月，果期 5—9 月。生长于海拔（1500）1800 ～ 3500m 的高原或山地阔叶林、针阔混交林中。（林若竹）

桑寄生 *Taxillus sutchuenensis* (Lecomte) Danser

分类地位： 桑寄生科 Loranthaceae 钝果寄生属 *Taxillus*

分　　布： 甘肃、福建、广东、广西、河南、湖北、湖南、江西、陕西、贵州、四川、云南、浙江、台湾。

寄主植物： 栎属、胡桃属、水青冈属、桦木属、榛属植物等。

【主要特征】 灌木，高 0.5 ～ 1.0m。嫩枝、叶密被褐色或红褐色星状毛，有时具散生叠生星状毛，小枝黑色，无毛，具散生皮孔。叶近对生或互生，革质，

桑寄生　　（林若竹 摄）

桑寄生的花序（朱鑫鑫 摄）

桑寄生被毛的叶片（朱鑫鑫 摄）

卵形、长卵形或椭圆形，长 5 ～ 8cm，宽 3.0 ～ 4.5cm，顶端圆钝，基部近圆形，上面无毛，下面被绒毛；侧脉 4 ～ 5 对，在叶上面明显；叶柄长 6 ～ 12mm，无毛。总状花序，1 ～ 3 个生于小枝已落叶腋部或叶腋，具花（2）3 ～ 4（5）朵，密集呈伞形，花序和花均密被褐色星状毛；总花梗和花序轴共长 1 ～ 2（3）mm；花梗长 2 ～ 3mm；苞片卵状三角形，长约 1mm；花红色，花托椭圆状，长 2 ～ 3mm；副萼环状，具 4 齿；花冠花蕾时管状，长 2.2 ～ 2.8cm，稍弯，下半部膨胀，顶部椭圆状，裂片 4 枚，披针形，长 6 ～ 9mm，反折，开花后毛变稀疏；花丝长约 2mm，花药长 3 ～ 4mm，药室常具横隔；花柱线状，柱头圆锥状。果椭圆状，长 6 ～ 7mm，直径 3 ～ 4mm，两端均圆钝，黄绿色，果皮具颗粒状体，被疏毛。花期 6—8 月。生长于海拔 500 ～ 1900m 的山地阔叶林中。（林若竹）

高山寄生 *Scurrula elata* (Edgeworth) Danser

分类地位：桑寄生科 Loranthaceae 梨果寄生属 *Scurrula*
分　　布：西藏、云南；不丹、印度、尼泊尔。
寄主植物：栎属、栒子属、杜鹃属、荚蒾属、冬青属植物等。

【主要特征】灌木，高 0.5 ～ 1.5m。嫩枝、叶密被褐色星状毛，不久毛全脱落；小枝灰褐色至黑褐色，近平滑，具稀疏皮孔。叶对生或互生，革质，卵形或长卵形，长 6 ～ 10cm，宽 3 ～ 5cm，顶端渐尖，基部圆钝或近心形；侧脉

5～6对，两面均明显；叶柄长1～2cm。总状花序，1～2个腋生或生于小枝已落叶腋部，花序各部分均被疏毛，花序轴长0.5～1.5cm，具花6～10朵；花梗长3～5mm；苞片卵形，长约1.5mm；花红色或红黄色，花托陀螺状，长约2.5mm；副萼环状，全缘；花冠花蕾时管状，长2.8～3.0cm，稍弯，下半部膨胀，直径3mm，顶部椭圆状，开花时顶部4裂，裂片披针形，长约10mm，反折；花丝长1.5mm，花药长5mm；花柱线状，柱头头状。果陀螺状，浅黄色，长6～8mm，直径4～5mm，顶端截平，近基部急狭，果皮平滑。花期5—7月，果期7—8月。生长于海拔（2000）2400～2800m的常绿阔叶林或针阔混交林中。（林若竹）

高山寄生　（林若竹 摄）

大苞鞘花 *Elytranthe albida* (Blume) Blume

分类地位：桑寄生科 Loranthaceae 大苞鞘花属 *Elytranthe*
分　　布：云南；印度、印度尼西亚、老挝、马来西亚、缅甸、泰国、越南。
寄主植物：栎属、榕属植物等。

【**主要特征**】灌木，高2～3m，全株无毛。枝条披散，老枝灰色，粗糙。叶革质，长椭圆形至长卵形，长8～16cm，宽4.5～6.0cm，顶端短尖，基部圆钝；侧脉稍明显；叶柄长2～3cm。穗状花序，1～3个生于老枝已落叶腋部或生于叶腋，具花2～4朵，总花梗长约1cm，粗3mm，稍扁平，基部具2～3对鳞片；苞片卵形，长6～10mm，宽4～6mm，顶端急尖，具脊棱；小苞片长卵形，长8～12mm，宽5～7mm，顶端钝尖，具脊棱；花托长卵状，长约2mm；副萼杯状，长1.0～1.5mm，全缘；花冠红色，长6～7cm，冠管下半部稍膨胀，上半部具6浅棱，裂片6枚，披针形，长约2cm，反折；花丝长8～10mm，花药长4.5～6.0mm。果球形，长约3mm，顶端具宿存副萼和乳

头状花柱基。花期11月至翌年4月。生长于海拔1000～1800（2300）m的山地常绿阔叶林中。（林若竹）

大苞鞘花　　（牛洋 摄）

槲寄生 *Viscum coloratum* (Komarov) Nakai

分类地位： 槲寄生科 Viscaceae 槲寄生属 *Viscum*

分　　布： 安徽、福建、甘肃、广西、贵州、湖北、湖南、江苏、江西、四川、台湾、浙江；日本、韩国、俄罗斯。

寄主植物： 栎属、榆属、杨属、柳属、椴树属、桤木属、枫杨属、苹果属、李属、梨属植物等。

【主要特征】 灌木，高约0.3～0.8m。茎、枝均圆柱状，多为二歧或三歧分枝，节稍膨大，小枝的节间长5～10cm，粗3～5mm，干后具不规则皱纹。叶对生，稀3枚轮生，厚革质或革质，长椭圆形至椭圆状披针形，长3～7cm，宽0.7～1.5（2.0）cm，顶端圆形或圆钝，基部渐狭；基出脉3～5条；叶柄短。雌雄异株；花序顶生或腋生于茎叉状分枝处。雄花序聚伞状，总苞舟形，通常具花 3 朵；雄花：花蕾时卵球形，长 3 ～ 4mm，萼片 4 枚，卵形；花药椭圆形，长 2.5 ～ 3.0mm。雌花序聚伞式穗状，具花 3 ～ 5 朵，顶生的花具 2 枚苞片或无，交叉对生的花各具 1 枚苞片；苞片阔三角形，长约 1.5mm；雌花：花蕾时长卵球形，长约 2mm；花托卵球形，萼片 4 枚，三角形，长约 1mm；柱头乳头状。果球形，直径 6 ～ 8mm，具宿存花柱，成熟时淡黄色或橙红色，果皮平滑。花期 4—5 月，果期 9—11 月。生长于海拔 500 ～ 1400（2000）m 阔叶林中。（林若竹）

槲寄生 （林若竹 摄）

栗寄生 *Korthalsella japonica* (Thunberg) Engler

分类地位： 槲寄生科 Viscaceae 栗寄生属 *Korthalsella*

分　　布： 福建、甘肃、广东、广西、贵州、海南、湖北、湖南、江西、陕西、四川、台湾、西藏、云南、浙江；不丹、印度、印度尼西亚、日本、马来西亚、缅甸、巴基斯坦、菲律宾、斯里兰卡、泰国、越南、非洲东部等。

寄主植物： 栎属、杨桐属、山茶属、鹅耳枥属、蒲桃属、石笔木属、冬青属、杜鹃花属、山矾属，以及樟科植物等。

【主要特征】亚灌木，高 5 ～ 15cm。小枝扁平，通常对生，节间狭倒卵形至倒卵状披针形，长 7 ～ 17mm，宽 3 ～ 6mm，干后中肋明显。叶退化呈鳞片状，成对合生呈环状。花淡绿色，有具节的毛围绕于基部。雄花：花蕾时近球形，长约 0.5mm，萼片 3 枚，三角形；聚药雄蕊扁球形；花梗短。雌花：花蕾时椭圆状，花托椭圆状，长约 0.5mm；萼片 3 枚，阔三角形，小；柱头乳头状。果椭圆状或梨形，长约 2mm，直径约 1.5mm，淡黄色。花果期几全年。生长于海拔 150 ～ 1700（2500）m 山地常绿阔叶林中。（林若竹）

栗寄生　　（卢元 摄）

10
外来入侵
高风险性
病虫害
Potentially high-risk
invasive pests

栎枯萎病菌 *Ceratocystis fagacearum*（Bretz）J. Hunt

异　　名： *Bretziella fagacearum*（Bretz）Z. W. de Beer，Marinc.，T. A. Duong & M. J. Wingf.；*Endoconidiophora fagacearum* Bretz；*Chalara quercina* Henry（无性型）

分类地位： 真菌界 Fungi 子囊菌门 Ascomycota 粪壳菌纲 Sordariomycetes 小囊菌目 Microascales 长喙壳科 Ceratocystidaceae 长喙壳属 *Ceratocystis*

分　　布： 目前主要分布在美国中东部的 20 多个州，其中包括阿拉巴马、阿肯色、伊利诺伊、印第安纳、艾奥瓦、堪萨斯、肯塔基、路易斯安那、马里兰、密歇根、明尼苏达、密西西比、密苏里、内布拉斯加、纽约、北卡罗来纳、俄亥俄、俄克拉何马、宾夕法尼亚、南卡罗来纳、南达科他、田纳西、得克萨斯、弗吉尼亚、西弗吉尼亚和威斯康星州等。

寄主植物： 白栎、猩红栎、椭圆果栎、大果栎、沼生栎、无梗花栎、沼生栗栎、南方红栎、柔毛栎、夏栎、红槲栎、舒马栎、星毛栎、二色栎、弗吉尼亚栎等栎属树种。此外，栎枯萎病菌还可侵染板栗、欧洲栗、美洲栗、密花石柯等壳斗科其他树种。

【主要特征】栎枯萎病通常每年仲春至暮春，从树冠上部侧枝开始发病，并向下蔓延。对于红栎类，老叶最初是轻微卷曲、呈水浸状暗绿色，然后从叶尖向叶柄发展，逐渐变为青铜色至褐色。之后，病叶便纷纷脱落。幼叶则直接变为黑色并卷曲下垂，但不脱落。当大多数病叶脱落之后，主干及粗枝会长出抽条，其上生出的幼叶也呈现上述症状。病害的发展很快，一般几个星期或一个夏季之后，病树便会枯死。对于白栎类，症状与红栎相似，但发病较慢，一个季节仅有 1 个或几个枝条枯死，2 ～ 4 年之后，病株或者枯死，或者康复。剥去病枝树皮，可见到长短不一的黑褐色条纹，且白栎比红栎更明显。病树死后，在树皮和木质部之间形成菌垫，其上产生分生孢子梗及分子孢子，菌垫不断加厚，最终可导致树皮开裂、菌丝层外露，同时还散发出一种水果香味。

子囊壳黑色、瓶状、基部球形（直径 240 ～ 380μm），几乎整个埋于基质内，具有长喙，喙长 250 ～ 450μm，顶端生有无色须状物。子囊球形至近球形，子囊壁易消解，成熟后，子囊孢子从孔口流出，聚集在白色黏液中呈小滴状，且在水中不易分散。子囊孢子单胞、无色，椭圆形或略弯，大小为 5 ～ 10μm × 2 ～ 3μm。

无性型阶段为栎鞘孢 *Chalara quercina*，分生孢子单胞，圆筒形，两端平截，大小 2.0 ～ 4.5μm × 4.0 ～ 22.0μm，在人工培养基上可形成分生孢子链。分生孢子梗分枝或不分枝，宽 2.5 ～ 5.0μm，长 20.0 ～ 60.0μm，淡色至黑色，有分隔、顶端逐渐变尖菌丝分枝有横隔、淡色至褐色。

【检疫管理和防治策略】栎树枯萎病菌除了通过根际接合进行树与树之间的近距离地下传播外，还能通过媒介昆虫进行地面近距离传播，其中最主要的是露尾甲和小蠹虫，如微暗露尾甲 *Carpophilus lugubris*、弓隆鬃额小蠹 *Pseudopityophthorus minutissimus*、白粉鬃额小蠹 *P. pruinosus* 等。病菌的远距离传播则主要是通过带病的寄主植物苗木、原木及其制品的长途运输。因此，应严格禁止从栎枯萎病菌疫区进口栎类的苗木、木材及原木。许多国家规定进口栎树木材和原木，必须是来自疫区 80km 以外的无病栎树。另外，我国制定了国家标准《栎枯萎病菌的检疫鉴定方法》（GB/T 28083—2011）以用于该病害的检疫检验和鉴定。

目前美国防控栎枯萎病的主要方法是彻底销毁病树、切断病健树根部接触传播和消灭媒介昆虫，具体做法为：发现病株应立即进行彻底销毁，并将其周围 15m 内的健康植株也清除掉；喷施化学杀虫剂，消灭传病介体；在发病初期或预防期，注射丙环唑（Propiconazole）具有一定的预防、保护和治疗作用。

【风险评价】栎枯萎病是一种毁灭性维管束病害，该病害的病原菌主要危害红栎 *Quercus rubra* 等栎属树种，自 1942 年在美国威斯康星州首次发现以来，目前已扩散蔓延至美国中东部地区的 20 多个州。栎树枯萎病菌发展迅速，可使病树在表现症状后几周内便整株死亡，并且极难根治，因此一直被 EPPO 及许多国家和地区列入检疫性有害生物名单中。我国栎树种类很多，且分布于不同的气候地区，有些地区的环境条件与目前欧美栎树枯萎病的发生区类似，尤其在气候温暖潮湿的南方，该病发生的可能性和危害性更大。（淮稳霞）

栗双线窄吉丁 *Agrilus bilineatus* (Weber)

异　　名： *Agrilus aurolineatus* Gory；*Agrilus bivittatus* Kirby；*Agrilus lavolineatus* Mannerheim；*Buprestis bilineata* Weber

分类地位： 动物界 Animalia 节肢动物门 Arthropoda 昆虫纲 Insecta 鞘翅目 Coleoptera 吉丁虫科 Buprestidae 窄吉丁亚科 Agrilinae 窄吉丁属 *Agrilus*

分　　布： 当前主要分布于美国东部和中部各州、加拿大（曼尼托巴省、新不伦瑞克省、安大略省、魁北克省）和土耳其。

寄主植物： 美洲栗、美洲白栎、猩红栎、椭圆果栎、琴叶栎、大果栎、马里兰得栎、湿地栗栎、黄栗栎、水栎、沼生栎、栗栎、夏栎、红槲栎、星毛栎、德州栎、美洲黑栎、弗吉尼亚栎等栎属植物。

【主要特征】新产卵呈椭圆形、乳白色，长 1.0 ～ 1.2mm，宽 0.5 ～ 0.8mm，厚度约为 0.3mm。

幼虫体扁平，无足，乳白色至淡黄色，头部暗褐色，腹部 10 节，腹末具 1 对褐色尾叉；可分为 4 个龄期，初孵幼虫体长 1.0 ～ 1.5mm，而老熟幼虫体长可达 18 ～ 24mm。

蛹体长 6 ～ 10mm，初为乳白色，后渐变为黄褐色。

在不同的寄主植物上，成虫的体长差异较大，范围为 5 ～ 13mm；头部呈古铜色，前胸背板和腹部大部分为黑色略带绿色，前胸背板两侧及 2 个鞘翅的中央各有 1 道黄色斑纹。

【检疫管理和防治策略】禁止从疫区进口寄主植物的苗木和木材，以及用疫区木材新加工成的家具、包装箱等；加强检疫，防止随着种苗、原木等寄主植物材料的调运传入我国。

加强抚育和水肥管理，提高树势及抗虫能力；成虫羽化前，及时清除枯枝、死树或被害枝条，并烧毁以减少虫源；施用甲氨基阿维菌素苯甲酸盐（简称甲维盐）等杀虫药剂进行化学防治；利用寄生蜂等天敌进行生物防治；选育抗虫树种。

【风险评价】栗双线窄吉丁原产于北美东部，在当地一般危害美洲栗和栎属植物的衰弱木和濒死木，属于次期性害虫。该吉丁虫主要以幼虫危害，其在幼虫寄主植物树木的韧皮部与边材之间蛀食，形成不规则的蛀道并逐渐环绕枝干一周，造成寄主植物叶片枯黄脱落、枝梢枯萎、甚至整株枯死。栗双线窄吉丁的近距离传播主要通过其成虫的飞行进行主动扩散，而远距离则可随带虫的寄主植物苗木、原木和木材的调运进行传播。2013 年和 2016 年，在土耳其伊斯坦布尔附近及其东部两个地点都发现了栗双线窄吉丁，之后 EPPO 于 2018 年将其列入有害生物预警名单，2019 年又将其列入检疫性有害生物 A2 名录中。我国栎属植物有 51 种，多为组成森林的重要树种，分布全国各省份。其中，沼生栎和夏栎等在我国引入栽培的历史较长，且很多栎树为栗双线窄吉丁的主要寄主植物。尤其是近年来，随着国际贸易的日益频繁，我国海关在广东中山、杭州湖州等口岸从来自北美的栎类原木或木材中曾多次截获栗双线窄吉丁，该虫传入我国的风险不断加大。（淮稳霞）

栗双线窄吉丁成虫（曹亮明 摄）

栎双点窄吉丁 *Agrilus biguttatus* (Fabricius)

异　　名： *Agrilus caerulescens* Schilsky；*Agrilus octoguttatus* Fourcroy；*Agrilus pannonicus* Piller & Mitterpacher

分类地位： 动物界 Animalia 节肢动物门 Arthropoda 昆虫纲 Insecta 鞘翅目 Coleoptera 吉丁虫科 Buprestidae 窄吉丁亚科 Agrilinae 窄吉丁属 *Agrilus*

分　　布： 主要分布于阿尔巴尼亚、奥地利、比利时、保加利亚、捷克、丹麦、德国、法国、英国、希腊、匈牙利、意大利、荷兰、挪威、波兰、斯洛文尼亚、西班牙、瑞典、瑞士、罗马尼亚、塞尔维亚、马其顿、俄罗斯、乌克兰、白俄罗斯、拉脱维亚、爱沙尼亚、立陶宛、亚美尼亚、土耳其、伊朗、叙利亚、阿尔及利亚、摩洛哥等国家。

寄主植物： 危害栎属植物，主要种类有夏栎、红槲栎、无梗花栎、欧洲栓皮栎、柔毛栎、冬青栎、比利牛斯栎、土耳其栎、欧洲栗、欧洲水青冈等。另外，还可危害水青冈属、栗属植物等。

【主要特征】 幼虫体乳白色，体型长且扁，低龄幼虫平均长约 10mm，老龄幼虫平均长 25 ～ 43mm，无足，前胸背板略宽于身体其他部位，腹末具 1 对褐色尾叉。

成虫体亮铜绿色，局部带有蓝紫色；体长 8 ～ 13mm，宽 2.5mm 左右；雄虫体长略长于雌虫；鞘翅长且窄，略宽于前胸背板中部；鞘翅后 1/3 近中缝边缘有 2 个小型白斑，不规则，稍凹，被银白色的较长倒伏软毛；腹部均匀暗金属绿色，带紫色，第 1、2 节腹板愈合，第 3 ～ 5 腹板每个腹板的前侧部各有 1 对白斑点（表面稍凹，被中等长度的银白色软毛）。

【检疫管理和防治策略】 切实加强对来自栎双点窄吉丁分布地区的木材和种苗的检疫力度，严防该害虫随着种苗、原木等寄主植物材料的调运传入我国；检验检疫过程中，一旦发现该害虫，应对货物进行严格的防疫除害处理，杜绝其传入、传播和扩散。

目前，用于防治栎双点窄吉丁的主要策略有：加强抚育管理，增强树势，提高寄主植物树木抗病虫能力；及时清除枯枝、死树或被害枝条，以减少虫源；施用甲维盐等杀虫药剂进行化学防治；利用栎双点窄吉丁的天敌对其进行生物防治；培育抗虫树种。

【风险评价】 栎双点窄吉丁原产于欧洲，具有传播性强、危害范围广等特点，是栎类植物和栗属果木的重要害虫。在欧洲，栎双点窄吉丁的成虫取食寄主植物树木的叶片和嫩枝芽等，食量较小，危害不大；而其幼虫在寄主植物树木的韧皮部与边材之间蛀食，形成的蛀道可导致树干部分或完全环剥，造成树木枝梢枯萎或整株枯死；另外，近年来的研究还发现，该害虫同欧洲栎类急性衰退（Acute oak decline）现象也有着重要联系。栎双点窄吉丁的幼虫、成虫等各虫态均能随寄主植物运输作远距离传播，其目前广泛分布于欧洲多地，我国尚无分布记录，一旦传入将对我国的林木生态安全造成较大威胁。（淮稳霞）

合毒蛾 *Orgyia leucostigma* (Smith)

异　　名： *Acyphas plagiata* Walker，1855；*Cladophora leucographa* Geyer，1832；*Hemerocampa leucostigma*（J. E. Smith，1797）

英文名称： white-marked tussock moth

分类地位： 动物界 Animalia 节肢动物门 Arthropoda 昆虫纲 Insecta 鳞翅目 Lepidoptera 毒蛾科 Lymantriidae 古毒蛾属 *Orgyia*

分　　布： 主要分布在加拿大、美国和古巴。在加拿大分布于纽芬兰省至阿尔伯达省一带，在美国主要分布于以明尼苏达州、内布拉斯加州、新墨西哥州、科罗拉多州和得克萨斯州为边界的中东部地区；在我国尚无分布记录。

寄主植物： 该虫为多食性食叶害虫，不仅可危害冷杉属、云杉属等针叶树，还可危害苹果属、梨属、榆属、槭属和栎属等阔叶树。其中，栎属寄主植物主要有桂叶栎、美国白栎、红槲栎、水栎、弗吉尼亚栎等。

【主要特征】 卵直径 0.3 ～ 1.0mm，卵壳坚硬，无光泽；卵粒整齐排列成块，卵孔周围具玫瑰花形刻纹。

老熟幼虫体长 25.0 ～ 38.0mm，全身具毛，头部橘红色，身体白色、微黄色至暗褐色，第 1 ～ 8 腹节背面中央具有 1 条黑色毛带；前胸前缘两侧各有 1 向前伸的黑色毛束；第 1 ～ 4 腹节背面中央具白色刷状毛；第 6 和 7 腹节背面具红色翻缩腺；第 8 腹节背面具 1 向后斜的灰褐色长毛束。

蛹褐色或黑褐色，复眼大，腹节具少量体毛，体末端窄。

成虫雌雄异型；雄虫翅展约 30mm，体灰褐色，腹部棕色，腹末具明显的棕色簇毛；触角羽状；前翅暗褐色，具波状带和白色斑；后翅 $Sc+R_1$ 在中室前缘 1/3 处与中室接触，形成 1 大基室，M_1 脉与 R_S 脉在中室以外短距离愈合。雌虫乳白色，无翅，不能飞翔，全身具毛，腹末具大毛丛，产卵时用以覆盖卵块。

【检疫管理和防治策略】 为防止合毒蛾传入我国，在木材、苗木等的进口调运时要加强检疫，检查木材苗木上有无卵块、幼虫或蛹等虫态，同时加强运输工具、集装箱及包装物的外表检疫。此外，我国制定了国家标准《合毒蛾的检疫鉴定方法》（GB/T 35341—2017）以用于该虫的检疫检验和鉴定，有效指导了该害虫的检疫工作。

国外对合毒蛾的防治措施主要包括：利用天敌昆虫、微生物和鸟类等进行生物防治；人工清除卵块和蛹；使用合毒蛾性信息素诱捕器诱捕成虫；喷洒化学药剂进行防治。

【风险评价】合毒蛾在北美对其行道树和观赏植物危害较大，是当地重要的园林害虫。合毒蛾幼虫取食阔叶树和灌木的叶子影响植物生长，危害严重时甚至会导致贵重树种和灌木死亡，而它体上的毒毛接触皮肤会引起发疹，甚至更严重的后果。在城市及林荫休息区域幼虫常常因坠落虫粪、飘落使人过敏的毒毛和近距离迁徙而产生严重的环境问题。该虫 1 年发生 1 ～ 2 代。以卵在卵块内越冬，卵块通常位于已羽化的雌虫蛹壳内。由于该毒蛾雌成虫无翅，不能飞行，其近距离扩散主要依靠幼虫借助风进行传播，远距离的传播基本通过寄主植物的调运进行扩散。该虫在北美的分布区域和我国的地理纬度相当，且为多食性食叶害虫，众多的寄主植物在我国分布广泛。故该虫一旦传入我国，其定殖及传播扩散的可能性极大，因此 2007 年被我国列入了《中华人民共和国进境植物检疫性有害生物名录》。（淮稳霞）

栎树疫霉猝死病菌 *Phytophthora ramorum* Werres, de Cock & In't Veld

分类地位： 藻物界 Chromista 卵菌门 Oomycota 卵菌纲 Oomycetes 霜霉目 Peronosporales 腐霉科 Pythiaceae 疫霉属 *Phytophthora*

分　　布： 加拿大、美国、比利时、克罗地亚、丹麦、法国、德国、希腊、爱尔兰、卢森堡、荷兰、挪威、波兰、葡萄牙、塞尔维亚、斯洛文尼亚、西班牙、瑞士、英国、日本（九州、四国）、越南等国家。

寄主植物： 栎树猝死病菌的寄主植物范围非常广，其中危害的栎属植物主要有加州栎、赤栎、土耳其栎、金杯栎、南方红栎、冬青栎、加利福尼亚黑栎、无梗花栎、乌冈栎、夏栎、红槲栎等，此外还危害其他 150 多种重要的森林和观赏植物，如落叶松属、石栎属、槭属、山茶属、杜鹃花属等。

【主要特征】栎树猝死病菌在 V8S、CMA 等人工培养基上生长均较缓慢，菌丝分叉较多，常呈不规则珊瑚状，并产生大量厚垣孢子；最适生长温度为 15 ～ 21℃。该病菌为异宗配合，有 A1、A2 两种交配型。其藏卵器球形，光滑，直径 24 ～ 40μm（平均 29.8 ～ 33.0μm）；卵孢子满器，直径 20.0 ～ 36.0μm（平均 27.2 ～ 31.4μm）；雄器围生，多为单细胞，近球形、卵球形或圆筒形，大小

12.0 ～ 22.0μm × 15.0 ～ 18.0μm。

栎树猝死病菌的游动孢子囊为椭圆形、纺锤形或长卵形，半乳突，大小25.0 ～ 97.0μm × 14.0 ～ 34.0μm（平均 45.6 ～ 65.0μm × 21.2 ～ 28.3μm），平均长宽比 1.8 ～ 2.4，底部多具短柄并且易脱落；孢囊梗不分枝或简单合轴分枝；厚垣孢子壁薄，球形或近球形，直径 20.0 ～ 91.0μm（平均 46.4 ～ 60.1μm），常为顶生或间生，时有侧生。

该病菌在不同种类的植物上危害症状和危害程度明显不同，即使在同一种寄主植物上也具有多种症状类型。一般可分为树干溃疡、枝梢枯萎和叶部病斑3 种类型，可引起枯梢、叶斑、溃疡等症状，造成寄主植物死亡。

【检疫管理和防治策略】加强检验检疫力度，禁止从栎树猝死病菌疫区进口寄主植物苗木；来自栎树猝死病菌疫区寄主植物树种原木要求做去皮处理，木材不得带皮，否则，必须进行热处理；检验检疫时一旦发现栎树猝死病菌，应立即销毁带病材料。

对于栎树猝死病，国外目前采取的防治措施主要有：①加强前期监测、检测和检疫，一旦发现有疑似感染应立即销毁，防止病害扩散蔓延。②化学防治。研究发现，保护性杀菌剂的使用对于预防城市绿化区的珍稀植物感染栎树猝死病有一定作用，甲霜灵、乙膦酸铝、硫酸铜和膦酸铜等能够有效地抑制栎树猝死病菌。但化学药剂一般多起到预防作用，需要重复间隔使用，长期使用病原菌会产生抗药性，并不能彻底根除该病害。③生物防治。已有研究表明，短小芽孢杆菌 *Bacillus brevis*、枯草芽孢杆菌 *Bacillus subtilis*、荧光假单胞菌 *Pseudomonas fluorescens* 和利迪链霉菌 *Streptomyces lydicus* 等生防细菌以及几种木霉菌对栎树猝死病菌的生长均有抑制作用，可进一步开发用于该病害的生物防治。④选用和培育抗栎树猝死病的树种和苗木。

【风险评价】栎树猝死病是近些年来爆发于欧洲和北美地区的一种毁灭性林木病害。该病害最早于 1993 年在荷兰的杜鹃上发现，于 1995 年在美国加利福尼亚中北部沿海的密花石栎 *Lithocarpus densiflorus* 上发现，随后在加州迅速扩散，引起大量栎树、石栎枯死。直到 2001 年，栎树猝死病的病原菌 *Phytophthora ramorum* 才由 Werres 等正式定名，我国常称之为枝干疫霉。土壤、溪流、雨水是该病害近距离传播的主要途径，远距离传播则主要与人类活动有关，可通过疫区土壤、病木、感病苗木及植物性繁殖材料的远距离运输来传播。栎树猝死病菌寄主植物范围十分广泛，对阔叶树和针叶树、乔木和灌木、成熟林和苗木均可产生危害。不同寄主植物危害症状、程度不完全相同，有的引起枯梢、叶斑，有的树干产生溃疡。自 20 世纪 90 年代中期发现以来，该病害已蔓延至欧洲 20 多个国家以及美国和加拿大的部分地区，近两年在日本和越南也发现了栎树猝死病菌（Jung et al.，2020，2021）。栎树猝死病造成了林木及观赏植物苗木大面积枯死，极大破坏了北美及欧洲国家的森林资源，严重影响了当地的生态环境，给欧美各国带来了巨大经济损失和生态灾难。由于栎树猝死病具有寄主植物范围广、传播方式多、扩散速度快等特点，且目前尚无十分有效的控制方法，从而引起了澳大利亚、新西兰、韩国等各国政府的高度关注，纷纷采取措施严防栎树猝死病的传入和传播。在 2007 年，我国也将其列入《中华人民共和国进境植物检疫性有害生物名录》。（淮稳霞）

木质部难养菌 *Xylella fastidiosa* Wells et al.

分类地位： 细菌界 Bacteria 变形菌门 Proteobacteria γ - 变形菌纲 Gammaproteobacteria 溶杆菌目 Lysobacterales 溶杆菌科 Lysobacteraceae 木质部小菌属 *Xylella*

分　　布： 主要分布在美洲，包括美国、加拿大、墨西哥、哥斯达黎加、阿根廷、巴西、巴拉圭和委内瑞拉。近年来，意大利、法国、西班牙、葡萄牙等欧洲国家也陆续发现，伊朗、以色列以及中国台湾也曾有报道。

寄主植物： 该病菌寄主植物范围广泛，据报道可危害沼生栎、红槲栎、欧洲栓皮栎等栎属植物。另外，可侵染葡萄属、柑橘属、李属、咖啡属、白蜡属、栎属植物、油橄榄等多种经济和观赏林木及野生植物。

【**主要特征**】木质部难养菌为革兰氏阴性菌，在 BCYE（Wells et al.，1981）和 PGW 改良（Hill & Purcell，1995）培养基上，其菌落呈平滑或粗糙的圆形，白色或乳白色，离散生长。在电镜下，菌体为杆状，单生，无鞭毛，不游动，无芽孢，大小 0.1 ～ 0.5μm × 1.0 ～ 5.0μm。

木质部难养菌在叶片上的典型症状是叶缘变黄，出现黄化斑或焦枯斑。病株在生长中后期，由于维管束堵塞引起水分供应失常，叶片局部出现带状不规则灼烧状斑块，一般沿叶脉发生，包围 1 个主脉，后逐渐转成褐色呈烧焦状。病原细菌在寄主植物根、茎、叶的维管束系统中繁殖和扩散。最终，木质部导管被细菌团块及植物本身形成的侵填体和树胶堵塞，水分和养分输导受阻，导致寄主植物死亡。

【检疫管理和防治策略】对木质部难养菌的寄主植物进行严格检验检疫，并对国外引种的寄主植物材料实施2年以上的隔离试种，切实做到及时发现，及早灭除，有效阻止该病菌的传入和传播。

国外对于木质部难养菌的防治策略核心为消灭传毒媒介和寄主植物侵染源，主要措施有：①清洁田园。做好杂草清除工作，及时清除病害植株和减少隐症寄主植物。②用四环素或青霉素等药剂进行防治。③消灭田间介体昆虫如叶蝉、沫蝉等，必要时使用药剂防治介体昆虫。④物理防治。将枝条或苗木浸入45℃热水中3h或50℃中20min，可在一定程度上清除或减少病菌的感染。⑤选择抗病品种。

【风险评价】木质部难养菌又称苛养木杆菌、难养木质部小菌、葡萄皮尔斯病菌等，可侵染300多种植物，引起葡萄皮尔斯病（Pierce's Disease of grape，PD）、柑橘杂色萎黄病（Citrus Variegated Chlorosis，CVC）等植物毁灭性病害，是世界上重要的植物检疫性病原细菌。该病菌的近距离传播主要通过嫁接、芽接及昆虫介体。许多吸食植物汁液的昆虫，比如叶蝉、沫蝉等都是木质部难养菌的传播载体。其远距离传播途径主要为带菌寄主植物种苗、插条和接穗等繁殖材料的调运。木质部难养菌目前被EPPO列入A2有害生物预警名单，也被我国列入《中华人民共和国进境植物检疫性有害生物名录》。（淮稳霞）

栗疫霉黑水病菌 *Phytophthora cambivora* (Petri) Buisman

分类地位：藻物界 Chromista 卵菌门 Oomycota 卵菌纲 Oomycetes 霜霉目 Peronosporales 腐霉科 Pythiaceae 疫霉属 *Phytophthora*

分　　布：美国、加拿大、奥地利、意大利、比利时、荷兰、挪威、波兰、葡萄牙、英国、法国、德国、匈牙利、爱尔兰、罗马尼亚、希腊、丹麦、西班牙、瑞典、瑞士、斯洛文尼亚、俄罗斯、南非、尼日利亚、毛里求斯、马达加斯加、澳大利亚、新西兰、巴布亚新几内亚、土耳其、印度、马来西亚、日本、韩国及中国台湾等。

寄主植物：可危害栗属、苹果属、李属、冷杉属、槭属、桤木属、水青冈属等植物，其中危害的栎属植物有土耳其栎、冬青栎、无梗花栎、柔毛栎、夏栎、红槲栎等。

【主要特征】栗疫霉黑水病菌的最低生长温度为 2℃，最高生长温度 32℃，最适生长温度为 22 ～ 24℃。该病菌为异宗配合，有 A1、A2 两种交配型。藏卵器球形，壁上有疣状隆起或泡状突起；卵孢子满器；雄器围生，为单细胞或双细胞。游动孢子囊为卵形、倒梨形或椭圆形，无乳突、不脱落，巢式或延伸式内层出，大小 55 ～ 65μm×40 ～ 45μm；孢囊梗不分枝或简单合轴分枝。

该病菌为土壤习居菌，可侵染板栗、桤木、栎类等多种林木，通常引起根部腐烂、茎基溃疡，造成枝梢萎蔫、树冠稀疏、植株枯萎乃至整株枯死。病原菌在危害欧洲栗等栗属植物时，通常侵染其根和根茎处，导致根部变得轻软、易碎，出现深紫色或黑色区域，并浸出蓝黑色墨水状的液体将根际周围的土壤也染为墨汁色，故此得名栗黑水病（ink disease of chestnut）。

【检疫管理和防治策略】加强对栗疫霉黑水病菌的检验检疫力度，现场检疫时特别要仔细检查寄主植物的根部和茎基部，是否有腐烂、溃疡和坏死症状，并采集可疑症状的植物材料和介质土带回实验室内进行进一步的检验和检测；采用组织分离、土壤及植物材料诱捕分离以及特异性引物直接 PCR 等多种方法对栗疫霉黑水病菌进行精准检测；一旦发现栗疫霉黑水病菌，应立即销毁带病材料。

对于栗疫霉黑水病，目前国外普遍采取的防控措施主要有：①高度重视该病害的早期诊断、监测和快速检测，一旦发生疫情则迅速进行扑灭，从而有效防止其继续扩散和蔓延。②选用和培育抗栗疫霉黑水病的树种或品种。③化学防治。国外研究表明，甲霜灵、乙磷铝、硫代碳酸钠以及苯酰胺类杀菌剂等对于栗疫霉黑水病的防治均有一定的效果。④生物防治。哈茨木霉 *Trichoderma harzianum* 和康宁木霉 *T. koningii* 对栗疫霉黑水病菌的生长均有抑制作用，在希腊已被开发为生防制剂用于该病害的生物防治。

【风险评价】栗疫霉黑水病菌目前在世界各大洲均有分布，其中亚洲主要分布于印度、马来西亚、日本和韩国，我国台湾也有其危害山樱花的报道，而在我国其他地区均尚无发生报道。该病菌可引起栗树黑水病及多种果树和林木的根腐病，主要以菌丝或卵孢子在寄主植物残体或土壤中越冬，在寄主植物死亡后仍能在土壤中存活数年。该病害近距离传播的主要途径是通过土壤、溪流和雨水，远距离则主要是通过带有病原菌的土壤和苗木、插条等繁殖材料的运输来传播。栗疫霉黑水病菌的寄主植物范围较为广泛，不仅危害板栗、苹果等多种重要的经济林木，还可危害栎树等生态观赏树种和植物。截至目前，该病害在我国台湾外的其他地区虽尚无发生，但随着国际贸易往来的增加以及我国林果产业的快速发展和“一带一路”建设的深入推进，其入侵我国大陆的概率也大大增加。特别是周边国家——俄罗斯、日本、韩国等已经都有栗疫霉黑水病菌的分布，极大地增加了该病害传入我国大陆的风险，其对我国大陆已构成了前所未有的巨大威胁，因而我国也于2007年将其列入了《中华人民共和国进境植物检疫性有害生物名录》。（淮稳霞）

栎类植物重要危险性有害生物

栎金斑窄吉丁 *Agrilus auroguttatus* Schäffer

【主要寄主植物】加州栎 *Quercus agrifolia*、金杯栎 *Q. chrysolepis*、艾氏栎 *Q. emoryi*、英格曼栎 *Q. engelmannii*、银叶栎 *Q. hypoleucoides*、加利福尼亚黑栎 *Q. kelloggii* 等栎属植物。

【分布区域】墨西哥、美国（亚利桑那州、加利福尼亚州）。

【远距离传播途径】寄主植物苗木、木材及木质包装材料等。

栎双点窄吉丁 *Agrilus biguttatus* (Fabricius)

【主要寄主植物】夏栎 *Quercus robur*、红槲栎 *Q. rubra*、无梗花栎 *Q. petraea*、欧洲栓皮栎 *Q. suber*、柔毛栎 *Q. pubescens*、冬青栎 *Q. ilex*、比利牛斯栎 *Q. pytenaica*、土耳其栎 *Q. cerris*，还可危害欧洲水青冈 *Fagus sylvatica*、欧洲栗 *Castanea sativa* 等其他树种。

【分布区域】主要分布于欧洲多个国家、中东及非洲的几个国家。

【远距离传播途径】寄主植物苗木、木材及木质包装材料等。

栗双线窄吉丁 *Agrilus bilineatus* (Weber)

【主要寄主植物】大果栎 *Quercus macrocarpa*、马里兰得栎 *Q. marilandica*、湿地栗栎 *Q. michauxii*、黄栗栎 *Q. muehlenbergii*、水栎 *Q. nigra*、沼生栎 *Q. palustris*、栗栎 *Q. prinus*、夏栎 *Q. robur*、红槲栎 *Q. rubra*、星毛栎 *Q. stellata*、德州栎 *Q. texana*、美洲黑栎 *Q. velutina*、弗吉尼亚栎 *Q. virginiana* 等栎属植物。

【分布区域】加拿大（曼尼托巴省、新不伦瑞克省、安大略省、魁北克省）、美国东北部近40个州以及土耳其。

【**远距离传播途径**】寄主植物苗木、木材及木质包装材料等。

栎金点窄吉丁 *Agrilus coxalis* Waterhouse

【**主要寄主植物**】栎属 *Quercus* spp.。

【**分布区域**】危地马拉、墨西哥。

【**远距离传播途径**】寄主植物苗木、木材及木质包装材料等。

欧洲栎窄吉丁 *Agrilus laticornis* Illiger

【**主要寄主植物**】栎属 *Quercus* spp.。

【**分布区域**】英国等欧洲国家。

【**远距离传播途径**】寄主植物苗木、木材及木质包装材料等。

山毛榉窄吉丁 *Agrilus viridis* (Linnaeus)

【**主要寄主植物**】栎属 *Quercus* spp.、栗属 *Castanea* spp.、榛属 *Corylus* spp.等。

【**分布区域**】意大利、捷克、奥地利、德国、罗马尼亚、爱沙尼亚、拉脱维亚、西班牙、俄罗斯、希腊、匈牙利等国家。

【**远距离传播途径**】寄主植物苗木、木材及木质包装材料等。

秋星尺蠖 *Alsophila pometaria* (Harris)

【**主要寄主植物**】栎属 *Quercus* spp.、核桃 *Juglans regia*、柳树 *Salix* spp.等30多种阔叶树。

【**分布区域**】美国（北部）、加拿大（南部）、意大利。

【**远距离传播途径**】寄主植物苗木、接穗等。

栎小三锥象 *Arrhenodes minutus* (Drury)

【**主要寄主植物**】栎属 *Quercus* spp.。

【分布区域】美国、加拿大（安大略省、魁北克省）、巴拿马。

【远距离传播途径】寄主植物的木材及木质包装材料。

栎枯萎病 *Ceratocystis fagacearum* (Bretz) Hunt

【主要寄主植物】白栎 *Quercus alba*、猩红栎 *Q. coccinea*、椭圆果栎 *Q. ellipsoidalis*、大果栎 *Q. macrocarpa*、沼生栎 *Q. palustris* 等栎树，以及板栗 *Castanea mollissima*、欧洲栗 *C. satiua*、美洲栗 *C. dentata*、密花石柯 *Lithocarpus densiflorus* 等壳斗科 Fagaceae 其他树种。

【分布区域】美国中东部的 20 多个州。

【远距离传播途径】寄主植物苗木、木材等。

苹扁头吉丁 *Chrysobothris femorata* (Olivier)

【主要寄主植物】栎属 *Quercus* spp.、柳属 *Salix* spp. 等阔叶树。

【分布区域】美国、加拿大。

【远距离传播途径】寄主植物苗木、木材及木质包装材料等。

曲剑乳白蚁 *Coptotermes acinaciformis* (Froggatt)

【主要寄主植物】栎属 *Quercus* spp.、桉属 *Eucalyptus* spp. 等多种阔叶树。

【分布区域】巴西、澳大利亚。

【远距离传播途径】原木、锯材、木质包装材料等。

欧洲栗象 *Curculio elephas* (Gyllenhal)

【主要寄主植物】冬青栎 *Quercus ilex*、欧洲栓皮栎 *Q. suber* 以及欧洲栗 *Castanea sativa* 等。

【分布区域】土耳其、法国、意大利、德国、阿尔及利亚、突尼斯等欧洲中南部及北非部分国家。

【远距离传播途径】寄主植物种子和果实。

小卷蛾 *Cydia fagiglandana* (Zeller)

【主要寄主植物】栎属 *Quercus* spp. 、榛属 *Corylus* spp. 、水青冈属 *Fagus* spp. 等。

【分布区域】西班牙、意大利、芬兰、英国等。

【远距离传播途径】寄主植物苗木、接穗等。

杏小卷蛾 *Grapholita prunivora* (Walsh)

【主要寄主植物】栎属 *Quercus* spp.、苹果 *Malus domestica*、欧洲甜樱桃 *Prunus avium* 等。

【分布区域】加拿大、美国和墨西哥。

【远距离传播途径】寄主植物、果实及其苗木。

暗点松尺蛾 *Erannis defoliaria* (Clerck)

【主要寄主植物】比利牛斯栎 *Quercus pyrenaica*、冬青栎 *Q. ilex*、葡萄牙栎 *Q. lusitanica* 以及柳属 *Salix* spp.、桦木属 *Betula* spp. 等多种阔叶树。

【分布区域】欧洲及北非（突尼斯）。

【远距离传播途径】寄主植物种苗、插条、接穗等。

黄毒蛾 *Euproctis chrysorrhoea* (Linnaeus)

【主要寄主植物】栎属 *Quercus* spp.、杨属 *Populus* spp.、李属 *Prunus* spp.、山楂属 *Crataegus* spp. 榆属 *Ulmus* spp. 等。

【分布区域】北美东部、非洲西北部及欧洲 30 多个国家和地区。

【远距离传播途径】寄主植物种苗、插条、接穗等。

北美家天牛 *Hylotrupes bajulus* (Linnaeus)

【主要寄主植物】主要危害松属 *Pinus* spp.、云杉属 *Abies* spp.、栎属 *Quercus* spp.、杨属 *Populus* spp. 等。

【分布区域】原产于非洲北部阿特拉斯山脉，现广泛分布于欧洲、美洲、非洲、亚洲和大洋洲，我国无该害虫的分布报道。

【远距离传播途径】木质材料，包括原木、方木、木板、木家具以及用于包装、铺垫、支撑、加固货物的木质包装材料等。

蔷薇鳃角金龟 *Macrodactylus subspinosus* (Fabricius)

【主要寄主植物】栎属 *Quercus* spp.、接骨木属 *Sambucus* spp.、榆属 *Ulmus* spp.、杨属 *Populus* spp.、桃属 *Amygdalus* spp.、槭属 *Acer* spp. 等。

【分布区域】美国、加拿大。

【远距离传播途径】随寄主植物苗木和果实作远距离传播。

苹天幕毛虫 *Malacosoma americanum* (Fabricius)

【主要寄主植物】美国白栎 *Quercus alba*、红槲栎 *Q. rubra*、红花槭 *Acer rubrum*、糖槭 *A. saccharum*、北美水青冈 *Fagus grandifolia*、美国白蜡 *Fraxinus americana* 等。

【分布区域】加拿大、美国。

【远距离传播途径】寄主植物及其苗木。

森林天幕毛虫 *Malacosoma disstria* Hübner

【主要寄主植物】大果栎 *Quercus macrocarpa*、水栎 *Q. nigra*、柳叶栎 *Q. phellos*、颤杨 *Populus tremuloides*、糖槭 *Acer saccharum* 等。

【分布区域】加拿大、美国。

【远距离传播途径】寄主植物及其苗木。

山地天幕毛虫 *Malacosoma parallela* Staudinger

【主要寄主植物】高加索栎 *Quercus macranthera*、夏栎 *Q. robur*、没食子栎 *Q. infectoria*、苹果 *Malus domestica*、扁桃 *Prunus dulcis* 等。

【分布区域】土耳其、亚美尼亚、格鲁吉亚、叙利亚、阿富汗、伊朗、塔吉克斯坦、吉尔吉斯斯坦、哈萨克斯坦、土库曼斯坦、乌兹别克斯坦、俄罗斯及中国新疆。

【远距离传播途径】寄主植物及其苗木。

交互长小蠹 *Megaplatypus mutatus* (Chapuis)

【主要寄主植物】沼生栎 *Quercus palustris*、夏栎 *Q. robur*、红槲栎 *Q. rubra*、银白杨 *Populus alba*、美洲黑杨 *P. deltoides*、苹果 *Malus domestica* 等多种木本植物。

【分布区域】阿根廷、玻利维亚、巴西、巴拉圭、秘鲁、乌拉圭、委内瑞拉、意大利等。

【远距离传播途径】寄主植物原木、苗木等。

柠檬天牛 *Oemona hirta* (Fabricius)

【主要寄主植物】猩红栎 *Quercus coccinea*、冬青栎 *Q. ilex*、沼生栎 *Q. palustris*、夏栎 *Q. robur*、红槲栎 *Q. rubra* 等栎属植物，以及金合欢属 *Acacia* spp.、槭属 *Acer* spp.、柑橘属 *Citrus* spp. 等 40 余属的多种植物。

【分布区域】新西兰。

【远距离传播途径】寄主植物及其苗木。

颤杨秋尺蛾 *Operophtera bruceata* (Hulst)

【主要寄主植物】栎属 *Quercus* spp. 、李属 *Prunus* spp.、蔷薇属 *Rosa* spp. 等多种阔叶树。

【分布区域】加拿大、美国、墨西哥。

【远距离传播途径】寄主苗木和植株。

合毒蛾 *Orgyia leucostigma* (J. E. Smith)

【主要寄主植物】该虫为多食性食叶害虫，不仅可危害冷杉属 *Abies* spp.、云杉属 *Picea* spp. 等针叶树，还可危害苹果属 *Malus* spp.、梨属 *Pyrus* spp.、榆属 *Ulmus* spp.、槭属 *Acer* spp. 和栎属 *Quercus* spp. 等阔叶树。

【分布区域】加拿大、美国和古巴。

【远距离传播途径】寄主植物的种苗、木材等。

橡超小卷蛾 *Pammene fasciana* (Linnaeus)

【主要寄主植物】栎属 *Quercus* spp.、栗属 *Castanea* spp.、槭属 *Acer* spp. 等多种植物。

【分布区域】意大利、法国、英国等欧洲多个国家。

【远距离传播途径】寄主植物苗木、果实和种子。

白斑黄枝尺蛾 *Parectropis extersaria* Hübner

【主要寄主植物】栎属 *Quercus* spp.、椴属 *Tilia* spp.、忍冬属 *Lonicera* spp. 等多种乔、灌木及草本植物。

【分布区域】俄罗斯（西伯利亚）、日本、朝鲜、中国（辽宁）。

【远距离传播途径】卵、幼虫可随寄主植物的调运进行传播。

恶疫霉 *Phytophthora cactorum* (Lebert & Cohn) J. Schröt.

【主要寄主植物】加州栎 *Quercus agrifolia*、南方红栎 *Q. falcata*、欧洲栓皮栎 *Q. suber* 等栎属植物，以及苹果 *Malus domestica*、胡桃 *Juglans regia*、榅桲 *Cydonia oblonga* 等。

【分布区域】广泛分布于欧洲、美洲、非洲、亚洲和大洋洲。

【远距离传播途径】土壤及寄主植物种苗、花卉鳞茎、球茎和鲜切花等。

栗疫霉黑水病菌 *Phytophthora cambivora* (Petri) Buisman

【主要寄主植物】土耳其栎 *Quercus cerris*、冬青栎 *Q. ilex*、无梗花栎 *Q. petraea*、柔毛栎 *Q. pubescens*、夏栎 *Q. robur*、红槲栎 *Q. rubra* 等栎属植物，以及栗属 *Castanea* spp.、苹果属 *Malus* spp.、李属 *Prunus* spp.、冷杉属 *Abies* spp.、槭属 *Acer* spp.、桤木属 *Alnus* spp.、水青冈属 *Fagus* spp. 等 30 个属近 50 种植物。

【分布区域】欧洲、美洲、非洲、亚洲和大洋洲的多个国家和地区。

【远距离传播途径】土壤和寄主苗木、插条等繁殖材料。

柑橘生疫霉 *Phytophthora citricola* Sawada

【主要寄主植物】加州栎 *Quercus agrifolia*、欧洲栓皮栎 *Q. suber* 等栎属植物，以及槭属 *Acer* spp.、柑橘属 *Citrus* spp. 水青冈属 *Fagus* spp. 等多种植物。

【分布区域】广泛分布于欧洲、美洲、非洲、亚洲和大洋洲的多个国家和地区。

【远距离传播途径】土壤和寄主苗木、插条等繁殖材料。

康沃尔疫霉 *Phytophthora kernoviae* Brasier, Beales & Kirk

【主要寄主植物】夏栎 *Quercus robur*、冬青栎 *Q. ilex*、欧洲水青冈 *Fagus sylvatica*、辐射松 *Pinus radiata* 及黑海杜鹃 *Rhododendron ponticum* 等。

【分布区域】英国、新西兰、智利和爱尔兰等。

【远距离传播途径】土壤和寄主苗木、插条等繁殖材料。

拟丁香疫霉 *Phytophthora pseudosyringae* Jung & Delatour

【主要寄主植物】栎属 *Quercus* spp.、欧洲水青冈 *Fagus sylvatica*、欧洲桤木 *Alnus glutinosa* 等。

【分布区域】欧洲、北美、南美等多个国家。

【远距离传播途径】土壤和寄主苗木、插条等繁殖材料。

栎疫霉 *Phytophthora quercina* Jung

【主要寄主植物】土耳其栎 *Quercus cerris*、冬青栎 *Q. ilex*、无梗花栎 *Q. petraea* 等栎属植物。

【分布区域】德国、匈牙利、瑞典、意大利、西班牙、土耳其、美国等。

【远距离传播途径】土壤和寄主苗木、插条等繁殖材料。

栎树疫霉猝死病菌 *Phytophthora ramorum* Werres, De Cock & Man in 't Veld

【主要寄主植物】加州栎 *Quercus agrifolia*、赤栎 *Q. acuta*、土耳其栎 *Q. cerris* 等多种栎树以及落叶松属 *Larix* spp.、石栎属 *Lithocarpus* spp.、槭属 *Acer* spp.、山茶属 *Camellia* spp.、杜鹃花属 *Rhododendron* spp. 等多个属 150 多种重要的森林和观赏植物。

【分布区域】欧洲 20 多个国家、美国和加拿大的部分地区以及日本、越南等。

【远距离传播途径】土壤和寄主苗木、插条等繁殖材料。

沼生疫霉 *Phytophthora uliginosa* Jung & Hansen

【主要寄主植物】夏栎 *Quercus robur*、无梗花栎 *Q. petraea*。

【分布区域】波兰、德国等欧洲国家。

【远距离传播途径】土壤和寄主苗木、插条等繁殖材料。

日本金龟子 *Popillia japonica* Newman

【主要寄主植物】麻栎 *Quercus acutissima*、栓皮栎 *Q. variabilis* 等栎类，以及苹果 *Malus domestica*、欧洲李 *Prunus domestica*、葡萄 *Vitis vinifera* 等 300 多种植物。

【分布区域】日本、俄罗斯（远东地区）、印度、加拿大、美国、葡萄牙、意大利、瑞士等。

【远距离传播途径】土壤和寄主苗木、插条等。

栎髭额小蠹 *Pseudopityophthorus minutissimus* (Zimmermann)

【主要寄主植物】白栎 *Quercus alba*、双色栎 *Q. bicolor*、椭圆栎 *Q. ellipsoidalis* 等栎树以及矮栗 *Castanea pumila*、北美水青冈 *Fagus grandifolia*、美国李 *Prunus americana* 等树种。

【分布区域】加拿大、美国。

【远距离传播途径】栎枯萎病的媒介昆虫，可随寄主植物种苗、插条、木材及木质包装材料等传播。

橡鬃额小蠹 *Pseudopityophthorus pruinosus* (Eichhoff)

【主要寄主植物】白栎 *Quercus alba*、猩红栎 *Q. coccinea*、南方红栎 *Q. falcata* 等多种栎树，以及矮栗 *Castanea pumila*、北美水青冈 *Fagus grandifolia*、野黑樱桃 *Prunus serotina* 等树种。

【分布区域】美国、墨西哥、洪都拉斯、危地马拉和尼加拉瓜。

【远距离传播途径】栎枯萎病的媒介昆虫，可随寄主植物种苗、插条、木材及木质包装材料等传播。

栎树球链蚧 *Psoraleococcus quercus* (Cockerell)

【主要寄主植物】日本板栗 *Castanea crenata*、青冈栎属 *Cyelobalanopsis* spp.、栎属 *Quercus* spp.、栲属 *Castonopsis* spp.、柯属 *Pasania* spp. 等植物。

【分布区域】日本、韩国、朝鲜。

【远距离传播途径】寄主植物苗木、接穗等。

日本栎枯萎病菌 *Raffaelea quercivora* Kubono & Ito

【主要寄主植物】槲树 *Quercus dentata*、蒙古栎 *Q. mongolica*、枹栎 *Q. serrata*、麻栎 *Q. acutissima*、桂叶栎 *Q. laurifolia* 以及尖叶栲 *Castanopsis cuspidata* 等。

【分布区域】日本、中国台湾。

【远距离传播途径】带菌昆虫媒介（如栎长小蠹 *Platypus quercivorus*）、寄主植物种苗、插条和接穗等繁殖材料以及木材和木质包装材料等。

毛束小蠹 *Scolytus intricatus* (Ratzeburg)

【主要寄主植物】土耳其栎 *Quercus cerris*、深谷栎 *Q. dalechampii*、米楚栎 *Q. michauxii*、无梗花栎 *Q. petraea*、柔毛栎 *Q. pubescens*、夏栎 *Q. robur* 等。

【分布区域】欧洲、非洲北部及土耳其、伊朗等多个国家。

【远距离传播途径】寄主植物苗木及原木。

欧洲榆小蠹 *Scolytus multistriatus* (Marsham)

【主要寄主植物】榆属 *Ulmus* spp.，偶尔危害栎属 *Quercus* spp.、杨属 *Populus* spp. 等。

【分布区域】欧美大部分国家、阿尔及利亚、埃及、澳大利亚及新西兰。

【远距离传播途径】为榆树荷兰病的媒介昆虫，可随寄主植物苗木、木材及木质包装材料等传播。

杨柳闪光天牛 *Trirachys sartus* (Solsky)

【主要寄主植物】苹果 *Malus domestica*、三球悬铃木 *Platanus orientalis*、胡杨 *Populus euphratica* 及栎属 *Quercus* spp. 等。

【分布区域】印度、伊朗、阿富汗、巴基斯坦、吉尔吉斯斯坦、塔吉克斯坦、土库曼斯坦、乌兹别克斯坦等。

【远距离传播途径】寄主植物苗木、木材及木质包装材料等。

欧洲天牛 *Vesperus luridus* (Rossi)

【主要寄主植物】栎属 *Quercus* spp.、槭属 *Acer* spp. 等多种植物。

【分布区域】西班牙、葡萄牙、法国和意大利等国。

【远距离传播途径】寄主植物苗木、木材及木质包装材料等。

木质部难养菌 *Xylella fastidiosa* Wells et al.

【主要寄主植物】沼生栎 *Q. palustris*、红槲栎 *Q. rubra*、欧洲栓皮栎 *Q. suber* 等栎树，以及葡萄属 *Vitis* spp.、柑橘属 *Citrus* spp.、李属 *Prunus* spp.、咖啡属 *Coffea* spp.、白蜡属 *Fraxinus* spp.、油橄榄 *Olea europaea* 等多种经济和观赏林木及野生植物。

【分布区域】主要分布在美洲，包括美国、加拿大、墨西哥、哥斯达黎加、阿根廷、巴西、巴拉圭和委内瑞拉。近年来，意大利、法国、西班牙、葡萄牙等欧洲国家也陆续发现，伊朗、以色列以及我国台湾也曾有报道。

【远距离传播途径】带菌昆虫媒介以及寄主植物种苗、插条和接穗等繁殖材料。

（淮稳霞）

参考文献

Bellamy CL. A World catalogue and bibliography of the jewel beetles (coleoptera: Buprestoidea): v. 4 Agrilinae: Agrilina Through Trachyini[M]. Pensoft Publishers, 2008.

Bellamy CL. The Philippine Coroebini (Coleoptera: Buprestidae: Agrilinae) I. Introduction, nomenclatural changes and descriptions of a new genus and species[J]. Journal of Natural History, 1990(24): 689–698.

Benjamin CR, Guba E F. Monograph of Monochaetia and Pestalotia[J]. Mycologia, 1961, 52(6):966.

Butin H. On some *Phomopsis* species on oak including *Fusicoccum quercus* Oudemans[J]. Sydowia, 1980: 18–28.

Cai L, Hyde KD, Taylor P, et al. A polyphasic approach for studying *Colletotrichum*[J]. Fungal Diversity, 2009, 39(2): 183–204.

Cao LM, van Achterberg C, Tang YL, et al. Revision of parasitoids parasitizing *Massicus raddei* (Blessig & Solsky) (Coleoptera, Cerambycidae) in China, with one new species and genus[J]. Zootaxa, 2020, 4881 (1): 104–130.

Cao LM; Wang XY. The complete mitochondrial genome of the jewel beetle *Trachys variolaris* (Coleoptera: Buprestidae)[J]. Mitochondrial DNA Part B, 2019, 4(2): 3042–3043.

Czerniawska B. Studies on the biology and occurrence of *Ampelomyces quisqualis* in the Drawski Landscape Park(NW Poland)[J]. Acta Mycologica, 2021, 36(2): 191–201.

Davis MJ, Purcell AH, Thomson S V. Pierce's disease of grapevines: isolation of the causal bacterium[J]. Science, 1978, 199(4324): 75–77.

Deflorio G, Johnson C, Fink S, et al. Decay development in living sapwood of coniferous and deciduous trees inoculated with six wood decay fungi[J]. Forest Ecology & Management, 2008, 255(7): 2373–2383.

EPPO. *Agrilus bilineatus*. Datasheets on pests recommended for regulation[J]. EPPO Bulletin 2020, 50(1): 158–165.

Fitzpatrick RE. The life history and parasitism of *Taphrina deformans*[J]. Scientific Agriculture, 1934(14).

Yu F, Osono T, Takeda H. Fungal decomposition of woody debris of *Castanopsis sieboldii* in a subtropical old-growth forest[J]. Ecological Research, 2012, 27(1): 211–218.

Hattori T, Sotome K. Type studies of the polypores described by E. J. H. Corner from Asia and West Pacific areas VIII. Species described in Trametes(2)[J]. Mycoscience, 2013, 54(4): 297–308.

Hill BL, Purcell AH. Acquisition and retention of *Xylella fastidiosa* by an efficient vector, *Graphocephala atropunctata*[J]. Phytopathology, 1995(85): 209–212.

Jendek E. Revision of the *Agrilus cyaneoniger* species group[J]. Entomological Problems, 2000, 31(2): 187–193.

Kinge TR, Goldman G, Jacobs A, et al. A first checklist of macrofungi for South Africa[J]. MycoKeys, 2019(63): 1–48.

Lee DH, Seo ST, Lee SK, et al. Leaf spot disease on seedlings of *Quercus acutissima* caused by *Tubakia dryina* in Korea[J]. Australasian Plant Disease Notes, 2018, 13(1): 14.

Luangharn T, Karunarathna SC, Mortimer PE, et al. Morphology, phylogeny and culture characteristics of *Ganoderma gibbosum* collected from Kunming, Yunnan Province, China[J]. Phyton, 2020, 89(3):743–764.

Luque J, Pera J, Parlad J. Evaluation of fungicides for the control of *Botryosphaeria corticola* on cork oak in Catalonia (NE Spain)[J]. Forest Pathology, 2010, 38(3):147–155.

Maresi G, Longa C, Turchetti T. Brown rot on nuts of *Castanea sativa* Mill: an emerging disease and its causal agent[J]. Forest Biogeosciences & Forestry, 2013, 6(5).

George M, Juli PV, Yoshihisa A, et al. Palaearctic oak gallwasps galling oaks(*Quercus*)in the section Cerris: re-appraisal of generic limits, with descriptions of new genera and species (Hymenoptera: Cynipidae: Cynipini)[J]. Zootaxa, 2010(2470): 1–79.

Moraes S, Tanaka F, Massola Júnior NS. Histopathology of *Colletotrichum gloeosporioides* on guava fruits(*Psidium guajava* L.)[J]. Revista Brasileira De Fruticultura, 2013, 35(2): 657–664.

Narayanasamy P. Biological management of diseases of crops[M]. Springer Netherlands, 2013.

Nasir N. Diseases caused by *Ganoderma* spp. on perennial crops in Pakistan[J]. Mycopathologia, 2005, 159(1): 119–121.

Reynolds DR. Capnodium citri: the sooty mold fungi comprising the taxon concept[J]. Mycopathologia, 1999, 148(3): 141–147.

Riebesehl J, Langer E. Hyphodontia s.l. (Hymenochaetales, Basidiomycota): 35 new combinations and new keys to all 120 current species[J]. Mycological Progress, 2017, 16(6): 637–666.

Shuttleworth LA, Guest DI. The infection process of chestnut rot, an important disease caused by *Gnomoniopsis smithogilvyi*(Gnomoniaceae, Diaporthales)in Oceania and Europe[J]. Australasian Plant Pathology, 2017.

Sieber TN, Kowalski T, Holdenrieder O. Fungal assemblages in stem and twig lesions of *Quercus robur* in Switzerland[J]. Mycological Research, 1995, 99(5): 534–538.

Slippers B, Crous PW, Denman S, et al. Combined multiple gene genealogies and phenotypic characters differentiate several species previously identified as *Botryosphaeria dothidea*[J]. Mycologia, 2004, 96(1): 83–101.

Spirin W, Zmitrovich I, Malysheva V. New and noteworthy *Steccherinum* species (Polyporales, Basidiomycota) in Russia[J]. Annales Botanici Fennici, 2007: 298–302.

Summerell BA, Leslie JF. Fifty years of Fusarium: how could nine species have ever been enough?[J]. Fungal Diversity, 2011, 50(1): 135–144.

Takamatsu S, Braun U, Limkaisang S, et al. Phylogeny and taxonomy of the oak powdery mildew Erysiphe alphitoides sensu lato[J]. Mycological Research, 2007, 111(7): 809–826.

Tura D, Zmitrovich IV, Wasser SP, et al. Checklist of Hymenomycetes(Aphyllophorales s.l.) and Heterobasidiomycetes in Israel[J]. Mycobiology, 2010, 38(4): 256–273.

Valenzuela R, Nava R, Cifuentes J. La Familia Hymenochaetaceae En México I. El Género Hydnochaete Bres[J]. Polibot ά nica, 2014, 1(1): 7–15.

Vancanneyt M, Coopman R, Tytgat R, et al. Whole-cell protein-patterns, dna-base compositions and coenzyme q-types in the yeast genus *cryptococcus* Kutzing and related taxa[J]. Systematic & Applied Microbiology, 1994, 17(1): 65–75.

Walkinshaw CH. Incidence and histology of stem-girdling galls caused by fusiform rust[J]. Phytopathology, 1990, 80(3): 251–255.

Yuan, HS Molecular phylogenetic evaluation of *Antrodiella* and morphologically allied genera in China[J]. Mycological Progress, 2014, 13(2): 353–364.

Yun HY, Rossman AY. *Tubakia seoraksanensis*, a new species from Korea[J]. Mycotaxon -Ithaca Ny-, 2011, 115(1): 369–373.

Zmitrovich IV, Wasser SP, Ezhov ON. A survey of species of genus *trametes* Fr. (Higher Basidiomycetes) with estimation of their medicinal source potential[J]. International Journal of Medicinal Mushrooms, 2012, 14(3): 307.

曹亮明，魏可，李雪薇，等．我国栎类植物蛀干蛀果害虫及其天敌多样性研究进展[J]. 植物保护学报，2019, 46(6): 12.

曾祥谓，崔宝凯，徐梅卿，等．中国储木及建筑木材腐朽菌（Ⅱ）[J]. 林业科学研究，2008(6): 783–791.

陈一心．中国动物志．昆虫纲：第十六卷：鳞翅目：夜蛾科[M]. 北京：科学出版社，1999.

陈一心．中国经济昆虫志．第三十二册：鳞翅目：夜蛾科（四）[M]. 北京：科学出版社，1985.

戴芳澜．中国真菌总汇[J]. 北京：科学出版社，1979.

戴玉成．中国林木病原腐朽菌图志[M]. 北京：科学出版社，2009: 8–9.

刁治民，魏克家，吴保峰，等．食用菌学[M]. 西宁：青海人民出版社，2006: 591 593.

董绪国，王连珍．中国柞树尺蛾科害虫名录[J]. 辽宁农业科学，2009(1): 42–44.

方德齐．麻栎象生活习性的初步观察[J]. 昆虫知识，1981(5):18–19.

葛钟麟．中国经济昆虫志．第十册：同翅目：叶蝉科[M]. 北京：科学出版社，1996.

侯陶谦．中国农业昆虫 上册[M]. 北京：农业出版社，1986: 440+447.

华立中．中国天牛(1406种)彩色图鉴[M]. 广州：中山大学出版社，2009.

贾波，王红敏，周苗，等．危害栎属、栗属主要象甲调查与综合防治[J]. 河南林业科技 2008(2): 2.

蒋金炜，乔红波，安世恒．农田常见昆虫图鉴[M]. 郑州：河南科学技术出版社，2014.

兰云龙．浙南主要针叶树木腐菌调查初报[J]. 森林病虫通讯，1990(2): 31–34.

李成德．森林昆虫学[M]. 北京：中国林业出版社，2004: 273–274.

李俊中，李玉峰，董文辉，等．栎属新害虫——潜吉丁研究初报[J]. 河北林业科技，2015, 5(14): 38–40.

李喜升，吴艳，董绪国，等．中国柞树主要害虫名录（Ⅰ）[J]. 蚕业科学，2010, 36(2): 330–336.

李玉，李泰辉，杨祝良，等．中国大型菌物资源图鉴[M]. 北京：中国农业出版社，2015.

刘波．中国真菌志．第二卷：银耳目和花耳目[M]. 北京：科学出版社，1992.

刘雪峰，刘秀葳．采自栎树叶上的中国新记录属真菌——Tubakia[J]. 菌物研究，2010, 8(1): 23–25.

刘友樵，白九维．中国经济昆虫志．第十一册：鳞翅目：卷蛾科[M]. 北京：科学出版社，

1977.

刘玉双 . 中国纹吉丁属 *Coraebus* 分类研究 (鞘翅目 : 吉丁科)[D]. 保定 : 河北大学 , 2005.

毛益婷 , 张豹 . 栎旋木柄天牛研究进展 [J]. 山西林业科技 , 2020, 49(3): 34–38.

卯晓岚 . 中国大型真菌 [M]. 郑州 : 河南科学技术出版社 , 2000.

穆秀奇 . 中国柞树主要害虫名录 (Ⅲ)[J]. 蚕业科学 , 2010, 36(4): 671–675.

彭忠亮 . 吉丁虫科 . 福建昆虫志 (第六卷)[M]. 福州 : 福建科学技术出版社 , 2002: 252–253.

蒲富基 . 中国经济昆虫志 . 第十九册 : 鞘翅目 : 天牛科 [M]. 北京 : 科学出版社 , 1980.

王小艺 , 杨忠岐 , 唐艳龙 , 等 . 栗山天牛幼虫龄数和龄期的测定 . 昆虫学报 , 2012, 55(5): 575–584.

武春生 , 方承莱 . 中国动物志 . 昆虫纲 : 第三十一卷 : 鳞翅目 : 舟蛾科 [M]. 北京 : 科学出版社 , 2003.

武春生 , 刘友樵 . 中国动物志 . 昆虫纲 : 第四十七卷 : 鳞翅目 : 枯叶蛾科 [M]. 北京 : 科学出版社 , 2006.

萧刚柔 . 中国森林昆虫 (第 2 版)[M]. 北京 : 中国林业出版社 , 1992.

严静君 , 徐崇华 , 李广武 , 等 . 林木害虫天敌昆虫 [M]. 北京 : 中国林业出版社 , 1989.

叶建仁 , 贺伟 . 林木病理学 [M]. 北京 : 中国林业出版社 , 2011.

虞佩玉 . 中国经济昆虫志 . 第五十四册 : 鞘翅目 : 叶甲总科 [M]. 北京 : 科学出版社 , 1996.

袁峰 , 周尧 . 中国动物志 . 昆虫纲 : 第二十八卷 : 同翅目 : 角蝉总科 [M]. 北京 : 科学出版社 , 2002.

张培毅 . 中国国家级自然保护区雾灵山昆虫生态图鉴 [M]. 哈尔滨 : 东北林业大学出版社 , 2012.

张小青 , 戴玉成 . 中国真菌志 . 第二十九卷 : 锈革孔菌科 [J]. 北京 : 科学出版社 , 2005: 63–64.

赵继鼎 , 张小青 , 许连旺 . 中国真菌志 . 第三卷 : 多孔菌科 [J]. 北京 : 科学出版社 , 1998.

赵世文 , 杨瑞生 , 宋策 , 等 . 中国柞树主要害虫名录 (Ⅳ)[J]. 蚕业科学 , 2010, 36(5): 844–849.

赵养昌 , 陈元清 . 中国经济昆虫志 . 第二十册 : 鞘翅目 : 象虫科 [M]. 北京 : 科学出版社 , 1980.

赵长林 . 中国多年卧孔菌属的分类与系统发育研究 [D]. 北京 : 北京林业大学 , 2012.

赵仲苓 . 中国动物志 . 昆虫纲 : 第三十卷 : 鳞翅目 : 毒蛾科 [M]. 北京 : 科学出版社 , 2003.
中国科学院动物研究所 . 中国蛾类图鉴 I[M]. 北京 : 科学出版社 , 1981.
中国科学院动物研究所 . 中国蛾类图鉴 II[M]. 北京 : 科学出版社 , 1982.
中国科学院动物研究所 . 中国蛾类图鉴 III[M]. 北京 : 科学出版社 , 1982.
中国科学院动物研究所 . 中国蛾类图鉴 IV[M]. 北京 : 科学出版社 , 1983.
周光林 . 缙云山自然保护区大型真菌多样性研究 [D]. 重庆 : 西南大学 , 2012.
周尧 . 中国经济昆虫志 . 第三十六册 : 同翅目 : 蜡蝉总科 [M]. 北京 : 科学出版社 , 1985.
朱弘复 , 王林瑶 . 中国动物志 . 昆虫纲 : 第五卷 : 鳞翅目 : 蚕蛾科 : 大蚕蛾科 : 网蛾科 [M]. 北京 : 科学出版社 , 1996.

作者简介

王小艺 1974年出生于湖南临澧，博士毕业于中国农业大学，就职于中国林业科学研究院森林生态环境与自然保护研究所，现任副所长、首席专家、研究员、博士生导师，兼任中国昆虫学会常务理事，中国林学会森林昆虫分会副主任委员、秘书长，北京昆虫学会副理事长，《昆虫学报》《应用昆虫学报》《中国生物防治学报》《林业科学研究》《环境昆虫学报》等期刊编委。从事林业害虫生物防治研究，主持国家重点研发计划项目2项，国家自然科学基金5项。

曹亮明 1983年出生于山西太原，博士毕业于中国农业大学，就职于中国林业科学研究院森林生态环境与自然保护研究所。主要从事林业害虫及其天敌调查分类、蛀干害虫生物防治、森林生态系统物种多样性调查等研究工作，出版专著4部，获发明专利5项。

李永 1978年出生于山东泰安，博士毕业于北京林业大学，中国林业科学研究院森林生态环境与保护研究所副研究员、硕士生导师。从事林业微生物分类鉴定、保藏与开发利用，发表论文50余篇（其中SCI收录41篇），获发明专利5项；主编专著1部；曾获中国林科院第五届“杰出青年”及青海省“高端创新人才千人计划”拔尖人才荣誉称号，曾获国家林业局“林业科技青年奖”、河南省科技进步奖三等奖1项。

王鸿斌 1967年出生于北京东城，博士毕业于中国农业大学，就职于中国林业科学研究院森林生态环境与自然保护研究所，现任生物地理研究室主任、生物标本馆馆长、副研究员、硕士生导师，兼任中国林学会森林昆虫分会常务委员。从事昆虫生物多样性及林业有害生物监测预测技术研究，发表论文90余篇，参与专著编写10部。

淮稳霞 1977年出生于河北邢台，博士毕业于北京林业大学，中国林业科学研究院森林生态环境与自然保护研究所副研究员。主要从事林业植物检疫和外来有害生物的风险评估技术，林业外来有害生物的快速检测、鉴定方法和预警防控技术以及森林疫霉菌的分类和遗传多样性等方面的研究。在国内外专业期刊上发表科技论文30余篇，参与制定国家标准2项，参与专著编写3部。